In Dankbarkeit für meine Großmutter Martha Assig †, meinen Großvater Hans Janotta †, Schwester Tarcisia Lieske, Susann Gähde, Petra Sood, Ingrid und Karl Fuhrmann, Prof. Dr. Jörg Bürmann, Helmut Kleint.

*Dorothea Assig*

Für meinen geliebten Mann Dr. Claus-Peter Echter.

*Dorothee Echter*

*Dorothea Assig* und *Dorothee Echter* sind seit über 20 Jahren Beraterinnen, Autorinnen und Vortragende für ambitionierte und exponierte Persönlichkeiten weltweit. Zu ihrem exklusiven Kundenkreis zählen Vorstände und Personen aus dem Topmanagement internationaler Companies, darunter die meisten der DAX 30-Konzerne, sowie Größen aus den Bereichen Wissenschaft, Politik, Sport und Kunst.

AMBITIO

Dorothea Assig, Dorothee Echter

# AMBITION

Wie große Karrieren gelingen

Campus Verlag
Frankfurt/New York

FSC
www.fsc.org
MIX
Papier aus verantwortungsvollen Quellen
FSC® C008492

ISBN 978-3-593-39585-2


Umschlaggestaltung: Hißmann, Heilmann, Hamburg
Satz: Publikations Atelier, Dreieich
Gesetzt aus der Sabon
Druck und Bindung: Beltz Druckpartner, Hemsbach
Printed in Germany

Dieses Buch ist auch als E-Book erschienen.
www.campus.de

# INHALT

## TEIL II: PHASEN UND KRISEN DER GROSSEN KARRIERE

# EINLEITUNG: WIE NORMALSTERBLICHE GROSSE KARRIEREN MACHEN – GENAU SO WIE ALLE ANDEREN GENIES AUCH!

Wohin wir auch schauen, wir entdecken überall Menschen mit großen Talenten, mit Ambition, mit dem Willen, das Beste aus sich zu machen. Wenn zwei das Gleiche tun, wird das Ergebnis nicht das gleiche sein, sondern so unterschiedlich ausfallen wie die beiden Menschen selbst.

Genauso verhält es sich mit herausragenden Karrieren. Wenn zwei das Gleiche tun, wird die eine Vorstandsvorsitzende und die andere Abteilungsleiterin, der eine internationaler Investmentbanker und der andere Kundenbetreuer der örtlichen Bankfiliale, steht der eine im Tor der Nationalmannschaft, der andere in einem in der dritten Liga. Doch wie kommt es zu diesen Unterschieden?

Es ist nicht der Zufall und nicht das Glück, sondern es sind sehr komplexe, in ganz unterschiedlichen Erscheinungsformen auftretende, aber dennoch generell gültige Zusammenhänge, die herausragende Karrieren hervorbringen. Diese Zusammenhänge werden in diesem Buch so vermittelt, dass sie direkt das eigene Erleben ansprechen und sich in praktisches Handeln umsetzen lassen. Wir haben gute Nachrichten für Sie:

- Sehr viele Menschen, auch Sie selbst, können eine persönlich beglückende, gesellschaftlich wertvolle, finanziell einträgliche Karriere machen – mit Sicherheit eine erfüllende, vielleicht sogar eine große Karriere.
- Jeder Mensch kann für seine eigene Karriere aus der großen Karriere eines anderen lernen. Jeder arbeitende Mensch mit Werten, Wünschen und Ambitionen profitiert von den Erkenntnissen, die wir in der Beratung exponierter Persönlichkeiten gewonnen haben.

Menschen mit großen Karrieren gibt es überall. Täglich geben Tausende Interviews, schreiben Bücher, werden zu Vorständen berufen, veröffentlichen CDs, geben Konzerte, laden zu ihren Vernissagen ein, werden zu Konzernchefinnen oder Institutsleitern befördert, feiern ihre Erfolge. Die meisten großen Karrieren finden unter Ausschluss der breiten Öffentlichkeit statt, zu sehen ist bestenfalls die Spitze des Eisbergs. Zugleich haben die wenigsten Karrieren mit dem Wunsch nach einer besonderen Laufbahn begonnen. Am Anfang steht eine Begeisterung, eine große Frage, ein leidenschaftlicher Wunsch, eine Passion, ein Lieblingsfach, ein traumatisches Erlebnis, eine Faszination, ein Hobby oder eine große Empörung. Eine Ambition entwickelt sich.

Die eine kann nicht von mathematischen Rätseln lassen; der andere brennt darauf, die eigene Stimme zu vervollkommnen; ein Dritter will viel, viel schönere Häuser bauen oder die Welt via Internet schneller und besser in jeden Haushalt bringen; Topmanagerinnen und Topmanager spüren schon in der Kindheit eine Verantwortung für andere Menschen.

Dereinst erfolgreiche Menschen entwickeln schon sehr früh ein starkes inneres Interesse und ein besonderes Anliegen, sei es im Rahmen einer spezifischen familiären, schulischen oder gesundheitlichen beziehungsweise entwicklungspsychischen Konstellation.

Zwei machen das Gleiche, studieren zusammen, gehen auf Jobsuche, arbeiten anfangs noch für denselben Arbeitgeber, vielleicht so lange, bis sie die mittlere Führungsebene erreichen. Dann macht die eine eine herausragende Karriere und der andere nicht. Eine herausragende Karriere ist immer unvergleichlich: ob Vorstandsvorsitzender eines internationalen Energiekonzerns, Cellistin, Projektleiter in der Bauwirtschaft, wissenschaftliche Expertin, Regionalliga-Fußballer, Stiftungsvorstand, zweite Bürgermeisterin oder Pferdezüchter. Jeder Erfolg ist einzigartig und zutiefst faszinierend. Gerade deshalb liegt die Annahme so nahe, dass es sich um Glück und Zufall handelt, wenn eine eher unauffällige zu einer großen Karriere wird.

Doch dieser Eindruck täuscht. All das, was zwischen dem Beginn und der Vollendung einer Karriere passiert, spielt sich im Rahmen eines exakten Systems ab – in einem Karrieresystem, das wir in diesem Buch für Sie decodieren. Dieses System liegt wie ein unsichtbares Muster hinter jeder einzelnen Karriere. Es wurde bisher nicht als Ganzes entschlüsselt, weil es nicht als System erkannt wurde. Deshalb muten große Karrieren wie zufällig an, dem Glück geschuldet, und werden auch oft auf diese Weise beschrieben. Wissenschaftlerinnen, Journalisten, große Persönlichkeiten, die nach dem Karrieregeheimnis gesucht haben, haben wertvolle Erkenntnisse zusammengetragen und über ihre Erfahrungen berichtet. So wurden wichtige Zusammenhänge aufgedeckt. Wir genießen das große Privileg, seit vielen Jahren jeden Tag mit Menschen zu arbeiten, die Topkarrieren beschreiten, ihren Weg weitergehen, irgendwann vielleicht scheitern und wieder aufstehen. Die ein Lebenswerk vollenden oder grandios untergehen. Als Coaches haben wir deshalb die innere Dynamik entschlüsseln können, die zu einer

Topkarriere führt – oder aber zu ihrem Scheitern. Dieses Erfolgswissen möchten wir in diesem Buch mit Ihnen teilen.

Viele Berufstätige, die ambitioniert und erfolgreich sind, fragen sich, ob sie überhaupt eine Karriere machen möchten. Dieses Buch ermutigt dazu, Ja zur Karriere zu sagen, weil es mit vielen Vorurteilen aufräumt, die im Licht unserer Erkenntnisse unhaltbar geworden sind: Die Karriere mache einsam; die Ambitionierten müssten sich verbiegen und ihre Werte verleugnen; sie hätten neben der Arbeit keine Zeit mehr für ihre Familie und ihre Hobbys; sie wären gezwungen, andere Menschen auszunutzen und das eigene Ego marktschreierisch in den Mittelpunkt zu stellen. Wir werden belegen, dass genau das Gegenteil richtig ist.

Mit dem System Karriere, das wir Ihnen in diesem Buch vorstellen, möchten wir Ihnen eine neue, realistische und äußerst nützliche Sicht auf die Dynamik großer Karrieren eröffnen. Sie werden verstehen,

- warum gute Ergebnisse im Unternehmen nichts mit der persönlichen Karriereentwicklung zu tun haben;
- dass Netzwerke im herkömmlichen Sinne für eine Karriere im Topmanagement eher schädlich als nützlich sind;
- dass das, was eine Künstlerin, einen Sportler, eine Wissenschaftlerin, einen Projektleiter über Jahre an die Spitze bringt, auch genau das ist, was die Stabilisierung der Karriere auf hohem Niveau verhindert;
- dass Mentorensysteme dafür sorgen, dass die Mentees keine Karriere machen;
- dass jemand zunächst über Jahre oder Jahrzehnte das eigene Ego aufbauen muss, um Karriere zu machen, und dass er dann, wenn er die Spitze erreicht hat, mit ebensolcher Verve daran arbeiten muss, es in Schach zu halten.

Wir werden eine Vielfalt überraschender Zusammenhänge wie diese schildern und erklären, was sich hinter ihnen verbirgt.

Warum sind diese Dynamiken in ihrem systematischen Zusammenspiel bisher nicht entdeckt worden? Die Antwort lautet: Wir verdanken die Erkenntnisse darüber unserer jahrzehntelangen intimen Beratungsarbeit mit Menschen, die große Karrieren anstreben und realisieren, die an diesem oder jenem Punkt scheitern und die nach Misserfolgen den Weg zurück an die Spitze schaffen. Unser Blick ist sehr speziell. Wir sind als Coaches erfolgreicher und mächtiger Menschen Insiderinnen und dabei zugleich externe Beobachterinnen der Karriereverläufe dieser Menschen. Wir sind am langfristigen Erfolg interessiert. Uns sind die nächsten 10, 20 oder 30 Jahre ebenso wichtig wie aktuell zu treffende Entscheidungen. Wir analysieren und prognostizieren, wir geben unser Erfolgswissen weiter, begleiten die Menschen, mit denen wir arbeiten, und erhalten manchmal sehr schnell, manchmal aber auch erst viele Jahre später Bestätigung. Das System Karriere funktioniert. Und in den letzten 15 Jahren haben wir uns der Frage, was den Ausschlag für eine große Karriere gibt, mit großer Leidenschaft gewidmet.

Unser Buch soll dazu beitragen, dass Sie Antworten auf Ihre ganz persönlichen Fragen finden. Diese Fragen dürften sehr vielfältig sein:

- Was ist für meine Karriere nötig?
- Wie erkenne ich, ob ich erfolgreich sein kann?
- Was ist meine Ambition, mein inneres Anliegen, und wie finde ich es heraus?
- Welcher Platz ist der richtige für mich, wie erkenne ich ihn, wie komme ich dorthin?
- Wie baue ich meine Karriere auf, wie kann ich sie gestalten und ausdehnen?
- Was sind die wichtigsten strategischen Dimensionen bei der Realisierung meiner Karriere?

- Was kann ich tun, wenn meine Karriere gefährdet ist – durch Krisen, Fehlschläge, Kündigungen, Misserfolge, Niederlagen, Fehler, Reputationsverlust?
- Welche Rolle spielen Zufall, Talent, soziale Herkunft, Größe des Unternehmens, Jobwechsel für die Karriere?
- Welche Rolle spielt mein soziales Umfeld? Was ist in diesem Kontext eine Community und wie kann ich sie aufbauen und pflegen?
- Wie lauten die Codes der Erfolgreichsten, Mächtigsten, Ambitoniertesten?
- Wie erreiche ich durch meine Arbeit Glück und Erfüllung, Sicherheit und Wohlstand?

Eines sei schon jetzt verraten: Sie werden überrascht sein. Die Widerstände und Hindernisse, die sich einer großen Karriere in den Weg stellen, entstammen ganz anderen Quellen, als Sie vielleicht vermuten. Sie liegen im Inneren des Menschen, nicht in den äußeren Umständen. Menschen sind auf eine Topkarriere, auf den großen Durchbruch, auf einen fulminanten Erfolg nicht gut vorbereitet. In jedem Menschen sind massive innere Widerstände gegen bestimmte Aspekte einer Topkarriere angelegt, die sich unterschiedlich äußern. Wenn Sie das System Karriere verstehen und nachhaltig an Ihren inneren Widerständen arbeiten, können Sie Ihre eigene Karriere fördern. Und wenn Ihnen dies gelingt, dann werden Sie – und das mag ebenso überraschend für Sie sein – auf ganz neue Ressourcen stoßen, auf viele gute Nachrichten und auf unverhoffte Glückspotenziale.

Wenn Sie das System Karriere verstanden haben, werden Sie auch wissen, was der Unterschied ist – warum dann, wenn zwei das Gleiche tun, die eine Präsidentin wird und die andere Teamleiterin, der eine ein gefeierter Opernstar und der andere ein Chorsänger. Was wollen *Sie* erreichen?

# TEIL I

# DIE DECODIERUNG DES SYSTEMS KARRIERE

# 1. WIE GROSSE KARRIEREN ENTSTEHEN

Wenn es um große Karrieren geht, haben wir sogleich eine Vielzahl von Fantasien: ein fulminanter Aufstieg, Ruhm, Ehre, Vermögen, Größenwahn, Desaster, One-Hit-Wonder, Lebenswerk, Wunderkind, Manager des Jahres, einflussreichste Frau der Welt ... Wir denken an große Namen und Persönlichkeiten wie Barack Obama, Madonna, George Soros, Herta Müller, Roger Federer, Nelson Mandela, Angela Merkel oder Gerhard Richter ... Oder wir denken an die höchste Auszeichnung für Literaten, Wissenschaftler und Politiker – den Nobelpreis – und diejenigen, die ihn erhalten haben. Eine große Karriere ist jedoch ein Phänomen, das bei weitem nicht auf die weltbekannten Namen beschränkt ist.

Eine große Karriere ist bisher in der Literatur noch nicht definiert. Was ist eine große Karriere? Wann ist sie erreicht? Die einflussreichsten Persönlichkeiten aus Wirtschaft, Wissenschaft und Politik sind oft in der Öffentlichkeit nicht bekannt, während der Prominentenkult nicht selten Personen ins Zentrum der Aufmerksamkeit rückt, die keine nachhaltig erfolgreiche Karriere vor sich haben dürften.

In diesem Buch geht es nicht nur um die ganz großen Stars, nicht nur um Berühmtheiten und Spektakuläres. In jedem Arbeitsfeld ragen Menschen heraus. Sie stehen an der Spitze ihrer Profession, von Unternehmen, Universitäten.

Sie sind Aufsichtsräte, Verlegerinnen, Architekten, Sportstars, Chefärztinnen, Bischöfe, Schriftsteller, Malerinnen, Topmanager, Rechtsexpertinnen, Beraterinnen, Unternehmer, die es zu nationaler oder weltweiter Geltung gebracht haben.

Menschen wie all diese sind nicht unbedingt prominent, denn ihr Bezugssystem ist die eigene Gemeinschaft oder Community, sind die erfolgreichen Mitmenschen, die ihnen nahestehen. Die Mitglieder dieser Community sind es, die den sozialen Status Einzelner aus ihrem Kreis definieren, nicht der Einzelne selbst, ebensowenig wie die Medien oder die Fans.

»Ein Star unter seinesgleichen, ansonsten unbekannt«[1], so schreibt Uwe-Jean Heuser über Richard Thaler in der *Zeit.* Beschreibungen wie diese treffen auf viele Menschen mit großen Karrieren zu. Für einige verlieren sie jedoch irgendwann einmal ihre Gültigkeit, und sie erreichen eine weltweite Reputation. So auch der Professor von der Universität Chicago: »Über Jahrzehnte hinweg erforschte der Ökonom das Verhalten der Menschen in der Wirtschaft, und außerhalb eines kleinen Fachkreises wollte niemand etwas davon wissen. Doch dann stieß er auf Gold – die eine Idee, die sich schnell verbreitete und nun sogar von Barack Obama freudig aufgenommen wurde. Thaler ist ein Revolutionär in der eigenen Zunft, einer jener Verhaltensökonomen, die nicht an das Bild vom Homo oeconomicus glauben, der als rein rationaler Egoist durch die Theoriewelt geistert.« Gemeinsam mit Cass Sunstein publizierte Thaler im Jahr 2008 sein eine kurze Zeit später auch auf Deutsch erschienenes Buch über seine Forschungen, das weltweit über seinen Fachkreis hinaus auf Resonanz stieß: *Nudge. Wie man kluge Entscheidungen anstößt.*

Wenn wir in diesem Buch von großen Karrieren sprechen, dann meinen wir damit nicht das One-Hit-Wonder, die kurzfristige Berühmtheit, den Milliardenerben, den Lottogewinner, nicht den Menschen, der es zu vorübergehender Prominenz bringt, und auch nicht den großartigen Poeten im stillen Kämmerlein. Unsere Definition einer großen Karriere lautet:

Eine große Karriere drückt sich aus in großen Leistungen für andere, für die Gesellschaft, für die Welt, die höchste Anerkennung durch die eigene Community, persönliche Erfüllung und Wohlstand einbringen.

»Mr. Hitchcock, wie haben Sie das gemacht?« So lautete die berühmte Frage des französischen Regisseurs François Truffaut an sein Idol. Wie so viele andere war auch Truffaut auf der Suche nach dem Geheimnis des Meisterwerks. Alle ambitionierten Menschen, alle neugierigen Wissenschaftler, Führungspersonen in Unternehmen, Talent-Coaches, Trainerinnen, Journalisten und Psychologinnen möchten dieses Geheimnis brennend gerne lüften: Gibt es ein Muster, wie Karrieren entstehen, sich fortsetzen und sich vollenden?

Ja, es gibt ein solches Muster. François Truffaut war es jedoch nicht vergönnt, das Geheimnis zu enthüllen, und auch Alfred Hitchcock selbst kannte es nicht. »Wie kam es zu diesem Erfolg?« Diese Frage hat sich auch der Rennfahrer und siebenfache Formel-1-Weltmeister Michael Schumacher oft gestellt. Seine Antwort im Wochenmagazin *Der Spiegel:* »Am Ende aber ist es doch: Schicksal.«[2] Auch Schumacher konnte das Rätsel nicht lösen. Dabei stehen seine Gedanken in vielen Punkten mit dem System Karriere, das wir in diesem Buch erläutern, in Einklang. In dem Interview mit den *Spiegel*-Redakteuren beschreibt Schumacher präzise die innere Zwangsläufigkeit einer großen Karriere:

> »... Talent, na klar. Die Eltern, die das initiiert haben. Die Gönner, die mir halfen, als sich die Möglichkeiten meiner Eltern erschöpften. Und vielleicht auch dieses Gespür, mit

den richtigen Leuten richtig umzugehen. Ich war relativ früh allein unterwegs und musste ständig Entscheidungen fällen, Menschen einschätzen, mit wem man kann, mit wem nicht.« Schumachers Streben nach Perfektion ist so legendär und so sehr Teil seiner Persönlichkeit, dass es ihm nicht bewusst ist, wie groß dieser Anteil an seinem Erfolg ist: »Die Formel 1 ist deshalb so spannend für mich gewesen, weil selbst das schnellste Auto noch irgendein Problem hat. Es gibt kein Auto, an dem nichts mehr zu verbessern ist. Es geht immer weiter. Und sich dieser Grenze zu nähern, an der wirklich alles perfekt ist, das löst bei mir Glücksgefühle aus.«

Eine derartige Freude erleben Menschen mit großen Karrieren, wenn sie am richtigen Ort, auf ihrer Bühne, angekommen sind und sich dort auf die Vollkommenheit ihres Talents konzentrieren können.

## FÜNF DIMENSIONEN

Es gibt *eine* verborgene Dynamik, der *alle* großen Karrieren weltweit folgen. Wir sind überzeugt davon, dass wir genau diese Dynamik, dass wir die gleichen Gesetzmäßigkeiten auch vorgefunden hätten, wenn wir die Karrieren nicht nur von Künstlern, Politikerinnen, Sportlern, Wissenschaftlerinnen und Unternehmenschefs, sondern auch jene von Gangsterbossen untersucht hätten. Jeder, der nach beruflicher Erfüllung strebt, kann seine Träume mithilfe dessen verwirklichen, was wir in diesem Buch das System Karriere nennen. Dieses System beschreibt erstmals in geschlossener Form die universell gültigen Zusammenhänge, die für jede große Karriere gelten, gleich ob im Sport, in der Kunst, in der Wirtschaft, der

Wissenschaft, der Beratung oder in den Medien. Es ist ein ganzheitliches, aus der empirischen Beobachtung und der Bewertung Hunderter von Karriereprozessen entstandenes Analyse-, Prognose- und Beratungskonzept.

Das System umfasst fünf Dimensionen. Jede dieser fünf Dimensionen ist gleich wichtig. Wenn auch nur eine von ihnen fehlt, dann ist weder eine angemessene Beratung noch eine große Karriere möglich. Gute Berater und höchst erfolgreiche Menschen orientieren sich an unserem System, ohne sich dessen bewusst zu sein. Sie wenden es an, ohne es beschreiben zu können. Keine große Karriere – überhaupt keine einzige Karriere – ist ein Kind des Schicksals oder ein unverhoffter Glücksfall. Karriere ist vielmehr ein präziser Prozess, der für alle Professionen gilt, auch wenn seine Erscheinungsformen noch so vielfältig sein mögen.

Wir staunen über die »göttliche Gabe« von Genies wie Mozart, Michelangelo oder Frida Kahlo, und so mag es in manchen Ohren wie ein Frevel klingen zu behaupten, dass der künstlerische Aufstieg dieser Genies den gleichen Gesetzmäßigkeiten unterlag wie jener Madonnas, Bill Gates' oder der Beatles. Doch bei Weltstars lässt sich in Großaufnahme beobachten, was für jede Profession und auf den unterschiedlichsten Ebenen der Entfaltung von Ausnahmetalenten gilt.

Eine große Ambition führt unter dem Einfluss von fünf immer gleichen Dimensionen zu einer großen Karriere (siehe das Schaubild auf Seite xx). Diese fünf Dimensionen sind zwingend. Sie können phasenweise wirken und bilden die Basis für teils parallel ablaufende Prozesse. Alle Dimensionen werden mehrmals durchlebt, jede ist wichtig, keine kann ausgelassen werden, keine ist delegierbar. Jede Karriere lebt von den genannten fünf Dimensionen. Wenn sie gegeben sind, kommt es zwangsläufig zu einer großen Karriere, wenn aber nur eine der fünf Dimension fehlt, kann sich keine große Karriere entfalten.

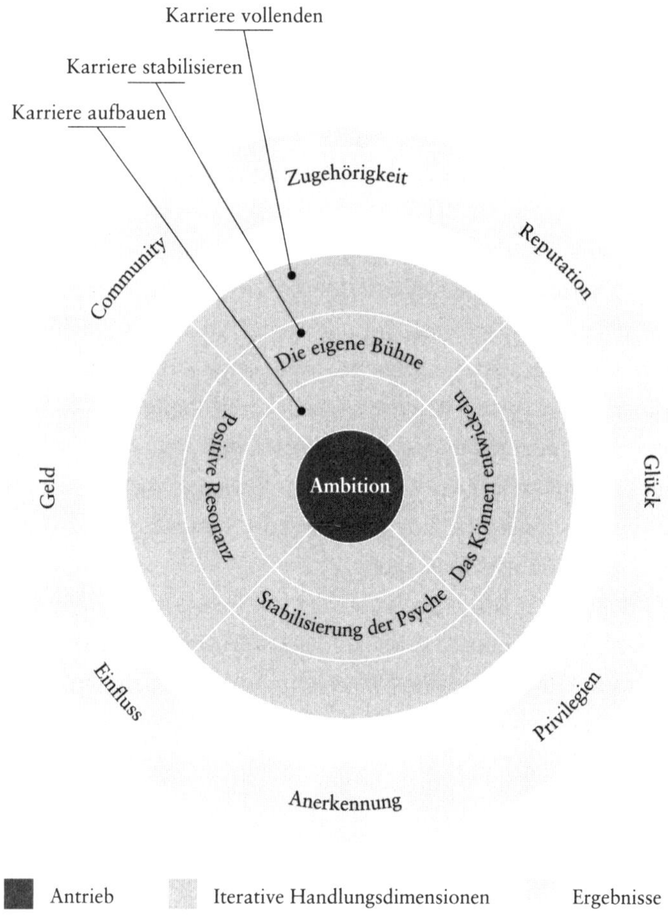


*Die fünf Dimensionen einer großen Karriere*

AMBITION

Im Zentrum der fünf Dimensionen steht die persönliche Ambition – der Impuls, die eigenen Gaben auszuschöpfen und das eigene Anliegen zu verwirklichen. Es ist der Drang, das eigene Talent, die eigenen Werte zu zeigen und einzusetzen und dadurch die Welt zu verbessern. Dieser Spur wird gefolgt, auch gegen Widerstände.

Ohne ein Anliegen, ohne einen inneren Antrieb, kann keine Karriere beginnen oder wachsen. Die Ambition ist der Motor. Ambition ist nicht zu verwechseln mit Zielen oder Erwartungen. Die Ambition kann nicht ausgedacht oder konstruiert werden, sondern nur erspürt und erforscht. Sie kommt nicht von außen, sie ist einfach da, eine autonome Kraft.

Jeder Mensch hat innere Anliegen und Werte, die ihm nicht unbedingt bewusst sind, die er aber fühlt.

Stellen Sie sich einen Menschen vor, der Verschwendung verabscheut. Als kleinem Jungen hat es diesem Menschen womöglich gefallen, die Großmutter zu beobachten, die alle Handgriffe im Garten mit äußerster Effektivität und Präzision ausführte. Später ersonn er Systeme, um seine Aufgaben in Schule und Haushalt in möglichst kurzer Zeit gut zu erledigen. Damals wie heute wittert er unnötigen Zeitaufwand überall dort, wo er betrieben wird. Seine Gedanken kreisen oft und lustvoll um elegante, effektive Prozesse.

Das ist eine Ambition. Ambitionen wollen wachsen. Dazu brauchen sie Aufmerksamkeit, Nahrung und Richtung, die ihnen ihre Träger selber viel eher zu geben vermögen als andere Menschen.

## HÖCHSTES KÖNNEN

Das Streben nach höchstem Können ist die erste von vier strategischen Handlungsdimensionen, deren Bedeutung für jeden, der eine große Karriere macht, immer wieder von neuem in den Vordergrund rückt. Fleiß und Disziplin begleiten die Ambitionierten von Anfang bis Ende. Sie sind nie zufrieden, sondern suchen lebenslang nach Lern- und Optimierungsmöglichkeiten, die der Ambition einen größeren Raum und eine größere Wirkung verschaffen.

Es ist ein immanentes Streben – der Cellist Pablo Casals (1876–1973), einer der bedeutendsten Musiker des 20. Jahrhunderts, mochte auch im höchsten Alter nicht darauf verzichten, täglich sein Cellospiel zu üben – und eine Strategie, die sogar nach Ansicht einiger Forscher das Talent ersetzen kann. Mindestens 10 000 Stunden Übung in zehn Jahren, so beginnen große Karrieren, und dann sind sie noch lange nicht zu Ende. Das tiefe Bedürfnis nach Vervollkommnung, nach dem Erlernen neuer Fertigkeiten und dem Erwerb neuer Kenntnisse und der Drang zu üben, mehr zu erlangen, weiterzumachen, besser zu werden, überwinden viele, auch die größten Hindernisse.

## STABILISIERUNG DER PSYCHE

Die Stabilisierung der Psyche ist die zweite strategische Handlungsdimension. Sie ist deshalb zentral, weil wir Menschen auf große Karrieren nicht gut, meist aber gar nicht vorbereitet sind, selbst wenn wir sie ersehnen.

Innere und äußere Krisen sind ebenso unausweichlich wie notwendig. Sie verlangen Reflexion, Beratung, Veränderungs- und Lernbereitschaft. Dies ist niemals ein rein kognitiver Prozess, sondern ein Prozess, der die gesamte Persönlichkeit ergreift. Das, was in einem speziellen Moment, in einer speziellen Phase der Karriere nötig ist, ist für die betreffende Person schwer zu erkennen. Oft sind unbewusste innere Widerstände gegen die Arbeit an der eigenen Psyche aktiv, die Erkenntnisse und weitere Fortschritte erschweren oder sogar ausschließen.

So ist vielen einflussreichen Menschen ihre Macht, ihr Erfolg nicht bewusst. Sie fühlen sich tief in ihrem Inneren weiter abhängig und klein, beklagen sich über die »wirklich Mächtigen«, obwohl doch viele Teams und auch die Vorgesetzten sich an ihnen orientieren, viele Projekte fulminant abgeschlossen wurden, großes Können entwickelt wurde. Ohne innere Erfolgsgewissheit findet die Karriere aber keine Fortsetzung, kann keine Ausstrahlung wachsen, können andere nicht darauf vertrauen, dass die betreffende Person noch größere Aufgaben meistern wird.

## POSITIVE RESONANZ

Positive Resonanz und Zugehörigkeit zu anderen Ambitionierten zu erzeugen führt zu Macht und Einfluss und zu einer großen Karriere. Vervollkommnung braucht anspruchsvollste Vorbilder, Freundinnen und Freunde aus den unterschiedlichsten Bereichen. Der Kreis der Ambitionierten ist ihnen Heimat und Ansporn. Erfolgreiche Menschen brauchen Resonanz und Spiegelung von anderen Erfolgreichen.

Modelle, nach denen Überlegenheit, Drohung, Zwang, Kampf und Durchsetzungsvermögen Karrieren vorwärtstreiben, haben längst ausgedient, wenn sie denn je Gültigkeit hatten. Eines der größten Probleme, die Wahrheiten über Karrieren verschleiern und Erkenntnisse hartnäckig verhindern, ist, dass die Karrieren von außen oder von weiter unten auf der Einflussskala oft völlig anders aussehen. Hier sehen Menschen nicht die positive Resonanz, sondern Ausgrenzung, Statusrituale, Machtspiele, Egoismus, Abwertung, Gleichgültigkeit, und denken sich: »Die da oben sind so.« Die Dynamik der positiven Resonanz zu erkennen kann desillusionierend sein, ist aber unumgänglich: Die Person, die Erfolg anstrebt, muss sich über negative Beobachtungen wie die gerade geschilderten hinwegsetzen und selbst damit beginnen, positive Resonanz in der Community der Einflussreichen zu erzeugen. Sie muss ihr eigenes inneres Anliegen herausstellen, die eigene Ambition, die eigene gute Laune, Dankbarkeit, Großzügigkeit und Wertschätzung. Tut sie dies, so wird sie nach und nach erkennen, wie positive Resonanz in Kreisen von bedeutenden Persönlichkeiten gelebt wird. Dieses Wissen bleibt allen noch so scharfsichtigen Analytikern der Macht verschlossen, die sich nicht selbst in dieser Dimension bewegen.

## DIE EIGENE BÜHNE

Die exakt passende eigene Bühne muss selbst gefunden, definiert, gestaltet werden. Jede Ambition ist einzigartig, wie jede große Karriere. Die Adressaten der großen Karriere, ob Opernpublikum, Herzpatienten, die politische Öffentlichkeit in den USA oder internationale Investoren, müssen identifiziert, definiert und angesprochen werden. Für die eigene Bühne gibt es keine Vorbilder oder Muster.

Unternehmen entwickeln Talente, um sie in vorgegebenen Positionen einzusetzen. Für Menschen, die auf der Spur ihrer großen Karriere sind, ist das jedoch keine gute Idee. Sie entwickeln sich vorwiegend selbst und entdecken immer klarer, wie, wo und woran sie arbeiten möchten. Kompromisse sind im Laufe der Karriere immer weniger möglich.

**Ein junger Musicalstar** könnte großartige Engagements bekommen, aber seit einiger Zeit denkt er daran, wie viel Freude es ihm machen würde, andere zu unterrichten. Er nimmt noch an einigen Castings teil, agiert dort jedoch eher halbherzig. Er tritt noch da oder dort auf, aber während er auf der Bühne steht, kreisen seine Gedanken vor allem darum, wie es möglich sein könnte, andere Darsteller ganz einfach, ganz mühelos auf anspruchsvolle Rollen wie die seinige vorzubereiten. Nichts bringt ihn davon ab, seiner pädagogische Neigung zu folgen, und später revolutioniert er die Musicalpädagogik, ohne dass zuvor jemand daran gedacht hätte, dass dies notwendig oder wünschenswert sein könnte. Für den Musicalstar gibt es keinen vorgegebenen idealen Platz, der Lehrstuhl an einer bedeutenden US-Universität wird Jahrzehnte später für ihn neu geschaffen.

Große Karrieren sind Pionierkarrieren, nicht nur im Showgeschäft, sondern auch in Unternehmen. Erfolgreiche Unternehmen sind deshalb längst dazu übergegangen, für die ambitioniertesten und erfolgreichsten Managerinnen und Manager – die manchmal zugleich die eigenwilligsten sind – Positionen anzupassen oder ganz neu zuzuschneiden. Während der langen Zeit der Entfaltung ihrer großen Karriere ist es deshalb immer die Aufgabe der Ambitionierten selbst, ihr Heimspiel zu identifizieren, ihre Rolle zu definieren, sich selbst darin auszuprobieren, sich anderen mitzuteilen und sich ihre ideale Rolle und ihre eigene Bühne selbst zu wählen und zu gestalten.

## DER WEG ZU RUHM UND EHRE, GLÜCK UND GELD

Glück, Anerkennung, Selbstverwirklichung, Einfluss, Geld, Privilegien, soziale Zugehörigkeit, eine Community, Reputation – das sind die Früchte einer großen Karriere. Sie können Ausdruck der Erfüllung persönlicher Wünsche oder Erwartungen sein, nicht jedoch von Zielen im Sinne von »Mit 35 möchte ich meine erste Million verdient haben« oder »Ich möchte auf dem Titelbild des *Manager Magazins* abgebildet sein«. Derartige Ziele direkt zu erreichen ist nicht möglich. Im Gegenteil, für wen sie zur fixen Idee werden, der wird nie mit einer großen, glücklichen Karriere belohnt. Diese Glücksbringer sind vielmehr Geschenke, die sich nach und nach, früher oder später einstellen, sobald die Ambition Regie übernimmt (und die vier strategischen Dimensionen bedient werden).

Geld, Macht oder Ruhm sind keine Ambitionen, niemand ist ihretwegen erfolgreich, auch wenn es ihn noch so sehr danach dürstet. Die Ambition will Gutes in die Welt bringen, sie weist weit über die Person hinaus. Nur sie führt zu Erfüllung, Unterstützung, Reputation, einer großen Karriere – und schließlich zu Geld und Wohlstand. Der Welt effektivste Prozesse zu schenken, das ist eine Leidenschaft, der sich andere Menschen anschließen können.

## DIE GRÖSSTEN IRRTÜMER ÜBER KARRIEREN

Es gibt viele Irrtümer über Erfolg und darüber, warum jemand Karriere macht:

- Die erfolgreiche Künstlerin macht das *Glück* oder den *Zufall* verantwortlich: zur rechten Zeit am rechten Ort gewesen zu sein.
- Der Sportler nennt sein großes *Talent.*
- Der Topmanager spricht über seine nachgewiesenen herausragenden *Arbeitsergebnisse.*
- Berufseinsteiger meinen, je höher die Karrierestufe, desto mehr *Arbeit* komme auf sie zu und desto weniger Freizeit bleibe übrig.
- Die begabte Projektleiterin weiß, dass sie nur aufsteigen kann, *indem sie sich verbiegt und ihre Werte verleugnet.*
- Personalexperten lehren: *Talent und Qualifikation* sind für Erfolg im Management entscheidend.

- Die herausragende Institutsleiterin deutet bescheiden an, *diese Karriere habe sich so ergeben.*
- Der Politiker schreibt seinen Wahlerfolg seiner *Intelligenz* zu – seine Gegner betonen seine glänzende Rhetorik und die Rolle seiner Frau.
- Ambitionierte Frauen denken, sie müssten perfekt in das *System der männlichen Macht* passen.
- Wissenschaftler glaubten, einen statistisch gesicherten Zusammenhang zwischen Karriereerfolg und *äußeren Gegebenheiten* wie Wohnort, Geburtsdatum, Körpermaße entdeckt zu haben.
- Akademiker aus Arbeiterfamilien sind sicher, dass ihnen zur großen Karriere die *Beziehungen zu reichen und mächtigen Clans* fehlen.

Viele Irrtümer entstehen, weil selbst den erfolgreichsten Akteurinnen und Akteuren nicht bewusst ist, auf welche Art und Weise sie erfolgreich geworden sind. Ihre Erklärungen entsprechen ihrem Selbstbild (»großes Talent«), der sozialen Erwünschtheit (»beste Ergebnisse«) oder einem starken Bedürfnis (»Ich wollte mich nie verbiegen«), sind jedoch meist falsch.

Aber wie sollen auch Menschen, die eine große Karriere machen, ein hinter ihrer Karriere verborgenes *System* sehen können, von dem sie nichts ahnen? Und es interessiert sie auch gar nicht. Sie vergleichen sich nicht, systematisieren nicht, sondern sie haben alle Hände voll damit zu tun, ihrer Ambition gemäß zu leben. Und das zu Recht! Die Ambition ist einer der zentralen Schlüssel zur Karriere und zum Glück.

Ebenso wie die Ambition sind auch die meisten übrigen Faktoren einer großen Karriere im Menschen selbst zu finden, nicht in äußeren Bedingungen. Das gilt für die positiven wie für die negativen Faktoren. Es ist ein Irrtum zu glauben, Menschen kämpften überwiegend gegen äußere Widerstände. De facto sind es die inneren Widerstände, die ihnen am meisten zu schaffen machen. Die menschliche Psyche ist auf große Erfolge und Karrieren nicht gut vorbereitet. Ein Durchbruch kann Panik und Starre auslösen. Eigene große Erfolge werden übersehen, übergangen, nicht öffentlich gemacht, nicht gefeiert, weil die Ambition nicht verweilen, zurückschauen, feiern will, sondern mit ihrem stetigen Vorwärtsdrang zum nächsten Erfolg antreibt. Deshalb ist die Arbeit an der Psyche so entscheidend. Ohne sie bleiben die inneren Widerstände unerkannt und unbewusst, können mithin nicht bewältigt werden.

Betrachten wir im Folgenden die größten Irrtümer über Karrieren ein wenig genauer.

**Der Erfahrungs-Irrtum.** Da die Dynamik, die zu einer Karriere führt, nicht einmal den Erfolgreichen selbst bewusst ist, verlassen sich ambitionierte Menschen und deren Ratgeber auf logisch erscheinende Theorien, die auf ungeprüften Einzelerfahrungen basieren. Erfahrungen sind jedoch keine Weisheiten. Es gibt sehr wohl Erfahrungswissen, aber ohne psychologische Reflexion und systematische Aufbereitung bleibt es kognitives Einzelwissen. »Mach zusätzlich ein MBA-Studium und du bekommst leichter einen Job« oder »Sie sind zu alt, um in der IT noch Erfolg zu haben«. Das sind typische Beispiele für gut gemeinte, aber unsinnige Ratschläge. Welche Rolle ein MBA-Studium oder das Alter für die Karriere spielt, hängt ausschließlich von der individuellen Dynamik der Ambition ab. Diese ist sehr wirksam, aber den Ambitionierten, den Förderern, dem gesamten Umfeld in der Regel nicht bewusst. Das System Karriere widerspricht deshalb in vielen Fällen der gelebten Praxis der Karriereförderung und dem sogenannten gesunden Menschenverstand. So entstehen populäre Irrtümer wie die beiden folgenden.

**Der Mentoren-Irrtum.** Viele Unternehmen arbeiten mit Mentoring. Erfahrene, erfolgreiche Topmanager fördern in persönlichen Gesprächen jüngere, unerfahrene, hierarchisch untergeordnete Personen. Der Mentor möchte dem Mentee nach bestem Wissen und Gewissen sagen, »wo es langgeht«. Die unbewusste, für beide unsichtbare Realität ist jedoch, dass der Mentor vor allem dann mit den Ergebnissen seiner Gespräche zufrieden sein wird, wenn er seinen Mentee als einen Menschen erlebt, der weit weniger Wissen und Erfahrung hat als er selbst. Ist der Mentor besonders gut, so schrumpft das Wissensgefälle schon nach kurzer Zeit – und damit schrumpft auch die Wichtigkeit des Mentors in seiner Eigenwahrnehmung. Der Mentor wird ärgerlich, vielleicht sogar wütend und eifersüchtig auf seinen Schützling, und er wird versucht sein, dessen Karriere zu hemmen. Deshalb entwickeln sich Mentoren-Mentee-Beziehungen häufig negativ, ohne dass die beiden Seiten die Gründe dafür kennen.

**Der Feedback-Irrtum.** Ein anderes Beispiel aus der Praxis der Karriereförderung ist die verbreitete, aber grundfalsche Annahme, dass Chefs offene, sogenannte konstruktive Kritik benötigen, um besser zu werden. Viele Chefs bitten ihre Mitarbeitenden sogar ausdrücklich um offene Kritik, denn das gehört heute zum guten Ton. Kritik wirkt sich jedoch immer dann, wenn es um Karriere des Kritisierenden geht, desaströs aus. Chefs *meinen*, sie wollten Kritik hören. Hier wirkt wieder die Kraft des Unbewussten, denn in Wirklichkeit will niemand Kritik hören, schon gar nicht in einer Position als Chef. Kritik beansprucht im Gehirn des Kritisierten einen Platz von solcher Wichtigkeit, dass bei ihm unwillkürlich alle Alarmglocken klingeln. Positive Nachrichten, Lob und Anerkennung nimmt er nicht mehr wahr, da sein Gehirn mit der Verarbeitung der »Gefahr« beschäftigt ist. Diese Dynamik wird unterschätzt oder geleugnet, weil die Kritisierten ihr Ansehen, ihre Stärke und ihre Toleranz gegenüber kritischen Stimmen überschätzen.

**Die Unterschätzung positiver Resonanz und des Werts der Zugehörigkeit.** Den beiden gerade geschilderten Irrtümern liegt die Unterschätzung der strategischen Handlungsdimension »positive Resonanz und Zugehörigkeit« zugrunde. Wenn von Zugehörigkeit die Rede ist, geht es nicht darum »dazuzugehören«, sondern darum, anderen Zugehörigkeit zu bieten, indem positive Resonanz erzeugt wird. Es ist die Haltung des Gebens, die zur Karriere, zum Erfolg führt. Jemand fühlt sich selbst wertvoll, verbunden, großzügig, und seine/ihre Aktionen entspringen diesem Geist. Das heißt für ein unerfahrenes Talent beispielsweise: Anstatt eine Beziehung zu einem Mentor anzustreben, um von ihr zu profitieren, macht es seinem Vorbild Komplimente, tut seine Bewunderung kund, bittet in Einzelfällen um Hilfe und Rat und zeigt dadurch seine Wertschätzung. Es gibt, statt zu nehmen. Und der Chef, der sich selbst gerne reden hört, wird nicht kritisiert (»Sie reden zu oft und zu lange«), sondern bestätigt, etwa mit den Worten »Ich würde es als großes Privileg betrachten, wenn Sie als fulminanter Präsentator und großartiger Redner mir zehn Minuten lang zu diesem Thema zuhören würden. Das wäre wundervoll.«

Besonders jüngere Managerinnen und Manager befürchten in solchen Situationen, dass sie sich verbiegen, unaufrichtig sein, den Einflussreichen nach dem Mund reden müssten, um sich beliebt zu machen und Vorteile zu ergattern, ohne dafür etwas zu leisten. Dabei handelt es sich bei der Fähigkeit, Zugehörigkeit zu bieten, um eine komplexe Fähigkeit, die das Selbst ebenso sehr beeinflusst wie das Gegenüber. Demgegenüber ist es um vieles leichter, den Chef zu kritisieren, ihm Fehler nachzuweisen oder ihn hinter seinem Rücken herabzusetzen und sich damit im Kollegenkreis beliebt zu machen. Wer

Einfluss anstrebt, muss positive Resonanz erzeugen. Positive Resonanz ist

- eine Haltung. Sie bedeutet, sich als anerkannt, bedeutsam, wichtig, fördernd zu betrachten, auch wenn man sich vielleicht noch nicht oder noch nicht im gewünschten Maße so fühlt;
- eine Kunst. Wer sie beherrscht, dem gelingt es, auf Augenhöhe Zustimmung, Förderung und Gefolgschaft von Menschen zu gewinnen;
- ein Prozess. Der persönliche Einfluss fängt sofort an zu wachsen;
- eine Perspektive. Auf der Basis positiver Resonanz können persönliche Wünsche geäußert und erfüllt werden.

Der Leistungs-Irrtum. Manager schreiben ihren Erfolg gern ihren großartigen fachlichen Leistungen und ihrer überlegenen Führung zu: Weil sie hervorragende Produkte auf den Markt gebracht haben, weil das Unternehmen unter ihrer Leitung gewachsen ist, weil sie in den Osten expandieren konnten, weil sie vorbildliche Führungspersönlichkeiten sind und die Mitarbeiter ihnen vertrauen und folgen, deshalb stehen sie an oberster Stelle in ihrem Unternehmen, in der Branche, oder werden bald dort stehen.

Auch ein internationaler Bereichsleiter in einem weltweit führenden IT-Unternehmen glaubte an Leistung und Spitzenergebnisse als entscheidenden Karrierefaktor – so lange, bis ein anderer an ihm vorbeizog, der weder viel leistete noch offensichtliche Ergebnisse vorwies, noch besonders intelligent war. Welche Irrtümer, welche Enttäuschungen.

Für Erfolg sind stets alle vier strategischen Handlungsdimensionen entscheidend, doch ausgerechnet im Beispiel des Bereichsleiters fielen exzellente Leistungen und Ergebnisse in die unwichtigste Kategorie. Waren sie doch erstens – anders als etwa bei Leistungssportlern – kaum transparent. (Wer hat zu den Ergebnissen beigetragen? Welche externen Faktoren spielten eine Rolle? Wer definiert Exzellenz nach welchen Maßstäben?) Zweitens wurde hervorragende Leistung als Selbstverständlichkeit vorausgesetzt und bedurfte keiner besonderen Erwähnung.

Viele Berufseinsteiger oder Führungspersonen auf mittleren Managementebenen vermuten, dass sich die Arbeitszeit eines Beschäftigten umso weiter ausdehnt, je weiter er aufsteigt und je mehr Verantwortung er übernimmt. Es kommt also nicht zu mehr Arbeit, sondern Arbeit und Freizeit gehen mehr und mehr ineinander über. Es ist die eigentliche Arbeit von Topmanagern, die eigene Ambition, die eigenen Werte zu verfolgen, im Unternehmen, im Ehrenamt und im Sponsoring; immer wieder Neues zu lernen; die eigenen Wünsche und Urteile ernst zu nehmen, zu pflegen, dem Dialog auszusetzen; interessante Menschen zu treffen; sich von neuen Erfahrungen überraschen zu lassen; Pausen zu machen, sich mit Geschäftsfreunden zu treffen; zu prüfen, ob das eigene Leben und die eigene Rolle noch vollkommen zur eigenen Ambition passen.

Topmanagerinnen und Topmanager üben großen Einfluss aus, in allen alltäglichen Begegnungen, mit jeder Geste, jedem Wort, jeder Gewohnheit. Sie wirken mehr über ihre Persönlichkeit, über ihr Auftreten, als durch das, was sie offiziell sagen. Deshalb ist es für sie so wichtig, die eigene Persönlichkeit zu reflektieren und zu pflegen.

**Der Dringlichkeits-Irrtum.** Irrtümer sind manchmal nicht in Theorien und Statements, sondern in falschen, weil irrelevanten Karrierefragen verborgen. Menschen lassen sich von der Dramatik einer Situation leiten, statt den langfristigen Hintergrund zu beleuchten. Sie stellen sich Fragen nur deshalb, weil andere sie gerade vor diese Fragen stellen, wie

- Soll ich das Angebot meines Unternehmens annehmen, für ein Jahr nach Indien zu gehen?
- Was mache ich, wenn mein Mitarbeiter mein Vorgesetzter wird?
- Wie erziele ich eine möglichst hohe Abfindung?
- Wie setze ich mich gegenüber meinem Kollegen durch?
- Soll ich dieses Stück als Auftragsarbeit komponieren?
- Wie viel Honorar kann ich fordern?
- Sollte ich das Unternehmen wechseln?
- Wie kann ich mich durchsetzen?

Diese Fragen zeigen die Verstrickung in eine momentan als kritisch oder entscheidend erlebte Situation. Dramatische Entscheidungssituationen, zumal unter Zeitdruck, üben eine große Faszination aus, der sich gerade sehr ambitionierte, leidenschaftliche Menschen kaum entziehen können. Tagelanges Grübeln, Analysieren, Coaching-Sessions, Gespräche mit Familie und Freunden ... dabei wartet die Antwort bereits im eigenen Inneren.

In derartigen Situationen ist es unerlässlich, innezuhalten. Je länger Sie pausieren, *ohne* nachzudenken und zu analysieren, desto unwahrscheinlicher eine Fehlentscheidung. Körper und Seele signalisieren, was die bedeutsamen Unterströmungen sind: die eigene Ambition, das innere Anliegen, die Leidenschaft, die tiefen Wünsche. Darauf zu hören führt zu Entschiedenheit und Klarheit. Karrieren hängen nicht von einzelnen Situationen ab, sondern entwickeln sich über sehr lange Zeiträume. Es scheint, als hätten Menschen verlernt, in Jahrzehnten zu denken. Zumindest diese kurzfristigen, scheinbar eiligen Fragen erledigen sich meist, wenn die persönliche Ambition identifiziert ist.

Der Talent-Irrtum. Talent ist eine Größe, deren Bedeutung heute von einigen Forscherinnen und Forschern neu definiert wird. Ambition kann bewirken, dass das eigene Können in mindestens 10 000 Stunden Übung in zehn Jahren perfektioniert wird – mit mehr oder weniger großem Talent. Sicherlich ist es wenig wahrscheinlich, dass ein Mensch mit sehr kleinen Händen und schlechtem Gehör Klavierstücke von Brahms spielt wie ein großer Meister. Oder doch? Wer weiß! Sicher ist aber auch, dass kein großes Talent zur großen Karriere fähig ist, ohne dass es zugleich nach höchstem Können strebt, seine Psyche stabilisiert, positive Resonanz und Zugehörigkeit erzeugt und seine eigene Bühne gestaltet. Talent ist zu vernachlässigen, wenn alle anderen Dimensionen wirken.

Desaströs wirkt es sich aus, wenn Unternehmen sich am Talent ihrer Mitarbeiter und Führungskräfte orientieren anstatt an deren Ambitionen. Die amerikanische Psychologin Carol Dweck, Forscherin an der Universität Stanford, hat nachgewiesen, dass nur ständiges, hartes, ambitioniertes Arbeiten an der eigenen Qualität Erfolge zeitigt. Talent allein sei sogar schädlich, so Dweck – vor allem dann, wenn Menschen wegen ihres Talents ausgewählt, gefördert, bestätigt und gelobt werden statt wegen ihrer Anstrengungen.[3]

Der Statistik-Irrtum. Wenn Frauen, Alte, Farbige oder auf dem Land Geborene keine großen Karrieren machen, so liege das an eben jenen statistisch erhärteten Faktoren. Diese Meinung ist weitverbreitet. Dennoch ist sie falsch, denn jede Karriere ist einzigartig. Die individuelle Karriere folgt keiner Normalverteilung, es gibt für sie keine berechenbaren Wahrscheinlichkeiten. Die meisten Menschen mit großen Karrieren sind auf ihrem Lebensweg auf große Schwierigkeiten gestoßen. Die statistisch fundierten Einflussgrößen lassen sich reduzieren auf Widerstände und Krisen, die zu bestehen sind und an denen die persönliche Ambition wächst. Das ist das

Kennzeichen der großen Karriere: Auch noch die sperrigsten Hindernisse und die größten Demütigungen entpuppen sich als Sparringspartner der Ambition, als Chancen, Neues zu erfahren, zu lernen und die eigene Entwicklung zu bereichern.

**Der Zufalls-Irrtum.** Dieser Irrtum ist bei Erfolgreichen besonders populär. Wer das System Karriere nicht durchschaut, hält Erfolge im Rahmen seiner Karriere für Zufall. »Zur richtigen Zeit am richtigen Ort gewesen zu sein« oder »glücklicherweise in die beste Familie hineingeboren worden zu sein« – das sind Aussagen von Menschen, die ihre große Karriere im Rückblick erklären möchten. Es ist jedoch nicht Glück, sondern das, was wir als den autonomen Willen der Ambition beschreiben: harte Arbeit unter der Regie der Ambition.

Dem unbeugsamen Willen der eigenen Ambition folgend, geht der Mensch den schweißtreibenden Weg, sein Können zu perfektionieren. Auf diesem Weg, mit all den in vielen Jahren geschärften Antennen der Wahrnehmung ausgestattet, ist er in der Lage, seine Chancen zu erkennen und zu nutzen. »Der glückliche Zufall« kann sich nur ereignen, kann vom Einzelnen auf seinem ihm eigenen Weg nur gesehen und genutzt werden, weil dieser bereits eine lange Strecke mit Fleiß, Disziplin und harter Arbeit gemeistert hat.

Der große Irrtum vom glücklichen Zufall wird durch die in Casting- und Talentshows, Berichten und Geschichten suggerierte These von der plötzlichen und schicksalhaften Entdeckung von Menschen mit Talent genährt. Junge Menschen werden durch diese These daran gehindert zu lernen, dass sie ihre »glückliche Entdeckung« systematisch und hart erarbeiten müssen. Auf die richtige Situation zu warten ist einfacher, als viele Jahre lang Widerständen und Hindernissen zum Trotz kontinuierlich an sich selbst zu arbeiten. Ambition und Können – und auch das Geschick, in einer entscheidenden

Situation präsent zu sein und zu überzeugen – müssen schon zuvor sehr lange entwickelt worden sein, ehe die Entdeckung des Talents möglich ist und sodann auch tatsächlich zur Basis einer großen Karriere werden kann.

Wie jedoch in der wirklichen Welt der autonome Wille der Ambition den glücklichen Zufall ermöglicht, ist an einem Jungen namens Bill zu studieren, der als Achtklässler jede freie Sekunde nutzte, um zu programmieren – eine Tätigkeit, die 1968 noch gänzlich unbekannt war. Doch lassen wir Bill Gates selbst zu Wort kommen:

> »Ich war wie besessen. Ich habe den Sportunterricht geschwänzt. Ich bin abends hingegangen. Wir haben an den Wochenenden programmiert. Damals war ich 15 oder 16. Dann hat Paul Allen einen Computer gefunden, den wir kostenlos benutzen konnten.« Das war wichtig, weil Programmieren teuer war. Jede Minute war kostbar. »Die Mediziner und die Physiker hatten Rechner, die 24 Stunden im Betrieb waren, aber zwischen drei und sechs Uhr morgens hat sie keiner benutzt. Ich bin mitten in der Nacht aufgestanden und zur Universität gelaufen oder ich habe den Bus genommen. Deswegen bekommt die University of Washington heute großzügige Spenden von mir, weil sie mich so viel Rechenzeit hat stehlen lassen.«[4] Als Gates nach zwei Jahren sein Studium in Harvard hinwarf, um mit Paul Allen sein eigenes Softwareunternehmen zu gründen, hatte er praktisch sieben Jahre lang ununterbrochen programmiert. Er hatte weit mehr als 10 000 Stunden Erfahrung. Er konnte Chancen aufspüren, die allen anderen verborgen waren.

Wie viele 16-Jährige gibt es wohl, die nachts um drei Uhr aufstehen, um sich ihren Talenten zu widmen? Sprechen wir hier vom glücklichen Zufall? Und was machte im Sommer

1965 oder 1966 der neugierige Teenager Steven Spielberg in Hollywood?

Er schlich sich an den Wachen vorbei und »... suchte mir eines dieser kleinen Büros in den Holzbaracken aus, das gerade leer stand. In einem Kamerageschäft kaufte ich weiße Plastikbuchstaben und brachte meinen Namen an der Tür an. Dann nahm ich am Schreibtisch Platz. Jetzt war es offiziell. Hier würde ich den Sommer über arbeiten ... Bei den Studiohallen, wo die großen Filme gedreht wurden, haben sie mich zwar immer wieder vor die Tür gesetzt. Aber dafür konnte ich den Leuten vom Schnitt-Department monatelang über die Schulter schauen. Sie wurden meine besten Freunde. In diesem Sommer habe ich sehr viel über Schnitt gelernt.«[5]

Am richtigen Ort zur richtigen Zeit zu sein, das ist eine große Fähigkeit, deren Entfaltung viel Engagement voraussetzt. Die Aktivitäten, die zu großen Karrieren führen, ähneln sich. Erfolgreiche Wissenschaftlerinnen und Wissenschaftler arbeiten, wie alle anderen Ambitionierten, ganz selbstverständlich Tag für Tag hart:

- Sie forschen, lehren, schreiben, veröffentlichen, sind ununterbrochen im Diskurs.
- Sie gehen auf Tagungen, nehmen an Kommissionen teil, halten Vorträge, beteiligen sich an Ausschreibungen.
- Sie schließen Freundschaften mit exzellenten Kolleginnen und Kollegen, halten Laudatien, schenken sich Bücher, bedanken sich für die Möglichkeit, auf Kongressen vorzutragen, sprechen mit Sponsoren über ihr Anliegen und ihre Arbeit.
- Sie schreiben zusammen mit Kolleginnen und Kollegen Aufsätze, lassen in der Freizeit ihre Gedanken um ihr

Thema kreisen, sitzen 60 Stunden und mehr pro Woche am Schreibtisch oder stehen im Labor.

Und dann sind sie irgendwann »zufällig« am richtigen Ort, zur richtigen Zeit.

## DAS BRINGT SIE JETZT WEITER:

## ÜBERPRÜFEN SIE IHRE GLAUBENSSÄTZE ÜBER GROSSE KARRIEREN

Welche Glaubenssätze und Annahmen, welche Vorurteile oder Irrtümer hegen Sie in Ihrem Denken? Lesen Sie die folgende Aufstellung und reflektieren Sie, wie Sie das System Karriere derzeit einschätzen. Welche Annahmen auf der linken Seite haben Sie bisher geteilt? Welche davon würden Sie gern verändern? Welche Annahmen auf der rechten Seite begrüßen Sie? Welche zweifeln Sie an?

**Meine Glaubenssätze**

| **Karriere geht so …** | **… oder so** |
|---|---|
| Ich brauche einen guten Mentor. | Ich mache einflussreichen Menschen, die ich wertschätze, Komplimente. |
| Ich muss Glück haben. | Ich lerne und übe, wie ich Chancen erkennen und nutzen kann. |
| Vitamin B – man braucht Beziehungen. | Durch Großzügigkeit und Dankbarkeit erzeuge ich positive Resonanz. |
| Wenn ich Vorstand/Millionär/berühmt sein will, muss ich mir ein klares Ziel setzen. | Ich bringe mein inneres Anliegen in die Welt, um sie zu verbessern. |

## Meine Glaubenssätze

| Karriere geht so ... | ... oder so |
|---|---|
| Ich muss ehrliche Kritik an meinem Chef üben. | Ich konzentriere mich auf das, wofür ich dankbar bin, was ich wertschätze, und äußere es auch. |
| Ich muss mich verbiegen, das heißt meinen Charakter verleugnen. | Die Kunst, mit dem eigenen inneren Anliegen positive Resonanz zu erzeugen, ist ein wesentlicher Karrierefaktor. |
| Frauen haben es schwerer. | Jede große Karriere braucht und besteht große Herausforderungen. |
| Talent muss da sein und entdeckt werden. | 10 000 Übungsstunden in zehn Jahren unter der Regie der Ambition sind das Geheimnis der Meisterschaft. |
| Die Hauptsache ist, dass ich viel arbeite. | Alle vier strategischen Handlungsdimensionen müssen immer wieder bedient werden. |
| Leider falsch! | Richtig! |

# 2. DIE AMBITION WACHSEN LASSEN

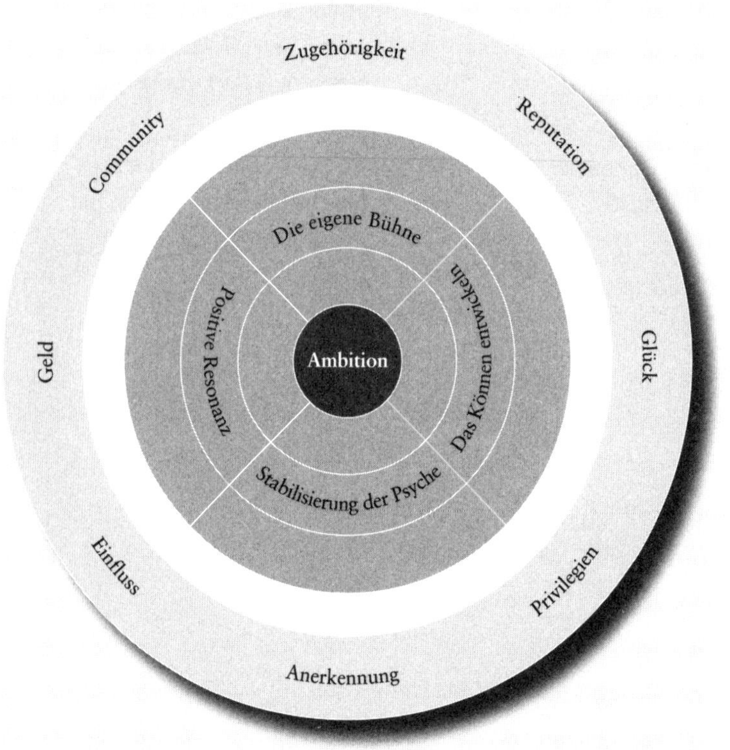

Ambition erscheint in den verschiedensten Formen: als Ehrgeiz, als Besessenheit, als Hingabe, als reine Freude, als heroischer Fleiß, als Perfektionssucht, als Leidenschaft, als Konzentration des Denkens auf eine einzige Sache. Ambition ist der Wunsch nach persönlicher Erfüllung, nach Selbstausdruck. Sie ist der unbedingte Wille nach Vervollkommnung.

Wenn ein Mädchen wie die kleine Olga aus dem Ural einfach nicht anders kann, als ständig zu rechnen, alles zu lernen, zu besitzen, zu benutzen, was mit Mathematik zu tun hat, wenn sie als junge Frau nicht damit aufhört, sich immer neues Können anzueignen, jeden freien Cent für Fachliteratur und Software ausgibt, am liebsten mit Experten zusammen ist, die viel besser sind als sie und mit denen sie sich austauschen kann, wenn sie ihre Freunde und Familie mit dem Thema nervt, wenn sie die beste Mathematikerin der Welt sein will, die Welt durch Mathematik verbessern will und wenn all das für sie die reinste Freude ist – dann ist Ambition das Geheimnis.

So beginnt die Lebensgeschichte der international renommierten jungen russischen Mathematikprofessorin Olga Holtz, die in Berkeley und Berlin lehrt und zu den Koryphäen ihres Fachs zählt. Ambition ist wie ein autonomer Wille, der die persönliche Entwicklung in eine bestimmte Richtung treibt. Alle Menschen sind mit Ambition vertraut, alle haben sie schon einmal beobachtet oder über sie gelesen oder sie auch in sich selbst gespürt. Ambition ist die Grundlage für eine große Karriere, für jeden bedeutsamen Erfolg.

Das Phänomen der Ambition fasziniert uns schon seit langem. Wir haben es in unserer Beratungstätigkeit in all seinen Facetten studiert und seine Schlüsselrolle für große Karrieren immer besser verstanden. In der rückblickenden Analyse Hunderter großer Karrieren haben wir eine Gesetzmäßigkeit entdeckt, einen Zusammenhang, der sich mittlerweile auch in unseren vorausschauenden Beratungsprozessen stets bestätigt: Es handelt sich nicht um das Streben nach Geld, Status und Insignien. Geld, Status, Ruhm und Anerkennung können sehnlich gewünscht sein. Menschen mögen sich danach verzehren, doch ein solches Streben löst niemals eine nachhaltige große Karriere aus.

Große Karrieren sind vielmehr der Ausdruck eines langen Prozesses, der mit der Ambition beginnt. Die Ambition ist nicht auf diese Privilegien gerichtet, sondern auf die Erfüllung eines inneren Anliegens, darauf, mit der eigenen Gabe, dem eigenen Können und dem eigenen Stil die Welt zu verbessern. Die Ambition weist über die eigene Person weit hinaus. Sie scheint einfach da zu sein und sich gegen Widerstände, Schwierigkeiten, Verbote, Gewohnheiten und Hindernisse zu entwickeln. Deshalb sprechen wir auch vom autonomen Willen der Ambition.

Ein Mensch kann sehr vieles in Kauf nehmen und überwinden, wenn er seiner Ambition folgt: Armut, Demütigung, Krankheit, Zweifel, hohe Kosten, Risiken, Ängste, Isolation, Unsicherheit, Strafe, Gefängnis, Exil und Heimatlosigkeit ... Wir erkennen Ambition am deutlichsten bei den Menschen, die die ersten Stationen einer großen Karriere bereits passiert haben. Wir erkennen sie als den unwiderstehlichen Wunsch, den unbedingten Willen, das eigene Talent immer weiter zu entfalten, die eigenen Werte in die Welt zu bringen, die Welt dadurch zu bereichern und für das eigene Tun Anerkennung zu finden.

In welcher Beziehung steht Ambition zu Talent, Gabe oder Begabung? Ob es ein angeborenes Talent gibt oder nicht, ist bis heute ungeklärt. Wir neigen jedoch dazu, diese Frage zu bejahen, und nutzen den Begriff zur Beschreibung starker Motive, gegebener Fähigkeiten und eines großen Könnens, wodurch diese Eigenschaften auch immer entstanden sein mögen – durch Vorbilder, Erziehung, Übung oder Vererbung. Eines wissen wir jedoch sicher: dass entscheidend für eine große Karriere ist, ob der Mensch unabhängig von seinen Talenten seine Ambition entwickelt und nach höchstem Können strebt.

Talent mag notwendig sein, reicht aber bei weitem nicht aus. Ein Talent kann entdeckt werden – und dann? Selbst wenn dem großen Talent jede Förderung zur Verfügung steht, ist dies noch keine Garantie für eine große Karriere. Oft geschieht das Gegenteil, oft scheitern die hochfliegenden Pläne, die nach der Entdeckung eines großen Talents geschmiedet werden, und münden in Mittelmäßigkeit.

Wir haben Anfangserfolge »großer Talente« gesehen und sie mit Anfangserfolgen »durchschnittlicher Talente« verglichen. Immer ist der autonome Wille der Ambition entscheidend: Der Fleißige kommt weiter, die Beständige, Geschickte macht die große Karriere, gleich, welcher Gruppe sie ursprünglich zugeordnet war. Das zeigt sich deutlich an den »Genies«, die als »Spätzünder« große Werke schufen. Ein beispielhafter Blick auf die Entwicklung Paul Cézannes, Mark Twains oder Carmen Herreras zeigt, dass »... der Spätzünder letzlich nichts anderes ist als ein Wunderkind mit einem Vermarktungsproblem«.[6]

Die Ambition ist ein unwiderstehlicher Drang. Sie bezieht sich immer auf ein Thema, ist also nicht als neutrale »Leistungsmotivation« oder »innere Unruhe« zu verstehen, die in beliebige Richtungen gelenkt werden könnte. Das Thema, die Richtung der Ambition nennen wir inneres Anliegen. Dieses zieht sich wie ein Leitmotiv durch ein Leben und ist geprägt von sehr frühen Erfahrungen, Vorbildern, Wünschen oder auch Verletzungen.

# DAS INNERE ANLIEGEN

## ALLES BEGINNT IN DER KINDHEIT

»Wir alle werden mit einem Paket von Talenten geboren, und von den meisten wissen wir nicht einmal, dass wir sie besitzen … Es ist, als hätte die Evolution eine Sicherheitsvorrichtung in unser Nervensystem eingebaut, die uns uneingeschränktes Glück nur dann erfahren lässt, wenn wir zu hundert Prozent leben, wenn wir also die uns mitgegebene physische und geistig-seelische Ausstattung voll und ganz nutzen.«[7]

»Wunderkinder« in der Musik, in der Mathematik und in anderen Künsten erkennen und entwickeln ihre eigene Begabung wie von selbst. Wie Julia Fischer, die mit 25 Jahren eine der besten Geigerinnen der Welt war, haben sie ihr Metier schon immer über alles geliebt.

- »Die Klänge zogen mich magisch in ihren Bann und mündeten in dem einzigen Gedanken: ›Das will ich auch können‹.«[8] So Anne-Sophie Mutter, die sich mit fünf Jahren von dem äußerst schwierigen E-Moll-Violinkonzert von Mendelssohn so angezogen fühlte, dass sie nach einer Geige verlangte.
- Der israelisch-amerikanische Dirigent Yoél Gámzou beschloss mit elf Jahren, Mahlers zehnte Sinfonie zu vollenden, und wurde dafür im Jahr 2010, nur zwölf Jahre später, in der Musikwelt gefeiert.

Berührungen des Wesenskerns bleiben unvergessen, und diejenigen, die ihn erlebt haben, berichten noch im hohen Alter davon, wie ihr Entzücken begann.

Manche Begabungen sind wenig offensichtlich und finden lange kein kreatives Ventil.

- Wie sollte ein Bauernsohn im Nachkriegsdeutschland wissen, dass seine große Begabung ihn dazu befähigen würde,

einen internationalen Technologiekonzern als Vorstand zu führen?
- Wie sollte die Tochter eines Busfahrers ahnen, dass sie zur Chefredakteurin eines Lifestyle-Magazins berufen ist?
- »Ich kann mich nicht erinnern, wann ich je nicht schreiben wollte«[9], so Nicci Gerrard, die unter dem Pseudonym Nicci French gemeinsam mit ihrem Ehemann weltweite Krimi-Bestseller veröffentlicht.

Große Karrieren entwickeln sich nicht immer stetig und geradlinig. Oftmals ahnen die Betroffenen nicht einmal selbst, worauf sie zusteuern.

- Dieses Phänomen beschreibt die Gucci-Chefdesignerin Frida Giannini so: dass mit ihrem Beruf, den sie heute ausübt, ihre kühnsten Träume in Erfüllung gegangen seien, ohne dass sie vorher von deren Existenz gewusst habe.[10]
- Oder nehmen wir das Beispiel Margarete Mitscherlichs, die ihre Begabung folgendermaßen beschreibt: «Es war mir von vornherein auf die Seele geschrieben. Die Suche nach der Wahrheit eines Menschen. Es lag daran, dass ich mich unabhängig machen wollte. Ich musste wissen, warum ich so bin, wie ich bin. Und ich wollte meine Mutter glücklich machen, die ich als unglücklichen Menschen empfunden habe.«[11]

Mit dieser Unbedingtheit sprechen alle Menschen mit großen Karrieren. Präziser wäre es in diesem Fall, statt von einer Begabung von einem inneren Anliegen zu sprechen. So wie bei dem Schauspieler Benicio del Toro, der aus einer sehr wohlhabenden Anwaltsfamilie stammt: »Wann spürten Sie, dass Sie aus der Art schlagen?«, wurde er in einem Interview gefragt. »Als ich neun Jahre alt war, wurde meine Mutter krank. Um sie aufzumuntern, habe ich ihr etwas vorgespielt. Und sie starb mit einem Lächeln im Gesicht.«[12] Es berührt uns, wenn wir uns den kleinen, tapferen Benicio vorstellen, wie er seine todkranke Mutter zum Lächeln bringt, oder wenn wir von Margarete Mitscherlich lesen, dass sie ihre Mutter glücklich machen wollte. Das macht große Karrieren aus, sie berühren uns. Sie lösen in unserer Seele eine Resonanz aus. Diese innere Resonanz ist es, die aus einem Talent ein herausragendes Talent macht.

## DAS ERKENNEN DES ANLIEGENS BRAUCHT ZEIT

»Wir machen Kunst, aber keiner von uns weiß, warum eigentlich«[13], so der stilbildende Musiker Brian Eno in einem Interview. Die Frage ist entscheidend, und doch kann er sie nicht beantworten.

Um die eigene Gabe, die eigene Berufung und Bestimmung, das innere Anliegen zu erkennen, braucht es einen Impuls, eine Initialzündung. Bis dahin dümpeln besondere Begabungen unbemerkt vor sich hin.

Das galt auch für die Wall-Street-Legende George Soros, der als Student schlecht in Mathematik war und als Buchhalter eine Niete. Erst später entdeckte Soros sein eigentliches Talent, das Spekulieren. Wie er selbst betont, bedurfte es mehrerer Versuche, bevor er auf dem Gebiet landete, auf dem er gut war. Eines seiner Geheimnisse sei, dass er schneller als andere bereit sei, Fehler zu erkennen und neue Wege auszuprobieren. Soros war schon früh gezwungen, unbekannte Wege zu gehen. So bildete sich sein inneres Anliegen heraus. Im Alter von 14 Jahren hatte der Sohn einer angesehenen jüdischen Bankiersfamilie in Budapest erleben müssen, wie sich durch den Einmarsch der Nationalsozialisten die Welt binnen kurzem völlig änderte. Er überlebte die Schlacht um Budapest, flüchtete 1946 vor der sowjetischen Okkupation in den Westen und emigrierte 1947 nach England. Später landete er seine größten Coups, indem er auf historische Entwicklungen spekulierte. Seine Erfahrung, die ihn gelehrt hatte, wie schnell sich die Welt verändern kann, wurde zu seinem Erfolgsrezept.

Wie sich das innere Anliegen entfaltet, ist auch an der Entwicklung von Tyler Perry, dem erfolgreichsten schwarzen Filmemacher der Gegenwart, deutlich zu sehen.[14] In einer langen E-Mail an seine große Fangemeinde hat Perry seine schwere Kindheit mit einem äußerst gewalttätigen Vater beschrieben. Der Leser erfährt, wie seine Mutter versuchte, mit ihren Kindern vor dem Vater zu flüchten. Das Schreiben begann Perry auf Anregung von Oprah Winfrey. Sie hatte in ihrer Talkshow empfohlen, ein Tagebuch zu schreiben, um die eigenen Emotionen zu verarbeiten. Perry schrieb Briefe an sich selbst und verdichtete seine Kindheitstraumata zu Szenen. Daraus gestaltete er Theaterstücke, mit denen er jahrelang durch Kirchen und Gemeinden tourte, und schuf sich so eine stetig wachsende Fangemeinde. Er machte Erfahrungen, die er jetzt in seine Filme einbringt. Er fand seinen persönlichen Ausdruck durch Lernen, durch Erfahrung, durch Resonanz.

Barack Obamas Formel »Yes, we can« konnte nur deshalb so mitreißend wirken, weil sie dem inneren Anliegen des Afroamerikaners entspricht, der 2008 zum Präsidenten der Vereinigten Staaten gewählt wurde. Ein andere Persönlichkeit, etwa ein Mensch, dem alles in die Wiege gelegt wurde, hätte sich damit unsterblich lächerlich gemacht.

Außer im Sport und in der Musik muss und kann das innere Anliegen in der Regel nicht früh erkannt werden. Es findet dennoch seinen Weg allein, der autonome Wille sorgt dafür. Auch psychologisch geschulte Personen erkennen ihr inneres Anliegen keineswegs frühzeitig. Sie mögen ihm gemäß handeln, ohne jedoch ihre eigenen Motive entziffern zu können. Erst im Lauf der Zeit wird das Muster deutlich. Das gilt für die international renommierte Terrorexpertin Jessica Stern ebenso wie für den Neuropsychoanalytiker Mark Solms, der als Pionier der Geist-Gehirn-Synthese gilt.

Solms sah als Vierjähriger mit an, wie sein Bruder schwer verunglückte und sich daraufhin völlig veränderte. Annette Schäfer schreibt über Solms: »In der Rückschau sieht Solms den Unfall seines Bruders als prägendstes Erlebnis in seinem Leben an – nicht nur in persönlicher, sondern auch in beruflicher Hinsicht. Sie zitiert ihn mit den Worten: »Ich bin überzeugt, dass mein Interesse für die neuronale Basis der Psyche durch dieses Ereignis und die schmerzlichen Folgen angefacht wurde. Ich wollte verstehen, wie eine Kopfverletzung einen Menschen so verändern kann – seine Persönlichkeit, seine Beziehungen, sein ganzes Leben.«[15] Der Zusammenhang zwischen dem traumatischen Ereignis und seinen professionellen Ambitionen wurde ihm allerdings erst im Laufe der Zeit bewusst, »absurd spät«, wie er selbst meint. Als er mit 18 Jahren das Studium der Neuropsychologie begann, dachte er nicht an seinen Bruder – »nicht einen Moment«. Sein Unterbewusstein aber schon. Es aktivierte einen autonomen Willen, der ihn zu einem weltweit anerkannten Neuropsychoanalytiker machte.

Jessica Stern konnte den Zusammenhang zwischen ihrem traumatischen Erlebnis als Kind (»Ich weiß, dass ich vergewaltigt wurde«[16]) und ihrer Berufung erst spät erkennen: »Die letzten zwanzig Jahre über habe ich nach den Ursachen für Verbrechen und Gewalt geforscht. Bis heute habe ich nie darüber nachgedacht, warum ich mich so sehr dafür interessierte oder warum ich zu dieser Arbeit fähig war. Ich wusste jedoch, dass ich mit jedem Jahr, das verging, immer weniger empfand: weniger Schmerz, aber auch weniger Freude. Als Kind wollte ich noch Schriftstellerin werden, doch das Thema Gewalt wurde immer verlockender. Ich war gleichzeitig davon abgestoßen und fasziniert. Am Ende wurde der Terrorismus mein Fachgebiet. Anfangs beschäftigte ich mich mit technischen Aspekten von Waffen und Bomben. Doch schließlich wurde ich so neugierig, dass ich begann, die Terroristen selbst zu interviewen. Ich habe es geschafft, beim Zuhören weder Angst noch Schrecken zu verspüren, noch innerlich ein Urteil zu fällen. … Ich ging zu einer Therapeutin – nicht weil ich so wenig fühlte, sondern weil ich meine Empfindungslosigkeit noch steigern wollte. Sie sagte mir, dass einige der Charakterzüge, die ich für angeboren hielt – darunter auch meine Sensibilität – Zeichen für ein Trauma seien. Sie sagte, dass ich an einer posttraumatischen Belastungsstörung (PTBS) leiden könnte. Ich wusste durch meine Arbeit mit Soldaten über PTBS Bescheid und dachte nicht im Traum daran, dass meine eigenen Erlebnisse ähnliche Symptome hervorgerufen haben könnten. Ich hatte die Erinnerung an meine Vergewaltigung vor langer Zeit beiseitegeschoben. Ich sah das Thema als abgeschlossen an, als geklärt. Statt Grauen zu empfinden, studierte ich das Grauen.«[17]

Erst in der Rückschau wird deutlich, wie vieler Erfahrungen, Einsichten, Erlebnisse und Umwege es bedurfte, um zum Ursprung der Berufung zurückzukehren. Das ganze Wesen drängt danach, das innere Anliegen in die Welt zu bringen. Eine große Begabung will nicht wie ein Schatz im Verborgenen gehütet werden, sondern will hinaus in die Welt, sich zeigen, funkeln, gelebt werden, den richtigen Platz einnehmen.

Auch so manche künstlerischen Begabungen erschließen sich nicht einfach.

Mayumi Miyata ist die heute bekannteste japanische Mundorgel-Musikerin. Sie erzählt, wie sie ihr Instrument entdeckte: »Ich habe an der Kunitachi-Musikhochschule in Tokio Klavier studiert. Doch wurde mir irgendwann klar, dass ich mit diesem Instrument nicht die Klänge produzieren kann, die mir vorschwebten. Und so begann ich, nach einem anderen Musikinstrument zu suchen. Als ich eines Tages einmal mit der S-Bahn nach Hause fuhr und durchs Fenster den Himmel über dem Fluss betrachtete, da war ich vom Spiel der Wolken und den sich stets verändernden Lichtverhältnissen fasziniert. Der Anblick vermittelte mir klangliche Vorstellungen, und ich musste an die Mundorgel denken. Ihre Klänge erschienen mir wie flutendes Licht, das aus den Wolken hervorbricht. Später, als ich das Instrument bei einem Gagaku-Musiker zu erlernen begann, habe ich aus Untersuchungen erfahren, dass das Instrument nicht nur einzelne Töne produziert, sondern beim Hören bilden sich um den jeweiligen Ausgangston weitere, sekundäre Töne, die diesen umringen und überlagern und dabei subtil verändern. Das ist vergleichbar dem optischen Erleben von Lichtstrahlen und ihren Brechungen. Die Assoziation der Mundorgeltöne mit Lichtphänomenen liegt also nahe.«[18] Liegt also nahe? Wohl für niemanden sonst auf der ganzen Welt.

Louise Bourgeois gehört zu den wichtigsten *Bildhauerin*nen des 20. Jahrhunderts. Sie wurde 1911 in Paris geboren, lebte seit 1938 in New York und starb im Jahr 2010. »Der schöpferische Impuls für alle meine Arbeiten ist in meiner Kindheit zu suchen«, die geprägt war von großen Spannungen in ihrem Elternhaus und insbesondere in der Beziehung zu ihrem Vater. »Mein Vater redete pausenlos. Ich hatte nie Gelegenheit, etwas zu sagen. Da habe ich angefangen, aus Brot kleine Sachen zu formen. Wenn jemand immer redet und es sehr weh tut, was die Person sagt, dann kann man sich so ablenken. Man konzentriert sich darauf, etwas mit seinen Fingern zu machen. Diese Figuren waren meine ersten Skulpturen, und sie repräsentieren eine Flucht vor etwas, was ich nicht hören wollte. [...] Es war eine Flucht vor meinem Vater. Ich habe zahlreiche Arbeiten zu dem Thema ›The Destruction of the Father‹ gemacht. Ich vergebe nicht und ich vergesse nicht. Das ist das Motto, das meine Arbeit nährt.«[19]

Für Bourgeois als Künstlerin, für den Tennisstar Andre Agassi[20] und für den Klaviervirtuosen Lang Lang[21] sind die Eltern-Kind-Beziehungen traumatisch, wie für viele, die zu großen Stars wurden. Agassis Vater wird als sein »persönlicher Kriegstreiber«[22] bezeichnet, und Lang Lang wurde von seinem Vater mit unglaublicher Härte gedrillt.

Wie sich Talent durch positve Impulse von außen entfalten kann, das ist in dem Dokumentarfilm *Rhythm is it* zu beobachten. Wie fernab jeglicher Disziplin und Förderung 250 Kinder und Jugendliche aus 25 Ländern und aus verschiedenen sozialen Brennpunkten in Berlin durch ein Tanzprojekt mit ihren Talenten in Kontakt kommen, das ist atemberaubend. Nach Anleitung des Choreografen und Tanzpädagogen Royston Maldoom proben sie mit den Berliner Philharmonikern und deren Chefdirigenten Sir Simon Rattle die Aufführung von Igor Strawinskis *Le Sacre du Printemps*. Es ist eindrucksvoll zu sehen, was durch Übung, was durch Herausforderung junger Menschen möglich ist. Der Film zeigt auch die Seelenqual von Jugendlichen, die ihre Begabung spüren und eine Zeit lang auch leben, dafür Anerkennung finden, aber nicht die Disziplin aufbringen, ihr Talent zur Geltung zu bringen.

## DAS INNERE ANLIEGEN KENNEN UND BENENNEN

Menschen mit einem starken inneren Anliegen folgen ihrem Antrieb gegen viele Widerstände, auch wenn sie ihn (noch) nicht benennen können. Diese Unbedingtheit entwickeln Topmanager und andere Ausnahmebegabungen wie Wissenschaftlerinnen, Künstler, große Denker, starke Politikerinnen, mathematische Genies oder Sportlerinnen. Zu Beginn lassen sie sich unbewusst von ihrem Anliegen leiten und führen ihren Erfolg auf glückliche Umstände, zufällige Begebenheiten oder die Bedingungen in ihrem Umfeld zurück. Wenn sie dann in einer anspruchsvollen Position angekommen oder ins Licht der Öffentlichkeit gerückt sind, müssen Sie wissen, was sie antreibt und was sie mit ihrem Unternehmen, mit ihrem Talent oder mit ihrer Politik erreichen wollen, weil sie sich dann an ihrem inneren Anliegen auch weiterhin orientieren und nicht an äußeren Erfolgen.

Das innere Anliegen gibt der weiteren Karriere positive Anstöße, wenn es bekannt ist und benannt wird. In diesem Fall vermittelt es Orientierung, Sicherheit und Vertrauen und schafft die Basis für Souveränität. Dann sprechen Künstler, Journalisten und Topmanagerinnen überzeugend, erwerben sich Respekt und schaffen Vertrauen. Viele »zufällige« Begegnungen und Erlebnisse gestalten sich positiv, wenn Menschen direkt mit dem Anliegen in Berührung kommen. In der auf Resonanz aufbauenden Interaktion entwickelt sich die individuelle Erfolgsstrategie.

**Geradezu ein Lehrbeispiel** dafür ist der Coach für Hochbegabte Heinz-Detlef Scheer. Dass er selber hochbegabt ist, entdeckte Scheer während seines Psychologiestudiums. Es dauerte aber 18 Jahre, bis er es wahrhaben wollte, sich noch einmal testen ließ und der Vereinigung Mensa in Deutschland e. V. beitrat, der meist kurz »MinD« oder

»Mensa« genannten, weltweit größten Vereinigung für Hochbegabte. Dort traf er auf unzählige Menschen, die ebenso wie er im Zusammenhang mit ihrer Begabung nicht immer Schönes und Erbauliches erlebt hatten. Gleichsam selbstverständlich entwickelte er aus seinen Erfahrungen und Begabungen sein Coaching für Hochbegabte. Heinz-Detlef Scheer verdichtete seine Erkenntnisse in einem Buch für hochbegabte Erwachsene (*Wie ich werde, was ich bin*).[23]

Andere Menschen werden von anderen Themen angetrieben: »Ich komme nicht los von der Frage, wer welches Sofa warum wohin stellt.«[24] So umschreibt Suzanne Slesin ihre Berufung. Slesin ist seit 40 Jahren Stilkritikerin. Sie hat mehr als 20 Bücher geschrieben und ist Magazinmacherin und Verlegerin des auf US-Interiordesigns spezialisierten Pointed Leaf Press Verlags.[25]

Die ständige Beschäftigung mit einer Materie führt zu einer erhöhten Sensibilität auf eben jenem Gebiet. So entwickeln sich Stilgefühl, Kunst, Management und Wissenschaft.

Um zu verstehen, was das innere Anliegen ist, ist es auch hilfreich zu wissen, was es nicht ist: Es ist kein Ziel, keine Vision, keine Marotte oder Neurose. Das innere Anliegen ist im Kern immer positiv, da es auf die innersten Motive des Menschen zurückzuführen ist, auf sein natürliches Bedürfnis, Gutes für sich selbst und andere zu bewirken. Nicht selten entsteht der positive Impuls deshalb, weil das Trauma der Kindheit geheilt werden soll.

## DIE ENTDECKUNG DES TALENTS

Was wie Zufall aussieht, ist oft keineswegs ein Zufall, sondern stattdessen das Ergebnis eigener Impulse.

Eine junge, aufstrebende Opernregisseurin mit vielen Engagements hört eine moderne Oper und ist begeistert. Sie schreibt dem Intendanten einen langen Brief, in dem sie schildert und erklärt, was ihr an der Aufführung gefallen hat. Monate später, ihren Brief hat sie schon seit langem vergessen, wird sie engagiert, von genau dem Komponisten, dessen Aufführung sie so fasziniert hat. Sie ist für die Erstaufführung seiner neue Oper vorgesehen und erfährt, dass ihr Brief, der von Begeisterung erfüllt war, auf große Resonanz gestoßen ist. Die junge Regisseurin nennt es Zufall, dass sie dazu auserwählt wurde, die Erstaufführung einer Oper eines der renommiertesten lebenden Komponisten auf einer der renommiertesten Opernbühnen zu inszenieren.

Was die Opernregisseurin als Zufall betrachtet, ist das Ergebnis dessen, dass sie mit ihrem Brief eine positive Resonanz erzeugte.

Ein solcher »Zufall« war es auch, der 2009 dazu führte, dass Uli Hoeneß, damals Manager des FC Bayern, sehr überraschend Jupp Heynckes als Nachfolger des damaligen FC-Bayern-Trainers Jürgen Klinsmann entdeckte, und zwar in seinem eigenen Gästezimmer. Dort logierte »mein alter Kumpel Jupp«, der sich zwar schon lange in den Ruhestand verabschiedet hatte, aber dennoch nachhaltig die Leidenschaft zum Fußball und die Freundschaft zu seinen Protagonisten pflegte und bereit war, umgehend seine zweite Trainerkarriere zu starten.

Manche Entdeckungen lassen lange auf sich warten, so wie bei der Malerin Carmen Herrera.

Die 1915 auf Kuba geborene New Yorkerin verkaufte im hohen Alter von 89 Jahren ihr erstes Bild. Sie hatte konsequent ihre Arbeiten ins Web gestellt und dachte nicht daran aufzugeben. Als 2009 der Kurator der Ikon Gallery im Netz nach Bildern eines anderen Malers suchte, stieß er auf die Bilder der Künstlerin. »Zufällig.« So kam sie 2009 zu ihrer ersten großen Ausstellung in Birmingham, die zu ihrem weltweiten Durchbruch führte. Sie war als Malerin ihrer Zeit weit voraus. Heute gilt ihre Kunst als zukunftsweisend, sie zählt zur Avantgarde – was schon immer galt.

Forschungsergebnisse zeigen, dass 32 Prozent der Erwerbstätigen beruflichen Erfolg als reine Glückssache betrachten.[26] Dabei ist es genau umgekehrt. Das Glück begegnet denen, die nicht darauf vertrauen. Das Phänomen des glücklichen Zufalls (im Englischen spricht man von *serendipity),* also die zufällige Entdeckung von etwas nicht Gesuchtem, tritt im Leben der Menschen auf, die eine Passion haben. Systematische Arbeit unter der Regie der Ambition ermöglicht sowohl das aktive Entdecken und Realisieren von Chancen als auch das passive Entdecktwerden.

So wie bei der schönen und jungen Claudia Schiffer, die 1987 in die Disko zum Tanzen ging und dort als Model entdeckt wurde. Dieser Moment konnte zum Ausgangspunkt einer der größten Karrieren im Modebusiness werden, weil Schiffer ein starkes inneres Anliegen hatte und weil sie jahrezehntelang konsequent arbeitete.

Den Moment der Entdeckung erleben viele junge Frauen, die Model werden wollen. Erst danach entscheidet sich jedoch, ob sie ihr Talent nachhaltig entfalten und ihre Berufung zum Beruf machen können. Claudia Schiffer hat das Beste aus ihrem Talent gemacht. Mit Hartnäckigkeit, Können, Willenskraft,

Durchhaltevermögen, psychischer Stabilität und Disziplin ist es ihr gelungen, noch nach Jahrzehnten in einem Metier weltweit erfolgreich zu sein, das ganz der Jugendlichkeit unterworfen ist. Sie hat diesen einen Zufall, diesen Glücksmoment zu ihren Gunsten genutzt, systematisch auf ihm aufgebaut, Krisen überwunden, ihren Körper getrimmt, Abwertungen überstanden, dem Jugendwahn getrotzt. Von Hunderttausenden Models, die während ihrer Zeit aktiv wurden, kamen Zehntausende groß heraus, und höchstens fünf Frauen eroberten die Position eines jahrzehntelang erfolgreichen Weltstars.

Der Glaube an das Glück ist der Versuch einer Antwort auf die Frage: »Warum gerade ich?« Er ist der Versuch, dem Unerklärlichen einen Namen zu geben und eine Bedeutung beizumessen.

Der 1992 in Zürich geborene Teo Gheorghiu spielte 2006 in *Vitus*, einem der erfolgreichsten Schweizer Filme der letzten Jahre, an der Seite von Bruno Ganz ein Wunderkind. Das Wunderkind setzte seinen Weg im wirklichen Leben fort und macht sich international als Pianist einen Namen. »Doch diese Erfolge sind für Teo Gheorghiu ›einfach nur Glück‹ … ›Riesenglück … Könnte es nicht sein, Teo, dass du einfach ein Ass bist und sich deshalb alle um dich reißen?‹, fragt ihn Claudia Senn. Nein, sagt Teo, ›ich habe bloß Glück, dass mir all diese tollen Sachen passieren. Und dass ich so gut Klavier spielen kann. Jeder hat doch irgendein Talent.‹«[27] Aber nicht »jeder« hat mit fünf Jahren mit dem Klavierspielen begonnen und kann mit neun die Purcell School in London besuchen.

Selten tritt das innere Anliegen einer Führungspersönlichkeit für Außenstehende klar zutage. Meist bleibt es im Verborgenen und ist auch dem Betroffenen selbst nicht bewusst. Viele Topmanager nennen daher den glücklichen Zufall als ihren wichtigsten Erfolgsfaktor. Sie seien eben »zum richtigen Zeitpunkt am richtigen Ort« gewesen. Das ist jedoch nur die halbe Wahrheit. Hinzuzufügen ist, dass sie den Zufall nutzen konnten, weil sie ihre passende, in sich stimmige Strategie verfolgten – wenn auch nur unbewusst.

## DAS INNERE ANLIEGEN WILL GUTES BEWIRKEN

Wie Künstler, so unterwerfen sich auch Menschen in Spitzenpositionen ihrem inneren Anliegen und handeln danach. Hier wie da bedarf es einer intensiven Auseinandersetzung mit sich selbst, um dies bewusst machen und benennen zu können. Das innere Anliegen bestimmt das Leben wie ein Leitmotiv. Deshalb ist es wichtig, es zu erkennen und in Worte fassen zu können. Sonst ist die innere Ambition nur zu erahnen, es fehlt die Orientierung für einen selbst und für andere.

Jeder Unternehmer, jede Chirurgin, jeder Journalist und jede Topmanagerin hat ein starkes inneres Anliegen. Es gründet in der Kindheit und Jugend, genau dort, wo einst bedrohliche Widerstände, Konflikte und Krisen überwunden werden mussten. In nahezu jeder Kindheit gab es Lob, Bestätigung, die das Selbstgefühl und die Identität förderten, aber auch Verletzungen, Kränkungen, Brüche, Enttäuschungen, Liebesverlust. Menschen, die eine große Karriere machen, sind so vital und intelligent, dass sie aus diesen Alltagstraumata an Stärke gewinnen, statt an ihnen zu zerbrechen. Große Führungspersönlichkeiten sind gewöhnlich Menschen mit besonderer Lebenskraft und Dynamik. Ihr Antrieb und ihr Vermögen, Schwierigkeiten zu überwinden, werden im Laufe ihres Lebens immer mächtiger.

Das innere Anliegen ist der rote Faden, der durch alle Schwierigkeiten und Probleme hindurchführt und für die Entwicklung einzigartiger Selbstkompetenzen sorgt. Das innere Anliegen ist das persönliche Lebensthema. Was ist für die

Führungskraft ein Heimspiel, was ist ihre Sehnsucht? Worin ist der Unternehmer besser als alle anderen, welches ist das innere Motiv der Politikerin, dem sie schier ausgeliefert ist?

Ein Beispiel ist Andrew Carnegie (1835–1919), der es als Einwanderer aus Schottland während der Wende ins 20. Jahrhundert in den USA zu einem der reichsten Stahlindustriellen brachte und im späteren Alter 90 Prozent seines Vermögens spendete. Von Carnegie stammt der Spruch »Wer reich stirbt, stirbt in Schande«. Sein Motiv war nicht pure Mildtätigkeit. Es ging ihm vielmehr darum, den Fleißigen und Ehrgeizigen zu helfen, sich durch eigene Leistung aus schwierigen sozialen Positionen zu befreien. So führte er sein Unternehmen, und so verteilte er auch seine großzügigen Spenden.

Topmanager und andere exponierte Personen sind erst dann mit sich im Einklang und können erst dann nachhaltig erfolgreich wirken, wenn es ihnen gelingt, ihre enorme Energie in den Dienst ihres inneren Anliegens zu stellen. Das positive Motiv von Führungskräften kann überlagert sein von ausbeuterischem Narzissmus, von dem Drang, andere zu manipulieren. Es kann auch verloren gehen. Das Ergebnis können resignierte, betrogene, wütende Menschen sein, die im Raffen von Millionen Genugtuung oder Rache suchen.

Immer wieder wird einst beruflich erfolgreichen, später aber gescheiterten Menschen nachgesagt, dass sie sich an den falschen Beratern orientiert hätten, die ihre eigenen Interessen verfolgt hätten. Oder sie hätten sich von einer ergebenen Entourage beeinflussen lassen und sich letztlich von diesem Kreis abhängig gemacht.

Das stimmt in vielen Fällen. Die Betreffenden haben ihr inneres Anliegen, ihre Berufung verleugnet und dadurch den Kompass für die eigene Entwicklung und das eigene Lebensglück verloren. Sie wurden unglaubwürdig und verloren jeglichen Respekt. Die Menschen in ihrem Umkreis gingen auf Distanz. Nur das innere Anliegen und die dadurch entstandene Glaubwürdigkeit lösen positive Resonanz aus. Deshalb scheitern manche Menschen mit großen Ideen: weil zu spüren ist, dass sie sich in die Macht verliebt haben, in die öffentliche Aufmerksamkeit, in den Medienrummel um ihre Person – und dabei ihr Anliegen aus den Augen verloren haben.

- »Bleibende Werte schaffen.« Mit diesem inneren Anliegen konnte der Finanzvorstand sein großes mittelständisches Unternehmen ohne Verluste durch die Finanzkrise führen.
- »Ich biete Heimat« befähigte den Vorstandsvorsitzenden eines innovativen Unternehmens dazu, eine zukunftsfähige Kultur zu prägen, in der sich Menschen sicher und frei fühlen können.
- »Ich bin ein Vorbild.« Dieses Anliegen einer Bankerin, die sich für nachhaltige Investments engagiert, ist überzeugend und ein großer Anspruch an die eigene Person.

Ein inneres Anliegen entwickelt sich nicht automatisch zu einer Reputation. Dieser komplexe Prozess verläuft in sieben Phasen, die im Inneren der Person beginnen, ihr Umfeld erfassen und in die Community ausstrahlen. Er begleitet die Entwicklung jeder großen Karriere und kann sie, wenn er erfolgreich bewältigt wird, deutlich beschleunigen.

## DIE SIEBEN SCHRITTE VOM INNEREN ANLIEGEN ZU REPUTATION

Die sieben Schritte sind Bestandteil des Assig-und-Echter-Brand-Profiling-Verfahrens, welches auch als Evaluierungsmethode im Topmanagement, mit Top-Potentials und für herausragende Persönlichkeiten eingesetzt wird.

| | Phase | Beispiel |
|---|---|---|
| 1 | Identifizieren des in der individuellen Biografie wurzelnden *inneren Anliegens:* Was treibt diesen Menschen an? | »Ich biete Heimat.« |
| 2 | Für andere nachvollziehbar formulieren, wie das innere Anliegen segensreich wirkt, in welchem *beruflichen Umfeld,* wem es nutzt und dient. | »Ich biete Heimat, indem ich für Kunden und Mitarbeiter eine Atmosphäre von Sicherheit und Zuversicht herstelle.« |
| 3 | In diese Formulierung die strategische Entwicklungsperspektive integrieren: Welches ist die *ideale Rolle,* das heißt diejenige Rolle, in der die größte persönliche Wirkung und Erfüllung erzielt wird? | »Ich bin der ideale Leiter eines innovativen Unternehmens in unsicheren Zeiten.« |
| 4 | In diese Formulierung die Idealisierung integrieren: Was ist das Beste, das die Person in ihrer Profession in die Welt bringt, das heißt wie lautet die *Executive Mission?* | »Vertrauen in Innovation.« |
| 5 | Die Formulierung schärfen: höchstmögliche Kontext-Affinität, das heißt sprachlich-begriffliche Nähe zum beruflichen Feld, in dem die Person tätig ist, und höchstmögliche Attraktivität für diejenigen, die über die Karriere entscheiden werden. So entsteht ein *Brand Profile* beziehungsweise eine *Marke.* | »Solides Wachstum mit innovativen Technologien.« |

| | Phase | Beispiel |
|---|---|---|
| 6 | Die Marke bekannt machen, das heißt konsequent in diesen Worten über sich selbst sprechen, stets den Kontext zur Marke herstellen, unabhängig davon, worum es gerade geht. Das ist das Kennzeichen gelungener *Brand Communication.* | »Als CEO bewegt mich, wie wir mit unserer hohen Innovationsgeschwindigkeit bei Kunden und Investoren gleichermaßen Zuversicht generieren können. Nur Innovation macht ein Unternehmen solide.« |
| 7 | Schließlich entsteht *Reputation.* Einflussreiche Mitglieder der Community, Journalisten, Headhunter, Kolleginnen und Freunde sprechen ganz selbstverständlich über die Person, sodass sofort deutlich ist, wofür diese steht. | »Sein Innovationstempo ist eine Herausforderung. Aber er versteht es wirklich, Vertrauen und Zuversicht herzustellen. Er nimmt sogar die Betriebsräte mit auf den Weg in die Zukunft.« |

Großartige Marken klingen wie politische Losungen, wie die Bezeichnungen von Heldinnen und Helden, wie Filmtitel, manchmal wie ein Spitzname oder ein Sketch. Betrachten wir einige Beispiele.

- der Bio Business Angel
- wissensbasiertes Krisenmanagement
- die Kämpferin für gerechte Bildungschancen
- der entschiedene Wagnis-Investor
- die Stimme der chemischen Industrie
- der unternehmerische CFO
- Startkabel für Geschäft in Osteuropa
- Rettung für Familienunternehmen
- kreativer Textileinkauf weltweit
- wissenschaftliche Unternehmenssanierung

- mit Herzkathedern Leben verlängern
- Selbstachtung für Arme
- Geschäft aus dem Nichts heraus
- das Zaubercello

Alle großen und wirksamen Marken sind leicht verständlich, rufen innere Bilder hervor, lassen sich unkompliziert vermitteln, sind positiv und begeisternd. Sie weisen über die Person hinaus und sprechen den Nutzen für andere, für die Gesellschaft an. Sie brauchen das Momentum der Überhöhung. Dann erst können sie Gefühle wecken und mitreißend sein. Sie sind individuell, originär und einzigartig. Sie sind glaubwürdig, weil sie das authentische innere Anliegen ausdrücken, und sie verdeutlichen die Essenz des Könnens und der Erfahrungen der Person. Sie sind Erfolgsversprechen und Verheißung. Weil sie so leicht kommuniziert werden können, bewirken sie Aufmerksamkeit, Wiedererkennung, Bekanntheit, Gefolgschaft bei anderen, viele wohlwollende und treffsichere Empfehlungen, genau die richtigen Aufträge, Berufungen, Beförderungen, Ressourcenzuweisungen und den passenden neuen Job.

Die treffende Formulierung der Marke gleicht einer Regieanweisung, wie andere Menschen die eigene Ambition, das eigene Anliegen, die eigenen Wünsche verstehen und weitervermitteln sollen. Fehlt diese Regieanweisung, ist die Kommunikation über eine Person eher widersprüchlich und zufällig. Eigene Sichtweisen und Interessen der Kommunizierenden fließen ein, die Dramatik schwieriger Situationen überstrahlt die Marke, oder Gerüchte verbreiten sich. Soll die eigene Ambition, sollen die eigenen Wünsche sich schnell erfüllen, so muss die Brand Communication von der Person selbst initiiert, gesteuert, kontrolliert werden. Das heißt die Person muss andauernd, redundant, mit immer gleichen Begriffen und Konnotationen über sich selbst sprechen. Jedes Detail ihrer

Aufgabe, ob Projekt, Erfolg, eine bestimmte Zahl, eine andere Person, ein Konflikt, ein Ereignis: Alles wird in den Kontext der eigenen Marke gestellt. Dies erfordert Übung. Der Lohn ist eine überzeugende und glaubwürdige Wirkung. Gekonnte Brand Communication verdeutlicht das eigene Anliegen und die eigenen Wünsche, positioniert die eigene Person, ohne zu prahlen, ohne andere abzuwerten. So entsteht eine große Reputation.

So klingen unsere eigenen und einige weitere überzeugende Marken von Kolleginnen und Kollegen der Topmanagement-Beratung:

- Dorothea Assig: Herausragende Karrieren
- Dorothee Echter: Topmanagement.Wissen.Weltweit
- Heinz-Detlef Scheer: Coach für hochbegabte Führungskräfte
- Margret Strasser-Kriegisch: Aus der Krise lernen, den Neustart gestalten

## DAS EIGENE ANLIEGEN ZU ERKENNEN HEISST, DIE EIGENE GRÖSSE ZU WÜRDIGEN

Das innere Anliegen entsteht durch äußere Not und innere Konflikte, die überwunden wurden und immer wieder neu überwunden werden. Die Überwindungskompetenz geht mit dem Wunsch nach Heilung und Versöhnung einher, dem Willen, für alle Menschen, denen Ähnliches widerfährt, etwas Gutes zu bewirken.

Ist der Ursprung des inneren Anliegens die eigene Ohnmacht, Not, Verwundbarkeit, Unvollständigkeit, so führt die heilsame Auseinandersetzung mit diesen Gefühlen zu großen Ideen und Taten. So hat die eigene Größe ihren Ursprung im Gefühl der eigenen Bedeutungslosigkeit. Das Drama eines

Kindes, das mit einer alleinerziehenden, alkoholabhängigen Mutter aufwächst, beginnt mit dem Erleben der eigenen uneingelösten Bedürftigkeit, der eigenen Ohnmacht. Sicher bleiben viele Kinder, die solche Dramen durchleben, grundsätzlich verwundbar und schwach, gehen daran seelisch zugrunde oder werden als Erwachsene selbst abhängig. Kinder mit größerer Vitalität entwickeln eine Leidenschaft, dieser Situation zu entkommen, und suchen unermüdlich nach neuen Wegen. Jeder Rückschlag gibt ihnen den Anstoß zur Mobilisierung weiterer Kreativitätsreserven. Sie geben nie auf.

So gelingt es einem jungen Menschen in dieser Situation mit großem Geschick, in seinem Mathematiklehrer einen fördernden »Ersatzvater« und in freundlichen Nachbarinnen freundliche »Ersatzmütter« zu finden. Rechnen und später Physik werden seine Lieblingsfächer. Er wächst schließlich zum großen Teil bei einer Nachbarsfamilie auf. Dort gut beschützt, beginnt er nach einiger Zeit, neben der Schule den Haushalt seiner eigenen Familie zu führen und seinen beiden Geschwistern zu helfen, in der Schule zurechtzukommen. Erst mit 14 Jahren gelingt es ihm mithilfe der Nachbarn und des Lehrers, seine Mutter von der Notwendigkeit einer Kur zu überzeugen. Er selbst arbeitet weiter hart, studiert Physik und engagiert sich zunehmend für andere benachteiligte Familien. Heute ist er ein hochgeschätzter Physikprofessor und profilierter Bildungspolitiker.

Der Angesprochene selbst betrachtet diese Lebensleistung als nichts Besonderes, denn es war einst ein reines Überlebensrezept, für seine eigene Ambition und für andere zu kämpfen, etwas anderes war ihm gar nicht möglich. Seine Fähigkeiten betrachtet er deshalb nicht als herausragend, sondern als selbstverständlich. »Das hätte jeder so gemacht«, so seine

Worte. Die Dankbarkeit gegenüber vielen anderen Menschen, die ihm halfen, ist ihm tief in die Seele eingraviert, so tief, dass er die eigene Großartigkeit nicht mehr wahrnimmt.

So oder ähnlich lauten die Aussagen vieler erfolgreicher Menschen:

- Das ist nichts Besonderes.
- Das war Zufall.
- Das ist doch selbstverständlich.
- Viele haben mir geholfen.
- Ich habe Glück gehabt.
- Ich war zur richtigen Zeit am richtigen Ort.

Sie haben Not, Konflikte, Ohnmacht erlebt, sie haben dagegen gekämpft. Sich selbst Möglichkeiten der Überwindung des Elends zu erarbeiten wurde zunächst unmerklich und dann immer deutlicher zu ihrer großen Ambition. Darin sind sie immer erfolgreich gewesen, das ist es, was sie beherrschen und perfektionieren. Aber sie sehen das Besondere daran nicht. In der Erinnerung an ihre kindliche Ohnmacht und Not und während der gewaltigen Anstrengungen zur Bewältigung ihrer Schwierigkeiten ist ihnen das Gefühl für die eigene Größe abhandengekommen.

Menschen reagieren auf Kindheitstraumen auf zwei verschiedene Weisen. Der erste Weg ist, jegliche Größe zu verleugnen, nach dem Motto »Ich bin nichts Besonderes, alle anderen sollen sich auch nicht so aufspielen«. Diese Menschen vergleichen insgeheim stets die Leistungen, die Privilegien oder Benachteiligungen anderer mit den eigenen. Dies ist der beste Nährboden für Neid und Arroganz. Es ist so viel einfacher, arrogant zu sein und andere abzuwerten, als die eigene Größe ernsthaft zu sehen. Wenn Manager Demut von anderen einfordern, Verdienste anderer kleinreden, banalisieren, verharmlosen, dann liegt die Ursache für diese destruktive Arroganz in der eigenen übergroßen Bescheidenheit. Arroganz und falsche Bescheidenheit sind ein sehr gut passendes Paar. Deshalb ist es so wichtig, die eigene Größe zu sehen und zu würdigen. Nur wer mit sich selbst wertschätzend umgeht, nur wer die eigene Größe sehen und würdigen kann, kann auch die Stärken und Verdienste anderer schätzen.

Die zweite Möglichkeit besteht darin, sich die eigene Größe bewusst zu machen. Die eigene Gabe wird mit Ernsthaftigkeit betrachtet und benannt, das eigene Anliegen wird als einzigartig, die eigenen Anstrengungen und die erworbenen Kompetenzen werden als Bereicherung für die Welt gesehen. Erst dann können andere von der Kompetenz und Großartigkeit des Physikprofessors und Bildungsstrategen sprechen und sich seinem Anliegen anschließen.

Die eigene Größe kann erschrecken, sobald sie in Worte gekleidet ist, wenn Schluss ist mit all den kleinen Banalisierungen des eigenen Talents, mit den lustigen Scherzen über die eigene Bedeutung, mit der unangemessenen Bescheidenheit und der Minimierung des eigenen Beitrags, mit der Neutralisierung der eigenen Leidenschaft durch langweilige Sprache. »Das ist doch selbstverständlich.« – »Das kann doch schließlich jeder.« – »Das Hauptverdienst gebührt dem Team.« Wer vermag zu glauben, dass er mit Aussagen wie diesen andere für die eigene Mission begeistern könnte? Solche Wertungen lösen in anderen Menschen kognitive Dissonanzen aus, gemischte Gefühle. Nur wer sich selbst als wertvoll und einflussreich erlebt, erhält positive Resonanz.

Hat eine Managerin unter großem Einsatz, mit Intelligenz, Ideenreichtum und Mut scheinbar Unmögliches möglich gemacht, Verhandlungsergebnisse unter schwierigsten Bedingungen erzielt, Unternehmen aus der Insolvenz geführt, in der Branche für Aufsehen gesorgt, dann bedarf es der Erkenntnis, wie einzigartig und großartig diese Leistungen sind, und zwar zunächst bei der Managerin selbst. Und sie ist es auch, die die Worte finden und aussprechen muss, die anderen die Großartigkeit vermitteln. Nur so findet ihre Handeln Anerkennung, Wertschätzung, Lob. Nur so eröffnen sich Möglichkeiten zur Beförderung und zur Gewinnung von Nachahmern und wachsender Resonanz.

Es ist eine Herausforderung, die eigene Größe zu erkennen und in die Welt zu tragen, weil alle Menschen gegen die unterschiedlichsten Gefühle und inneren Widerstände ankämpfen müssen:

- das Gefühl, klein und nicht gut genug zu sein, das schon früh mit elterlichen Botschaften genährt wurde wie »Stell dich nicht immer in den Mittelpunkt!« – »Sprich nicht so laut!« – »Sei nicht so egoistisch!« – »Bilde dir ja nichts ein!«;
- die Sehnsucht danach, dazuzugehören – im Gegensatz zum Herausragen, das mit der Angst verbunden ist, allein zu sein und beneidet zu werden;
- die Befürchtung abzuheben, den Bodenkontakt zu verlieren, dem Größenwahn anheimzufallen;
- die Ablehnung von Menschen, die sich selbst auf lächerliche Weise erhöhen und vermarkten und zu denen niemand gehören möchte.

»Ich war immer ein dicker Bauerntölpel, der Aufmerksamkeit wollte, und bin es im Grunde immer noch«, sagt ein höchst erfolgreicher, keineswegs übergewichtiger Agrarpolitiker in Brüssel im informellen Gespräch.

In Äußerungen wie diesen zeigt sich das ganze Drama, das davon handelt, wie schwer es ist, die eigene Größe zu würdigen. Dabei ist dies der Ausgangspunkt, um Einfluss für das eigene Anliegen zu gewinnen. Das große Können des besagten Politikers bewirkt, dass die aufopfernde und wertvolle Leistung der Landwirte für die Bevölkerung angemessen gesehen und bezahlt wird. Seine psychische Transformationsleistung besteht darin, sich selbst liebevoll als einstmals verletzliches, bedürftiges Kind zu betrachten, dieses Kind zu verstehen und gleichzeitig die heutige eigene Größe, die Bedeutung des eigenen Anliegens und des eigenen Könnens, achtsam und respektvoll zu sehen.

Die richtigen gedanklichen Konzepte und Worte für eine solche Transformationsleistung zu finden ist nicht einfach. Manche Menschen bleiben mental beim »armen Bauerntölpel« stehen und sprechen von sich auf eine Weise, dass niemand auch nur im Entferntesten die Größe ihrer Gaben erahnen kann, nicht einmal sie selbst. Andere flüchten in Angeberei: was sie alles *können* und was sie alles schon *geleistet* und *erreicht* haben. Die eigene Größe resultiert jedoch immer aus dem eigenen inneren Anliegen, nicht aus dem Können oder den Ergebnissen. Deshalb gilt es, die eigene Größe zu sehen und zu würdigen, indem das eigene Anliegen in den Vordergrund gestellt wird. Der oben angesprochene Agrarpolitiker würde in diesem Fall beispielsweise sagen: »Was mich bewegt, ist, was Landwirte heute unter den schwierigsten Bedingungen Großes leisten. Ich möchte, dass sie in ihrer Bedeutung für uns Menschen richtig gesehen und angemessen gewürdigt und bezahlt werden.«

Die Seele muss die Größe des Anliegens verkraften. Der Verstand muss die Existenz einer herausragenden Größe zulassen und verarbeiten, *trotz* mitunter ganz durchschnittlicher Reaktionen, trotz als defizitär erlebter Fähigkeiten in bestimmten Bereichen, trotz wiederkehrender Misserfolge und trotz all der normalen menschlichen Schwächen. Dies ist eine komplexe Fähigkeit. Jeder große Erfolg, jedes herausragende Talent muss von der Person selbst in einen angemessenen Kontext gestellt und in angemessener Form vermittelt werden. Die Deutung der eigenen Größe lässt sich nicht an andere delegieren.

## DER AUTONOME WILLE DER AMBITION

Aus dem oft unbewussten inneren Anliegen heraus entsteht und wächst der autonome Wille der Ambition als unermüdlicher Antreiber. Nur mit einer großen Ambition sind lange Zeiten der Übung und der Disziplin durchzustehen. So werden Herausforderungen gemeistert, Fehler korrigiert, immer wieder, mit Intelligenz, Vitalität, Talent, Leidenschaft und Spielfreude und immer größerer Könnerschaft. Darin sind sich die Biografen der Erfolgreichen einig. »Mission ... Karriere ... in diesen Kategorien denke ich nicht«, sagt die weltweit tätige Familientherapeutin Ursula Franke, eine Frau mit einer beeindruckenden Karriere. Es ist nicht nötig, so zu denken. Es reicht auch der unbewusste, dringende Wunsch, das eigene Können unbedingt in die Welt zu bringen.

Jeder Normalsterbliche kann eine große Karriere machen, genauso wie andere Genies auch. Normalsterbliche können von den ganz großen, weithin sichtbaren Karrieren lernen. Es geht nicht um Anpassung an Erfordernisse, Maßstäbe, Erwartungen, Urteile, Anforderungsprofile anderer, sondern um das Erkennen des eigenen inneren Anliegens und darum, ihm zu vertrauen und der aus ihm erwachsenden eigenen Ambition zu folgen.

- Ohne Belang ist dabei, ob es sich beispielsweise um die Neuerfindung der Currywurst handelt – aus vegetarischen, vollwertigen Zutaten in bester Qualität, in sauberen »Buden« –, oder so wie bei »Axel aus Teltow«[28] um den Einsatz für Teltower Rübchen. Jahrelang bot der Biobauer Axel Szilleweit diese Rüben an. Nach 18 Jahren machte er damit im Jahr 2008 zum ersten Mal einen Gewinn. Jetzt wird er in Sterneküchen gefeiert und von Sterneköchen wie Michael Hoffmann öffentlich gepriesen.
- Die eigene Ambition könnte auch in dem Streben nach der einfachsten und schmerzlosesten Methode einer Injektion in

die Vene bestehen, in dem Wunsch nach einer perfekten Wissensplattform im Internet, nach einer größeren Sicherheit von Talsperren oder nach dem umwerfenden Alphornton.

Alle bemerkenswerten, großartigen Karrieren im regionalen oder internationalen Rahmen, im spezialisiertesten Nischengeschäft oder im Big Business, mit Weltruhm oder kleiner Fangemeinde, bergen einen Nutzen für andere, die Leidenschaft der Ambition, ständig neue Phasen des Scheiterns und Lernens.

Was Menschen mit großen Karrieren nachgesagt wird, stimmt. Sie sind besessen, sie reiben sich auf, opfern vieles und geben alles. Auch bei Persönlichkeiten, die nicht am obersten Ende der Exzentrikskala agieren, ist dieser unbedingte Wille zu spüren. Man muss nicht ähnlich besessen sein wie Fitzcarraldo, die von Klaus Kinski dargestellte Hauptfigur des gleichnamigen Films von Werner Herzog, der im peruanischen Dschungel einen Flussdampfer über einen bewaldeten Hügel ziehen lässt.

Die eigene Ambition verlangt nach einer enormen Kraftanstrengung, emotional, mental und auch körperlich. Ohne eine robuste Physis wäre das Leben eines Topmanagers, einer Chefredakteurin, eines Opernstars oder einer Unternehmerin kaum zu meistern.

- »In diesem Leben bin ich für dieses Leben bestimmt.«[29] Mit solcher Entschiedenheit spricht die polnische Pianistin Ewa Kupiec über ihre Kunst. Eine Aussage, die eindeutiger nicht sein kann.
- »Bestimmung«, »zwangsläufig« – diese Begriffe wählen Menschen mit großen Karrieren, wenn sie ihre berufliche Entwicklung beschreiben, so wie Jürgen Leinemann, die »Reporterlegende«: »Wenn ich meinen Lebensweg beschrieb, dann schien von Kindheit an alles zwangsläufig auf den Journalismus zuzulaufen.«[30]

- Einstein betonte seine »Neugierde« und behauptete, dass er keine besondere Begabung besitze. Er habe schon als Kind immer wissen wollen, wie die Dinge funktionieren.

Später, in der Rückschau, erscheint vieles wie eine Fügung. Jede Begabung, auch wenn sie Neugierde genannt wird, besitzt einen autonomen Willen, sich zu entfalten. Je größer die Gabe, umso größer der Wille, sie nicht als geheimen Schatz zu hüten, sondern nach draußen, ans Licht, zu bringen. Das Einzigartige will sich zeigen. Große Karieren brauchen ihre Zeit. Sie entwickeln sich nicht über Nacht, dafür sind sie andauernd und entfalten sich von Jahr zu Jahr mehr.

## DER AUTONOME WILLE ÜBERWINDET INNERE WIDERSTÄNDE

Was hat es mit dem autonomen Willen auf sich, der in jedem Menschen zu beobachten ist, der eine große Karriere macht? Unabhängig von äußeren Gegebenheiten, Widerständen, Diskriminierungen, Mühen und Risiken: Der autonome Wille der Begabung drängt zur Vervollkommnung, zu höchstem Können, und er drängt in die Welt. Er überwindet auch innere Widerstände wie Selbstzweifel, Mutlosigkeit und Desorientierung. Menschen wollen – manchmal bis zur Selbstaufgabe, mit aller Entschiedenheit – ihr Talent zur Geltung bringen.

Aber die Psyche ist für eine große Karriere nicht geschaffen. Die Selbstgewissheit ist von früh an fragil, Menschen streben sowohl nach Selbstausdruck als auch nach Sicherheit und Zugehörigkeit im Vertrauten. Die Entfaltung einer großen Gabe ist mit Abenteuern verbunden, mit dem Risiko des Scheiterns, den Mühen des Neubeginns und manchmal auch mit Isolation. Das erzeugt Angst. Nichts lässt sich mit Sicherheit vorhersagen. Gewiss ist nur, dass Aufgeben unglücklich macht.

Der autonome Wille überwindet äußere und innere Widerstände. Prominente Beispiele sind

- die Schriftstellerin Joanne K. Rowling, die als alleinerziehende Mutter eines Kleinkindes von Sozialhilfe lebte, während sie unbeirrt in einem Café an ihrem ersten Buch arbeitete und schon die Harry-Potter-Gesamtausgabe vor Augen hatte;
- der amerikanische Präsident Barack Obama, der viel über seine inneren Widerstände geschrieben und gesprochen hat. Deshalb wissen wir, wie lange er brauchte, bis er sein eigenes Talent, seine unfassbare Redebegabung erkannte und schätzen lernte und so seinen inneren Überzeugungen Ausdruck verleihen konnte.

## DER AUTONOME WILLE ÜBERWINDET ÄUSSERE WIDERSTÄNDE

Der autonome Wille zeigt sich auch unter widrigsten Umständen. In höchster Not haben Menschen komponiert, gemalt, gedichtet, geschrieben, sie haben sich in ihrem Wirken nicht beirren lassen, wie Viktor Frankl, wie Nelson Mandela, wie der koreanische Dichter Ko Un, wie Hannah Arendt, wie die junge, hochbegabte jüdische Dichterin Selma Meerbaum-Eisinger.

- Die gebürtige Rumänin Meerbaum-Eisinger, die im Jahr 1942 mit 18 Jahren im deutschen Arbeitslager Michailowska an Fleckthypus starb, schrieb ihre Gedichte nicht in ihrer Muttersprache, sondern in Deutsch, der Sprache, die sie liebte.
- Der tschechische Komponist Bohuslav Martinů (1890–1959) schrieb auf der Flucht vor den Nazis, immer in Zügen, seine geradezu heitere Sinfonietta giocosa.

- Auch im schwedischen Exil arbeitete die jüdische Wissenschaftlerin Lise Meitner (1878–1968) an Fragen der Kernspaltung und machte ihre Erkenntnisse Otto Hahn zugänglich, der dafür allein den Nobelpreis erhielt.
- Der jüdische Maler Felix Nussbaum (1904–1944) war auf der Flucht vor den Nationalsozialisten in Brüssel interniert, konnte sich befreien, wurde denunziert und in Auschwitz ermordet. Nussbaum nahm bis zu seinem Tod jede Gelegenheit wahr, um zu malen. Wer sein *Selbstbildnis mit Judenpass* von 1943 gesehen hat, vergisst es nie mehr, so eindrücklich zeigt es den individuellen Schrecken von Terror und Verfolgung. Ihm zu Ehren schuf der jüdische Architekt Daniel Libeskind in Osnabrück das Felix-Nussbaum-Haus. Es versinnbildlicht den Schrecken des Naziterrors und der Verfolgung.
- Das Leben der mexikanischen Malerin Frida Kahlo (1907–1954) war bestimmt durch persönliche Dramen, existenzielle Krisen und Krankheiten. Gemalt hat sie immer. Als sie bettlägerig wurde, arbeitete sie im Liegen weiter. Kahlo hinterließ ein künstlerisch hochgeschätztes Werk, das die Menschen zutiefst berührt.

Das wissenschaftliche oder künstlerische Wirken von Persönlichkeiten wie den oben angesprochenen zeigt, wie sich die Schaffenskraft aus dem eigenen Inneren speist.

»Ich hab den Verstand nicht verloren, ich habe Reime gemacht.«[31] Diese Aussage stammt von der mehrfach ausgezeichneten Literaturwissenschaftlerin und Autorin Ruth Klüger, die im Alter von elf Jahren gemeinsam mit ihrer Mutter in verschiedene Konzentrationslager deportiert wurde. 1945 gelang ihr die Flucht. Damals, kurz vor dem Kriegsende, war sie 13 Jahre alt.

Es gibt unzählige Zeugnisse wie dieses von Menschen, die Jahre ihres Lebens in Konzentrationslagern, im Gulag, in Straflagern, in allergrößter Knechtschaft, auf dem Krankenlager verbrachten und selbst während dieser schweren Zeit ihre Berufung nicht aufgaben.

## DER AUTONOME WILLE REGIERT, NICHT DER PLAN

In großen Karrieren ist immer der unbedingte Wille zu erkennen, der anfangs oft nicht zielgerichtet wirkt, sondern als Stimme empfunden wird, die führt und treibt. Für große Karrieren gibt es keine Pläne, keine Positionen, die unbedingt erreicht werden müssen, sondern Themen, Aufgaben, Anliegen, Interessen, Talente. »Ob ich es packe oder nicht, das war für mich nie eine Kategorie«[32], sagt Sven Regener, Sänger der Kult-Band Element of Crime und Autor des Millionensellers *Herr Lehmann*. Diese Haltung ist es, die zum Erfolg führt, eine gezielte, tätige Ungeplantheit.

»Schreibe ich denn diese Bücher? Es schreibt sie in mir. Ich muss ja einfach. Ich schreibe, ich schreibe jede Stunde des Tages und des Nachts, ob ich nun an meinem Schreibtisch sitze oder umhergehe, ob ich Briefe beantworte oder hier mit Ihnen rede, alles wird mir zum Buch, eines Tages wird es Buch geworden sein, davon ein Stückchen, und dort eine Miene, und hier die Stühle und Tische und Fenster. Alles in meinem Leben endet in einem Buch. Es muss so sein, es kann nicht anders sein, weil ich der bin, der ich wurde.«[33] Dies sind Worte des deutschen Schriftstellers Hans Fallada (1893–1947).

## WIE DER AUTONOME WILLE IN UNTERNEHMEN ZUR GELTUNG KOMMT

Der Management-Vordenker Jim Collins fand heraus, dass der Erfolg von Unternehmen in erster Linie von der Führungspersönlichkeit an der Spitze abhängt und dass nicht von der Person abhängige Strukturen, Prozesse und sonstige Merkmale wie Finanzausstattung im Verhältnis dazu eine untergeordnete Rolle spielen.[34] »First who, then what« ist sein provozierendes Credo: zunächst die richtigen Leute wählen, dann über die Strategie entscheiden, das ist der Weg »from good to great«, von gut zu großartig.

Wer sind die richtigen Leute? Diejenigen, die die vorgegebenen Anforderungen erfüllen? Die den Erwartungen am besten entsprechen? Wenn wir uns im Topmanagement bewegen, sind dies die völlig falschen Kriterien. Von einer Topmanagerin, einem Topmanager muss erwartet werden, dass sie oder er sich gerade nicht den Erwartungen anderer, sondern seiner eigenen Ambition, seinen eigenen Werten, seinem inneren Anliegen verpflichtet fühlt. Vorformulierte Anforderungskriterien schaden hier, stattdessen gilt es, Fragen nach der Leidenschaft zu stellen. Was die Person antreibt, das wird – unter ihrer Leitung – auch das Unternehmen antreiben. Und dieses innere Motiv ist stets einzigartig.

Collins hat sich jahrzehntelang mit erfolgreichen Unternehmen beschäftigt und ist dabei der Frage nachgegangen, wie sie sich von den mittelmäßigen oder erfolglosen unterscheiden. Wir haben große Karrieren erforscht und kommen zu vergleichbaren Ergebnissen: Ein Unternehmen kann nur dann Spitzenleistungen erzielen, wenn es von Persönlichkeiten mit unwiderstehlichen Anliegen und großen Ambitionen geleitet wird und wenn diese Ambitionen jeweils einen starken eigenen Antrieb erzeugen, Eigenwillen und höchste Disziplin. Hier geht es nicht um Kompetenzen. Die Frage des Topmanagers lautet nicht »Was *kann/soll/*

*muss* ich tun, um das Unternehmen erfolgreich zu machen?«, sondern »Was *will* ich leidenschaftlich und diszipliniert tun?«.

## DAS BRINGT SIE JETZT WEITER: ERKENNEN SIE IHRE AMBITION

Hat jeder Mensch eine Ambition? Habe ich selbst eine Ambition? Die Antwort lautet Ja. Bei sehr vielen Menschen ist sie verschüttet, gebrochen, nicht mehr erkennbar. Nicht jede Ambition wird deutlich gespürt, wahrgenommen, ernst genommen, von einem selbst oder von anderen. Oft tritt sie in einer seltsamen Verkleidung auf, zum Beispiel als strikte Ablehnung einer Situation oder Handlungsweise. Dies ist ein Indiz für ein starkes inneres Anliegen. Dieses Anliegen muss identifiziert und in ein positives Motiv übersetzt werden, um wirken zu können.

Um Ihre eigene Ambition zu erkennen, beantworten Sie zunächst die folgenden fünf Fragen:

1. Welche drei wichtigen Weichenstellungen haben Sie in Ihrem Leben vorgenommen und weshalb?
2. Was waren die drei großen Gelegenheiten, die Sie nicht wahrgenommen haben? Und warum nicht – was war Ihnen noch wichtiger, als diese Gelegenheiten wahrzunehmen?
3. Welche drei Fähigkeiten würden Sie gerne ab sofort beherrschen ?
4. Welche Situationen und Handlungsweisen hassen Sie bei sich selbst und bei anderen? Warum?
5. Wenn Sie zeitlich und finanziell vollkommen frei wären, was würden Sie dann tun?

Ziehen Sie, nachdem Sie diese Fragen beantwortet haben, die Konsequenzen aus Ihren Antworten. Welche Ambition wird hier deutlich?

# 3. DAS KÖNNEN ENTWICKELN

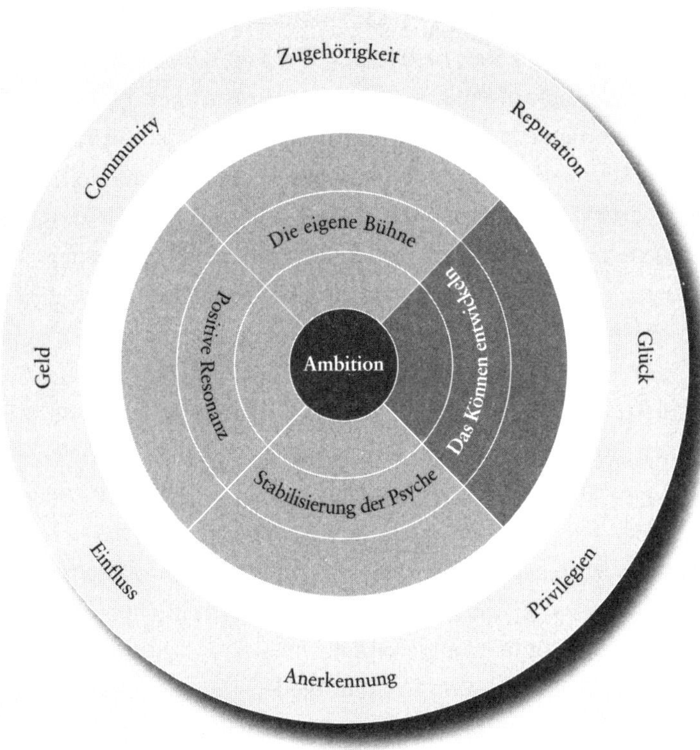

## ERFOLG IST LERNEN, IST SCHEITERN, IST LERNEN, IST MYELIN

Es ist ein besonderes Geschehen, wenn Ausnahmetalente sich entfalten. Manchmal wirkt es, als würden sie aus dem Nichts, geradezu aus dem Stand, berühmt und erfolgreich. Doch vor den Erfolg haben die Götter den Schweiß gesetzt. Denn wie viele Jahre lagen vor diesem Ereignis? Mindestens zehn Jahre und 10 000 Übungsstunden.

Vom Talent zum Star, vom mittleren Management an die Unternehmensspitze, von der Expertin zur weltweiten Autorität ist es ein langer Weg. Es gibt keine Karriereleiter, die gleichsam automatisch wie eine Rolltreppe schnurstracks nach oben führt. Die große Karriere gestaltet sich nicht linear und vollzieht sich nicht nach ausgedachten Plänen. Sie wird erlebt wie eine Bergbesteigung. Der Freude wird nachgespürt, die Herausforderung wird erlebt, ein Ausblick genossen, der Zusammenhalt in der Gruppe empfunden, der Gipfel fest im Blick behalten – aber all dies ohne genaues Kartenmaterial.

Das ist zuweilen auch mühsam. Versuche scheitern, Ansätze erweisen sich als Irrtümer und Anstöße zu neuem Lernen, zum Üben neuer Verfahrensweisen. Doch immer noch und immer wieder werden Fehler gemacht, gilt es neu zu lernen, neu anzusetzen und neu zu üben. Perspektiven und Zwischenziele ändern sich. Umwege sind zu gehen. Pausen müssen eingelegt werden. Streckenweise geht es steil bergauf. Dann muss richtig geschuftet werden. Es folgen Phasen der Orientierung, ruhige Strecken, Abgründe. Die schöne Umgebung wird besichtigt, zwischendurch ist Extremklettern nötig, müssen gefährliche Situationen durch nochmals erhöhte Anstrengung bewältigt werden.

»Versuch's wieder. Scheiter wieder. Scheiter besser.« Nicht einmal Samuel Beckett selbst, der Autor dieser weisen Worte, konnte ahnen, wie wahr diese Aussage ist. Was klingt wie ein banaler Kalenderspruch, beschreibt exakt, wie sich Können entwickelt: aus Fehlern, Irrtümern und ständiger Wiederholung. Meisterschaft in jeder Disziplin entsteht durch zielgerichtetes, fehlerorientiertes, aktives Lernen.

So entsteht Myelin, der Stoff, der im Lauf der sprichwörtlichen 10 000 Übungsstunden in zehn Jahren höchstes Können hervorbringt. Dann erst haben sich genügend Myelinschichten gebildet, als Folge von Lernen, das in Können mündet. Das zeigen uns Forschungen, die zurückgehen bis in das vorletzte Jahrhundert und die jetzt auch von Wissenschaftlern wie Anders Ericsson, Herbert Simon und Bill Chase bestätigt wurden.

Myelin wurde 1854 von dem Pathologen Rudolf Virchow (1821–1902) mittels Lichtmikroskopie an Gewebeschnitten entdeckt. Virchow fand in Nervenfasern eine Markscheide und schlug vor, sie Myelin (abgeleitet vom griechischen *myelòs,* zu Deutsch Mark, Gehirn) zu nennen.[35] Der aktuelle Begriff des Myelins in der Biologie und Medizin geht auf detaillierte strukturelle Beschreibungen des Pariser Pathologen Louis-Antoine Ranvier (1835–1922) im Jahr 1878 zurück.

Daniel Coyle hat in seinem aufschlussreichen Buch *Die Talentlüge*[36] beschrieben, wie Myelin entsteht und wirkt. Die Gehirnforschung hat in den letzten Jahrzehnten große Erkenntniszuwächse erzielt, und so wissen wir heute, warum Einsteins Gehirn eine so große Menge »weißer Masse« enthielt und was dies bedeutet. Die weiße Masse besteht aus Myelinschichten. Das ist der entscheidende Stoff großer Karrieren. Eine Fähigkeit, jede Fähigkeit, ist eine Myelinschicht, die sich um eine Nervenzelle legt. Je mehr Übung, desto mehr Schichten, desto besser die Leistung. Jede Bewegung, jeder Gedanke, jedes Gefühl übersetzt sich in ein elektrisches Signal, das durch eine Reihe von Neuronen, also einen Schaltkreis von Nervenzellen, transportiert wird. Myelin ist das Isoliermaterial, das diese Nervenzellen umhüllt und die Intensität, Geschwindigkeit und Präzision der Signale erhöht. Je häufiger ein Schaltkreis benutzt wird, desto mehr Myelin bildet sich im Umkreis der betreffenden Nervenzellen. Durch ständige Übung werden Bewegungen und Gedanken stärker, schneller und präziser, und es entsteht eine Hochgeschwindigkeitsverbindung. Das unterscheidet beispielsweise den Jogger vom Weltklasseläufer.

Es erfordert Zeit und einen bestimmten Ablauf, damit sich Myelin um einen Schaltkreis legt. Dieser Ablauf speist sich aus Fehlern, Erkenntnissen, bewussten Korrekturen und wiederkehrenden, immer neuen Anstrengungen. Weltmeister kann nur werden, wer seine Schaltkreise 10000 Stunden lang in zehn Jahren in einem ständigen Lernprozess bedient. So wird Genie heute erklärt.

Ob Michelangelo, Marie Curie, Mozart, die Schachlegende Bobby Fischer, Steffi Graf, die englischen Schwestern und Schriftstellerinnen Charlotte, Emily und Anne Brontë – sie alle haben diesen Lernprozess durchlaufen. Dabei waren sie nicht allein, sondern wurden unterstützt – sei es von ihren Eltern, sei es von Personen, die die Rolle eines Mentors, einer Trainerin, Lehrers oder Förderers einnahmen.

## KÖNNEN WÄCHST DURCH ÜBUNG

Eine große Gabe verlangt nach großem Können und nach höchsten Ansprüchen. Menschen mit großen Begabungen zeichnen sich dadurch aus, dass sie ständig nach Vollkommenheit, nach dem Optimum streben.

Erfolgreiche Menschen wie die Opernsängerin Anna Netrebkow wissen, dass es Begabtere gibt als sie selbst. Was sie aber unterscheidet und zu internationalem Ruhm führt, ist ihre Lernbereitschaft, ihre unermüdliche Disziplin. Von Anke Dürr und Moritz von Uslar dazu befragt, ob sie eigentlich schon immer eine große Stimme besaß, antwortet Netrebko: »Ich bin kein Naturtalent. Aber die wenigsten Naturtalente werden große Sänger. Weil sie nicht lernen, mit ihrer Stimme umzugehen, und sie schnell ruinieren. Diejenigen, die in meiner Studienzeit die Besten waren, sind alle schon von der Bühne verschwunden. Ich dagegen musste mir oft anhören: Du denkst, du hast eine gute Stimme? Vergiss es. Deine Stimme ist okay, mehr nicht. Wenn du Glück hast, schaffst du es in den Chor.« Warum sie es dennoch ganz nach oben geschafft habe? »Weil ich hart arbeite.«[37]

Für ambitionierte Menschen fühlt es sich so an, als seien es nicht sie selbst, die danach strebten, sich ständig zu vervollkommnen, sondern als würden sie angetrieben. Deshalb empfinden sich große Künstlerinnen wie Anne-Sophie Mutter als faul. Eine solche Selbsteinschätzung ist angesichts des Arbeitspensums, das Mutter bewältigt, erstaunlich. Doch Menschen wie sie fühlen das Feuer des autonomen Willens der Ambition in sich brennen, das Verlangen danach zu schreiben, zu malen, Ideen zu verwirklichen.

- Wenn die US-Amerikanerin Jessye Norman, ebenso wie Anne-Sophie Mutter weltbekannt, von ihrer Stimme als ihrer »Freundin« spricht, die sie behütet und beschützt, dann ist genau das damit gemeint: dass es etwas Größeres gibt als sie selbst.
- Tracey Emin, die zu den erfolgreichsten Künstlerinnen Großbritanniens gehört, beschreibt diese Einstellung so:

»Meine Arbeit treibt mich an, aber sie macht mein Leben nicht schön.«[38]

Kommt Qualität von Qual? Manchmal schon. Ambitionierte Menschen kennen keinen Stillstand, kein Nachlassen. Sie sind ständig bemüht, ihr Talent zu entfalten. Je größer das Können, desto größer die Bereitschaft, ständig dazuzulernen, und ohne Können keine Kunst. Je größer der Einsatz für die eigene Karriere, umso größer wird sie.

**Der große Autodiktat** Vincent van Gogh (1853–1890) fand nach vielen fehlgeschlagenen beruflichen Anläufen seine Berufung, doch dafür nahm er unsagbare Mühen auf sich. Anfangs konnte er nicht malen, und er musste sich all das, was ihn zu einem großen Maler machte, selbst beibringen. Hatte er den absoluten Blick, analog dem absoluten Gehör? Das wissen wir nicht, doch sicher ist, dass er lernen musste, das, was er sah, zu malen. Alexander Menden schreibt über die Londoner Ausstellung *The Real van Gogh. The Artist and His Letters*: »Denn aus den Briefen, von denen 35 in London einer Auswahl von 65 Gemälden und 30 Zeichnungen beigestellt sind, tritt uns nicht der nur dem genialen Impuls gehorchende und dabei im Wahn versinkende Malereremit entgegen, als den ihn die Folklore gerne sieht. Van Gogh erweist sich vielmehr als analytischer, kommunikativer, kunstgeschichtlich bewanderter, hochbelesener und ständig hart an seiner Technik arbeitender Mensch … Die zeichnerische Technik fliegt ihm nicht zu.«[39]

Große Karrieren verlangen immens viel Übung und eine große Beharrlichkeit. Je größer die Geister, umso neugieriger und lernbegieriger sind sie. Ob es die Beatles waren, van Gogh, Cher, Dirk Nowitzki, Marie Curie, die Nobelpreisträgerin für Medizin Christiane Nüsslein-Volhard, der Percussionist Martin Grubinger oder die Pianistin Martha Argerich, sie alle waren oder sind unermüdlich damit beschäftigt, zu lernen und Neues auszuprobieren. »Diese Untersuchungen zeigen, dass 10 000 Übungsstunden erforderlich sind, um sich dieses hohe Maß an Kompetenz zu erarbeiten, das man von Experten von Weltrang erwartet, und zwar auf jedem Gebiet«, schreibt der Neurologe Daniel Levitin. »Egal ob es sich um Komponisten, Basketballspieler, Romanautoren, Schlittschuhläufer, Konzertpianisten, Schachspieler oder Verbrechergenies handelt, sämtliche Untersuchungen kommen immer wieder auf diese Zahl. Das erklärt natürlich noch nicht, warum manche Menschen mehr von der Übung profitieren als andere. Doch bislang ist kein Fall bekannt, in dem Expertentum von Weltrang innerhalb kürzester Zeit erworben wurde. Es scheint, als benötige das Gehirn so lange, um all das zu assimilieren, was nötig ist, um eine Tätigkeit wirklich zu beherrschen.«[40]

Das Streben der Opernsängerin Maria Callas (1923–1977) nach Vollkommenheit ist legendär. Es ist so beeindruckend, dass es Terrence McNally zu dem Theaterstück Meisterklasse inspirierte, basierend auf den aufgezeichneten *Meisterklassen* der Maria Callas. Callas selbst arbeitete besessen an ihrem Können: »Es gibt viele, die haben ein Instrument wie eine Stradivari und spielen es wie Amateure, ich bin ein einfacher Holzkasten, aber der wird von Paganini bedient.«[41]

Jede große Persönlichkeit bietet ein Beispiel für eine lange, hochkonzentrierte Arbeit am eigenen Können. Wir könnten diese Arbeit »Ochsentour« nennen oder »Galeerenjahre«, wie der Startenor Jonas Kaufmann seine Anfangsjahre auf kleinen Provinzbühnen bezeichnet. In dieser Zeit, auf kleinsten Bühnen vor wenigen Menschen, lernen Politiker, Sängerinnen, Kabarettisten ihr Handwerk. Sie alle haben die große Begabung ins Zentrum ihres Lebens gestellt.

- Der österreichische Tennisspieler Stefan Koubek, der vor Roger Federers vierzehntem Gewinn eines Grand-Slam-Turniers in Paris mit Federer eine gemeinsame Tenniswoche verbrachte, konnte nur noch staunen, wie intensiv Federer an seinem Spiel arbeitet, das er so formvollendet vorträgt: »Ich hätte nie gedacht, dass Federer so viel investiert. Wir haben so hart gearbeitet, wie es nur ging. Bevor es auf den Platz ging, machte er Konditionstraining. Eigentlich bestand die ganze Woche aus Trainieren, Dehnen, Essen und wieder Trainieren.«[42] Federers Beharrlichkeit, das eigene Können zu entfalten, und alles auszuschalten, was den Erfolg beeinträchtigt, hat ihn zum größten Tennisspieler der Welt gemacht.
- Dem britischen Weltklasse-Geiger Daniel Hope ist es geradezu ein Bedürfnis herauszustellen: »Wer behauptet, ohne extrem harte Arbeit eine Karriere aufgebaut zu haben, sagt nicht die Wahrheit.«[43]

Wie aber wird diese »extrem harte Arbeit« erlebt?

## HÖCHSTES KÖNNEN IST »FLOW«: LEIDENSCHAFT UND PURE BEGEISTERUNG

»Ich empfinde es als komplette Glückseligkeit, nur ein leeres Blatt vor mir zu haben und zu sehen, wie alles seinen Lauf nimmt.«[44] So erlebt die Schriftstellerin Cornelia Funke, die mit ihrer *Tintenwelt*-Trilogie weltweiten Ruhm erlangt hat, ihre Schaffenskraft. Gäbe es neben der Plackerei des Myelin-Aufbaus und dem mitunter qualvollen Diktat des autonomen Willens nicht auch die Leidenschaft, diese Glückseligkeit, den

»Flow«, dann gäbe es keine großen Karrieren und Höchstleistungen.

Die Anstrengung, diese Glückseligkeit zu erreichen, hat Tobias Kniebe bei dem Weltklasse-Schauspieler Al Pacino beobachtet: »Er treibt sich selbst bis an den Rand der Erschöpfung, wieder und immer wieder, um Nuancen der Wahrheit und Durchlässigkeit in seinem Spiel zu erreichen, die außer ihm selbst und ein paar Meisterregisseuren, die mit ihm gearbeitet haben, vielleicht gar niemand mehr sieht. Aber darum geht es auch nicht. Es geht eher um das Gefühl, in eine alternative Realität einzutreten, vollständig eins zu werden mit der eigenen Leidenschaft.«[45]

Die »Selbstvergessenheit«, »vollständig eins zu werden«, die »alternative Realität«, der »Flow«, die Hingabe im Tun sind Belohnung und Antrieb zugleich. Das Vermögen, in einer Tätigkeit voll und ganz aufzugehen, ist bereits Selbstbelohnung. »Leidenschaft macht erfolgreich.« Diese Erkenntnis des kanadischen Sozialpsychologen Robert Vallerand zeigt, dass das innere Belohnungssystem aktiviert sein muss.[46] Andernfalls wären die endlosen Stunden des Trainings von Tennisspielerinnen, des Schreibens von Autoren, des Komponierens bei Musikern, des Entscheidens und Führens von Managern nicht durchzuhalten. Eine derartige Disziplin könnte nicht 10000 Stunden lang über zehn Jahre hinweg aufrechterhalten werden. »Das kann man nur durchhalten, wenn man eine extrem hohe innere Trainingsmotivation mitbringt. Wir haben in all den Jahren der Forschung niemanden gefunden, der eine solche Einstellung ohne Leidenschaft aufgebracht hätte«, sagt Vallerand.

Äußere Belohnungen sind demgegenüber unwirksam. Sie wirken sogar kontraproduktiv. Menschen sind es gewohnt, Belohnungen aufzuschieben. Das gehört zum Dasein dazu und ist allen selbstverständlich. Studieren, eine Lehre machen, ein Buch schreiben, einen Garten anlegen, ein Haus bauen, eine Reise planen, ein Fest vorbereiten. Diese Tätigkeiten werden später belohnt, aber in der Vorfreude, im Tun selbst, ist schon die Selbstbelohnung enthalten.

Mihály Csíkszentmihályi hat die bahnbrechende Flow-Theorie entwickelt, die erklärt, warum Menschen glücklich sind, während sie ganz unterschiedliche Dinge tun wie Klettern, Operieren, Vortragen, Regieren, Schachspielen oder Tennisspielen. Im Flow-Zustand stimmen das Fühlen, das Wollen und das Denken überein. In diesem Zustand ist die Tätigkeit um ihrer selbst willen wichtig. Folgen wir Csíkszentmihályi und betrachten ihn ein wenig genauer.

## DER FLOW-ZUSTAND

**1. Die Ziele sind klar.** Nicht das ferne Ziel, sondern die unmittelbar anstehende Aufgabe, die nächste Bewegung steht im Zentrum der Aufmerksamkeit. Der nächste Zug im Schach, der Handgriff der Goldschmiedin, das Singen der Note, der einzelne Strich auf der Leinwand, der Satz im Vortrag. Die Qualität der Erfahrung im Augenblick des Tuns ist das Wichtigste. Der Moment ist das Ziel. Wenn etwas um seiner selbst willen wert ist, getan zu werden, wird es autotelisch genannt (aus dem Griechischen von *autós,* zu Deutsch selbst, und *telos,* zu Deutsch Ziel), weil es sein Ziel in sich trägt.

**2. Die Rückmeldung kommt sofort.** Das Gefühl des vollkommenen Eingebundenseins, das das Flow-Erlebnis kennzeichnet, entstammt zu einem großen Teil der Überzeugung, dass das, was gerade getan wird, wichtig ist und Konsequenzen hat. Die Tätigkeit selbst ist es, die diese Information liefert. Der Chirurg spürt sofort, wenn die Operation nicht gut läuft, der Fußballer verliert den Ball, wenn seine Gedanken abschweifen und er an die Anweisungen seines Trainers denkt, der Topmanager überzeugt nicht, wenn er spürt, dass er selbst nicht zu 100 Prozent hinter seinen Botschaften steht. Den eigenen inneren Maßstäben muss vertraut werden können.

**3. Handlungsmöglichkeiten und Fähigkeiten entsprechen einander.** Flow tritt ein, wenn sowohl die Handlungsanforderungen als auch das Handlungspotenzial hoch sind und beide in einem ausgewogenen Verhältnis stehen. Die Anforderungen dürfen die eigenen Fähigkeiten nicht übersteigen, dürfen aber auch nicht unterfordern und damit langweilen. Das Flow-Erlebnis als solches, die ausgeschütteten Glückshormone, werden so zum Ansporn dafür, höhere Ebenen der Komplexität zu erklimmen, ein immer größeres Geschick zu entwickeln, das Können zu steigern, um wiederum das Glück des Flows zu erleben.

**4. Die Konzentration steigt.** Konzentration führt zu Vertiefung, die nur aufrechterhalten werden kann, wenn ständig Aufmerksamkeit investiert wird. Sportler sind sich darüber im Klaren, dass schon das sekundenlange Nachlassen der Aufmerksamkeit in einem Rennen die Niederlage bedeuten kann. Der Vater, der seinem Kind nur mit halbem Ohr zuhört, untergräbt die Interaktion. Bei manchen Maltechniken, wie die der Malerin Elisabeth Mehrl oder wie in der Kalligrafie, kann ein falscher Pinselstrich das vollendete Werk mit einem Schlag zunichte machen. Im Zustand des Flows verschmelzen Handlung und Bewusstsein zu einer ungeteilten Welle der Energie. Das steigert die Konzentration weiter. Sie kann so stark werden, dass manche Menschen in einen Zustand der Ekstase geraten, während sie an ihrem Schreibtisch sitzen und ihren Geist durch eine Welt schweifen lassen, in der es nur Zahlen, Verse, Schachprobleme oder Musiknoten gibt. Außerhalb dieses begrenzten Reizfeldes wird nichts zur Kenntnis genommen.

5. Was zählt, ist die Gegenwart. Im Zustand des Flows verlangt die anstehende Aufgabe nach der ungeteilten Aufmerksamkeit. Folglich haben die Sorgen und Probleme des Alltags keine Chance, vom Geist zur Kenntnis genommen zu werden. Deshalb stellt sich ein ekstatischer Zustand ein – das Gefühl, in einer anderen Welt zu sein.

6. Die Beherrschung der Situation. Wenn Menschen ihre Flow-Erlebnisse schildern, ist gleich zu Anfang die Rede davon, dass sie ganz deutlich das Gefühl haben, die Situation zu beherrschen. Es geht nicht um die vollkommene Kontrolle über den eigenen Geist, sondern darum, dass die Dinge in einem Maß nach den eigenen Wünschen gestaltet werden können, wie das im »wirklichen« Leben nur selten der Fall ist. Die Psychologie nennt es Selbstwirksamkeitsüberzeugung: die Gewissheit, die Anforderungen zu kennen, die Fähigkeiten zu ihrer Erfüllung zu besitzen und selbst das Ergebnis kontrollieren zu können.

7. Das Zeitgefühl verändert sich. Ein typisches Kennzeichen des Flow-Erlebnisses ist die veränderte Zeiterfahrung. Die Zeit wird als rasch verfliegend wahrgenommen. Manchmal tritt aber auch genau das Gegenteil ein. Dann scheint die Zeit nicht zu schrumpfen, sondern sich eher auszudehnen. Für einen Hürdenläufer oder für den Verfasser eines im Entstehen begriffenes Gedichts können fünf Minuten wie eine Ewigkeit anmuten.

8. Das Aussetzen des Ich-Bewusstseins. In vielen Schilderungen des Flow-Erlebnisses war davon die Rede, dass

beim Eintauchen in diese Erfahrung nicht nur die eigenen Probleme und das eigene Umfeld vergessen wurden, sondern auch das eigene Selbst, als hätte die Selbstwahrnehmung zeitweise ausgesetzt. Auch das ist ein Ergebnis der intensiven Zentrierung der Aufmerksamkeit, die alles, was nicht in unmittelbarem Zusammenhang mit der anstehenden Aufgabe steht, aus dem Bewusstsein vertreibt. Während das Selbst für die Dauer des Flow-Erlebnisses vergessen wird, kehrt das Selbstwertgefühl im Anschluss an diese Erfahrung stärker als zuvor wieder. Schon vor einem halben Jahrhundert schrieb der österreichische Psychiater Viktor Frankl (1905–1997), dass wir Glück nicht dadurch erreichen können, dass wir uns wünschen, glücklich zu sein. Glück müsse sich vielmehr als nicht intendierte Konsequenz aus der Arbeit auf ein Ziel hin einstellen, das größer ist als der Mensch selbst.[47]

Künstlerische Erfüllung zu spüren, das ist Flow für die Geigerin Anne-Sophie Mutter: »Also, glücklicher bin ich, wenn ich im Konzert fliegen kann und hinterher den Eindruck habe, ich konnte alle Ressourcen ausschöpfen, ich habe das Beste aus mir herausgeholt, und nicht nur das: Es war auch das Beste da!«[48]

## SELBSTBESTIMMUNG IST WICHTIG, BELOHNUNG SCHÄDLICH

Flow, Selbstvergessenheit, im Tun aufgehen, Hingabe – das sind Begriffe zur Umschreibung eines intensiven Glücksempfindens. Nicht alle Menschen mit großen Karrieren kennen den Flow-Zustand. Flow ist nicht zwingend für die Entwicklung von Können, er kann hinzutreten oder auch nicht. Die

Menschen, denen es gegeben ist, sich in Flow versenken zu können, fühlen sich reichlich belohnt.

Kinder kennen diese Selbstvergessenheit sehr genau, wenn sie die ersten Schneeflocken beobachten, ein Puzzle lösen, verzückt eine Hexengeschichte erfinden und ausschmücken und erzählen, sich wieder und wieder in eine Rutsche fallen lassen, eine Sandburg bauen, ein Bild malen.

Menschen sind nicht versessen auf sofortige Belohnungen, vielmehr ist die Entwicklung des Könnens ein komplexer Schöpfungsakt des Selbst. Er gilt der Selbstbestimmung und birgt als solcher Belohnungen in sich. Flow bedeutet, Herausforderungen anzunehmen und Fähigkeiten zu entwickeln. Flow trägt zur Entwicklung von Können und zum persönlichen Wachstum bei.

Forscherinnen wie Teresa M. Amabile von der Harvard Business School und Forscher wie Edward L. Deci, Felix Warneken und Mark Lepper von der Universität Stanford haben in mehr als 100 Studien gezeigt, dass Belohnung die Hingabe schwächen kann. Um eine Fähigkeit zu erlernen, ist die Selbstbestimmung ausschlaggebend. Das gilt für spielende Kinder wie für Künstlerinnen und Sportler, für jede Person, die eine Berufung in sich spürt und diese entfalten will. Carol Dweck hat mit ihren bahnbrechenden Studien über die Bedeutung von Signalen für die Motivation gezeigt, dass alles, was der Selbstbestimmung im Weg steht, als demotivierend erlebt wird.

Auch Lob kann der Selbstbestimmung im Weg stehen – und zwar dann, wenn nicht der Einsatz und die Bemühung, sondern Eigenschaften wie Talent gelobt werden.[49] Lob ist dann wirksam, wenn es sparsam verteilt und beschreibend formuliert wird.[50] Wenn die Intelligenz gelobt wird, dann fallen die Leistungen umgehend ab, wenn der Einsatz gelobt wird, steigen sie. Die Erfahrungen mit »Wunderkindern« zeigen, dass durch Lob von Ergebnissen und von Eigenschaften nur die Gefallsucht der Kinder stimuliert wird, nicht der Wille zu üben. Die Forschungen des Neurowissenschaftlers Emrah Düzel zeigen, dass Loben wichtig ist für das Erlernen von Neuem, weil so im Gehirn das Belohnungszentrum angeregt wird, Dopamin auszuschütten. Aber es muss sparsam verteilt werden, weil Kinder nur dann unabhängig von der »Droge Lob« werden. Diese Unabhängigkeit wiederum brauchen sie, um eine sofortige Belohnung ablehnen zu können, in der Erwartung, später eine umso bessere zu bekommen.[51]

Der Psychologe Hans Mogel von der Universität Passau erforscht das Phänomen der Geborgenheit. Auch er ist der Meinung, dass es ungemein wichtig ist, Kinder ihrer Versunkenheit zu überlassen, und begründet dies so: »Vielleicht ist das Spiel überhaupt eine Lebensform, die dazu beiträgt, nicht nur etwas zu lernen, sondern sich auch in sich selbst geborgen zu fühlen.«[52] Spielen ist nur möglich, wenn Menschen Geborgenheit empfinden. Eine Störung des zweckfreien Spiels setzt eine andere Dynamik in Gang, nämlich die, sich an äußeren Belohnungen zu orientieren und diese dann zu erwarten oder einzufordern. Wenn selbstvergessenes Spiel durch Bewertungen gestört wird, dann verliert sich das Gefühl der Versunkenheit, das zweckfreies Spiel ja gerade voraussetzt. Zugleich geht damit die intrinsische Motivation verloren. Selbstvergessenheit und Geborgenheit, zwei kostbare Güter und Begleiter auf dem Weg zur großen Karriere…

Der kanadische Forscher Robert Vallerand beschäftigt sich mit der intrinsischen und extrinsischen Motivation. Seine Forschungsergebnisse zeigen: »Offensichtlich sind es zwei grundlegend unterschiedliche Arten von Leidenschaft, die einen Menschen antreiben können.« Die eine nennt Vallerand harmonische Leidenschaft, die andere obsessive Leidenschaft. »Jene Kinder, die sich ohne äußeren Zwang in den Klang ihrer Musik verliebten, entwickelten durchgehend eine harmonische Leidenschaft. Übten sie jedoch, weil sie in erster Linie dem Druck oder den Erwartungen ihrer Eltern nachgaben, wurde ihre Passion obsessiv.« Es ist die harmonische Leidenschaft, die mit einer Reihe positiver Effekte einhergeht – kurzfristig und langfristig. »Sie verschafft uns Flow-Gefühle, lässt uns Rückschläge besser verkraften. Am Arbeitsplatz treibt sie uns zu Höchstleistungen, ohne uns auf Dauer auszulaugen. Anders gesagt: Wer für seinen Beruf eine harmonische Leidenschaft entwickelt, kann bei der Arbeit tatsächlich brennen, ohne auszubrennen. Der innere Zwang richtet sich gegen uns selbst, gegen unser Wohlbefinden, oft auch gegen unsere Gesundheit. Eine obsessive Leidenschaft macht uns auf lange Sicht nicht glücklich.«[53]

Der Wunsch zu gefallen hält die Motivation während der Kindheit aufrecht. Aber wenn sie älter werden, verlieren Kinder, die auf diese Motivation fixiert bleiben, die Freude am Tun und malen beispielsweise ihre Bilder doppelt so schnell, als wenn sie keinerlei Belohnung zu erwarten hätten. Menschen müssen eine eigenständige Motivation entwickeln, um obsessive Leidenschaft zu vermeiden und um ihr Streben nach Vollkommenheit fortzusetzen. Sie brauchen eine Motivation, die ohne äußere Einflüsse wirkt.

Für Eltern und Lehrer ist es optimal, wenn sie den Einsatz und die Fortschritte herausstellen. Das reicht. Eine Bestätigung, die den Einsatz hervorhebt, wirkt deshalb so stark, weil sie die tatsächliche Lernerfahrung beschreibt. Wenn dagegen das Talent belohnt wird, verwandelt sich die Unbekümmertheit in den Wunsch, die Erwartungen der Erwachsenen zu erfüllen. Ab sofort werden Kinder von ihrem Gefühl der Freude am Tun abgeschnitten und richten ihre Wünsche auf die Belohnung, nicht auf das Tun. Das verhindert jede spontane Kreativität. Später, als Erwachsene, spüren sie, dass in ihnen dieses Talent schlummert, und sie wollen es hervorholen. Es kann wieder geweckt werden – wenn sie sich spielerisch nähern und mit ihrer ursprünglichen Spielfreude wieder in Kontakt kommen. Können kann sich steigern, wenn die Menschen frei sind von der Abhängigkeit äußerer Belohnungen. Bereits die Aussicht auf einen lukrativen Plattenvertrag bremst die Kreativität und Schaffensfreude. Ein Kind für eine Tätigkeit zu belohnen, die es von sich aus gerne ausführt, wie ein Puzzlespiel, hemmt umgehend die Freude daran. Äußere Belohnungen tangieren das Gefühl der Selbstbestimmung und schwächen die Eigenmotivation. Menschen mit gelungenen Karrieren zeichnen sich durch Selbstgewissheit aus. Sie sind sich des eigenen Könnens bewusst und fühlen sich selbstbestimmt, weil sie ihr Können aus eigenem Antrieb erworben haben.

Was jemand aus eigenem Antrieb gerne tut, braucht keine Belohnung. Menschen wollen nicht belohnt, sondern gesehen und gewürdigt werden. Die Leidenschaft und die Freude am Lernen führen zu großen Karrieren. Die Entwicklung großen Könnens erfordert eine ganz besondere Stimmung und Umgebung. Wenig Lob, wenig Kritik, stattdessen Anleitungen zum Besserwerden, das fördert Talente. Die unterschwellige Botschaft, die so vermittelt wird, lautet: »Du bist noch nicht angekommen. Streng dich mehr an.«

Daniel Coyle hat die bedeutendsten Talentschmieden für den Nachwuchs im Tennis, im Golfsport und in der Musik auf der ganzen Welt besichtigt und kommt zu dem Fazit: »Würde man sämtliche der Trainings- und Unterrichtseinrichtungen dieser Talentschmieden zusammentragen, dann wäre das Resultat eine Barackensiedlung. Die Gebäude sind improvisierte Wellblechhütten, die Farbe blättert ab, die Rasenflächen sind kahl und ungepflegt.«[54] Die ersten Malerateliers von Künstlern mit Weltruhm haben auch nicht anders ausgesehen als improvisierte Bruchbuden. Natürlich vermitteln Eliteuniversitäten nicht den Charme einer Barackensiedlung, aber sehr schnell wird den Studentinnen und Studenten klargemacht: »Du bist noch nicht angekommen. Streng dich mehr an.«

Harte Prüfungen, ein unablässiger Strom von Anforderungen, ständig wiederkehrende Bewertungen, die Unmöglichkeit, sich auf früheren Ergebnissen auszuruhen, und die exklusiven Gelegenheiten, von den Besten des Fachs zu lernen – all dies ersetzt die Wellblechhütten-Atmosphäre kongenial.

## HANDELN IST WICHTIGER ALS PLANEN

»Mein Haus ist ziemlich schön, wissen Sie. Erstklassige Lage am Hang mit Blick über Salt Lake City und die Berge; ich habe einen Swimmingpool, eine großartige Frau, tolle Kinder, ein schickes Auto. Fühlt sich alles toll an. Aber wirklich glücklich, von Augenblick zu Augenblick, macht mich eher meine Arbeit. Neue Probleme zu lösen, neue Projekte auf die Beine zu stellen.« So freimütig äußert sich Ed Diener von der Universität Illinois, der wie kein anderer Psychologe auf der Welt das menschliche Wohlbefinden erforscht hat.[55]

Menschen mit großen Karrieren wollen arbeiten, es ist für sie das höchste Glück, sich zu vervollkommnen, sie drängen zur Vollendung. Sie setzen alles daran, ihren Beruf auszuüben, auch dann, wenn sie es nicht (mehr) nötig haben, weil ihre materielle Existenz gesichert ist. Es ist ein inneres Sehnen, die geliebte Tätigkeit ausüben zu wollen. Ihre Belohnung ist die Vervollkommnung ihres Könnens, sind nicht Ergebnisse wie Status, Reputation oder Geld. Auf intrinsische Motivation können Vorgesetzte immer vertrauen, diese Anstrengung ist es, die ein Unternehmen bewegt, *sie* muss gesehen und verstärkt werden.

Die Tätigkeit, in der sich das Können zur Vollkommenheit entfalten kann, ist der unvermeidliche, unumgängliche Faktor.

Reflektieren, Analysieren, Vorausdenken, Fühlen, Begeisterung und selbst Leiden an einer Sache reichen nicht. In den letzten Jahrzehnten war in der Managementliteratur häufig die Rede von der Wichtigkeit der Vision, belegt mit dem ständig zitierten Spruch von Antoine de St. Exupéry: »Wenn Du ein Schiff bauen willst, so trommle nicht Männer zusammen, um Holz zu beschaffen, Werkzeuge vorzubereiten, Aufgaben zu vergeben und die Arbeit einzuteilen, sondern lehre die Männer die Sehnsucht nach dem weiten endlosen Meer.« Träumen oder Planen ersetzt keine Plackerei und steigert auch nicht Tag für Tag die Qualität der Arbeit und ihrer Ergebnisse.

- Auch ohne Leidenschaft für das Meer wurden großartige Schiffe gebaut, weil die Schiffbauer vom Handwerk oder von der Technik des Schiffsbaus fasziniert waren. Manche von ihnen wollten nicht einmal Schiffsreisen unternehmen.
- Haute-Couture-Näherinnen haben vielleicht noch nie einen Ballsaal von innen gesehen, aber sie erschaffen die perfekte Robe, weil sie Meisterinnen im Sticken sind und jeder Handgriff sie zur Weiterentwicklung ihres Könnens animiert.
- Topmanagement-Coaches sind bei den schwierigen Verhandlungen ihrer Klienten nicht dabei, wollen diese auch nicht führen, aber sie wissen und können vermitteln, was Menschen dazu befähigt, Einfluss auszuüben.

Heute vertrauen Unternehmen allzu oft darauf, dass der Glaube in Form von guten Strategien, guter Planung, emotionalisierten Visionen, großem Nachdruck und vorgezeigter Begeisterung allein schon Berge versetzt. Der unbedingte Wille wird für die Tat genommen, und die verantwortlichen Topmanager wundern sich dann, wenn die Ergebnisse hinter ihren Erwartungen zurückbleiben. In der Arbeit, in der Anstrengung, in der Disziplin, im täglichen Üben, Analysieren und Korrigieren äußert sich die Ambition, die perfektes Können erzeugt. Hier liegt der Ursprung des Gelingens großer Projekte. Nur wenn die Verknüpfung von Vision und Glaube auf der einen Seite mit harter Arbeit und konsequentem Streben nach Verbesserung auf der anderen Seite gelingt, sind große Karrieren und unternehmerische Errfolge möglich.

## DAS BRINGT SIE JETZT WEITER:

## MACHEN SIE DEN WEG FREI FÜR IHR STREBEN NACH HÖCHSTEM KÖNNEN

Sie kennen das: Vor lauter Pflichten kommen Sie nicht zum Üben, zum Trainieren. Die Basis Ihrer Bemühungen ist: Erkennen Sie Ihr inneres Anliegen, lassen Sie dem autonomen Willen Ihrer Ambition freien Lauf.

1. Hören Sie auf Ihre Ambition. Manchmal ist das nicht »schmerzfrei« oder unkompliziert. Hören Sie auf Ihre Intuition. Erkunden Sie Ihre Lust am Üben und lernen Sie auch Ihre Widerstände kennen.

2. Bemühen Sie sich um eine Haltung, die
   - Ihre berufliche Gegenwart reflektiert,
   - Ihr Lernen reflektiert (Wozu führt mich das? Wohin möchte ich? Lerne ich gern? Wann erlebe ich Flow?),
   - offen und neugierig ist,
   - Fehler und Irrtümer begrüßt.

3. Rufen Sie sich Ihr inneres Anliegen ins Gedächtnis. Korrigieren Sie Ihre Definition nochmals, nachdem Sie genau analysiert haben, zu welchen Lernerfahrungen Sie sich immer wieder hingezogen fühlen.

   Hatten Sie Ihr inneres Anliegen etwa dergestalt definiert, dass Sie Menschen für Politik begeistern und zur Beteiligung in der Politik bringen möchten, aber zieht es Sie immer wieder zu wissenschaftlichen Werken, Ideen, Diskussionen über Politik mit Experten und ist dies das Feld, in dem Sie leidenschaftlich lernen, dann müssen Sie Ihr inneres Anliegen noch exakter definieren. Dann ist es nicht die Begeisterung, die Aufklärung, die Vermittlung politischer Inhalte, die Ihr inneres Anliegen ist, sondern eher die Vertiefung politischen Wissens.

4. Belohnen Sie sich selbst nicht für Erfolge, sondern für Anstrengungen, Ihren Durchhaltewillen, für Ihr Vermögen, Frustrationen und Misserfolge auszuhalten.

5. Wenn Sie auf diese Weise Ihr Lernfeld nochmals exakter definiert haben, übereinstimmend mit Ihrem inneren Anliegen, Ihren Flow-Erlebnissen der Vergangenheit, Ihren gelebten Interessen, dann
   - räumen Sie Lernhindernisse aus dem Weg;
   - geben Sie sich jeden Tag genügend Zeit zu lernen;
   - üben Sie;
   - wiederholen Sie sehr oft alle Übungen, alle Lernerfahrungen, bis Sie zufrieden sind; und darüber hinaus
   - bilden Sie Lernpartnerschaften (Von wem möchten Sie lernen? Suchen Sie vor allem kritische Zeitgenossen);
   - hinterfragen Sie Ihre derzeitige berufliche Rolle (Möchten Sie darin Meisterschaft erreichen? Dient Ihnen Ihre derzeitige Tätigkeit als wichtiges Lernfeld für andere Tätigkeiten?);
   - beantworten Sie die Frage, welche drei Fähigkeiten Sie in Zukunft weit besser beherrschen möchten;
   - fangen Sie, wenn Sie schon ein anerkannter Könner sind, noch einmal ganz neu an zu lernen.

# 4. DIE PSYCHE STABILISIEREN

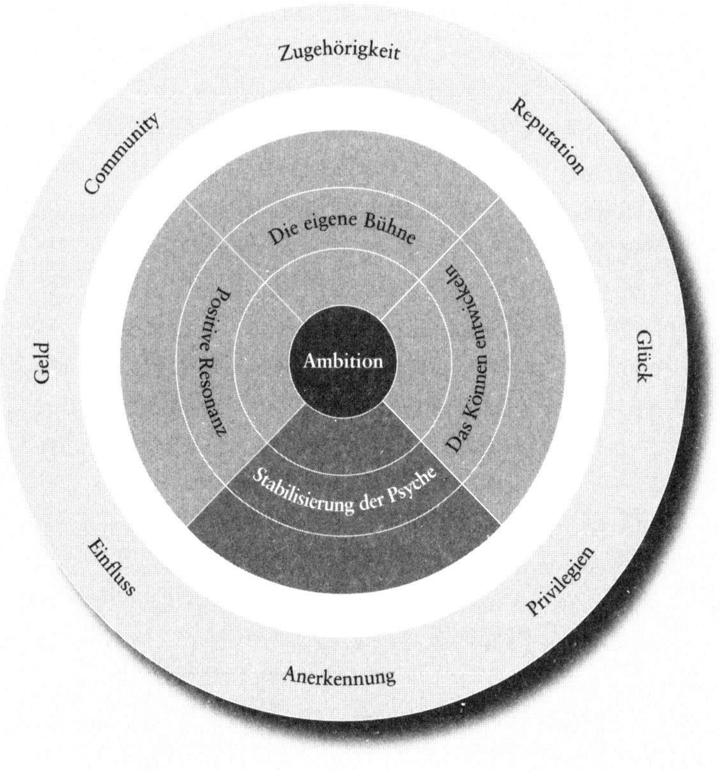

## DIE SEELE MUSS DEN ERFOLG BEWÄLTIGEN

Auf dem Weg zu Erfolg und Anerkennung gibt es viele fördernde und noch viel mehr hinderliche Faktoren, und letztere liegen in ihrer Mehrzahl in der Person selbst, nicht in ihrem äußeren Umfeld. Der Mensch empfindet es nicht als natürlich, herausragend oder großartig zu sein. Manche Menschen wünschen sich sehnlichst, erfolgreich zu sein, aber ihr Erfolg macht sie nicht glücklich, sondern ängstlich, einsam, zweiflerisch, orientierungslos. Erfolgreich, geschätzt, berühmt, reich und glücklich zu sein – das muss die Seele stemmen, das Ego muss zunächst hineinwachsen.

Sich die große Bühne zu wünschen ist einfach. Aber dort oben zu stehen und genau in diesem Augenblick der Mittelpunkt der Welt zu sein, von tausend Augenpaaren, von den Eltern, den Geschwistern mit gespannter Erwartung angeschaut zu werden, in der Stille die sprichwörtliche Stecknadel zu Boden fallen zu hören – das kann zugleich der Augenblick des Versagens sein. Wie viel einfacher ist es doch, vom Ruhm zu träumen! Dann kann das Unterbewusstsein in Ruhe alles so organisieren, dass solche Situationen höchster Anspannung niemals eintreten. Plötzlich erscheint der ganze Starkult doch nicht mehr so attraktiv, findet man sich selbst, bei Licht betrachtet, eher mittelmäßig und fürchtet, an den »wirklichen« Stars gemessen zu werden. Und all der Neid – den möchte niemand auf sich ziehen! Manchmal, kurz vor dem Durchbruch, kommt eine Krankheit, eine Neurose, eine schwierige Partnerwahl dazwischen, anscheinend rein zufällig. Das Unbewusste kennt alle Schleichwege, um die große Ambition auszubremsen, die große Karriere zu verzögern oder gar zu verhindern.

Warum wehrt sich das Unbewusste gegen Erfolg und Anerkennung? Das Unbewusste ist die nützliche Instanz der Seele, die Schmerz verhindern und verdrängen kann. Doch große Erfolgserlebnisse lösen Gefühle aus, die an großen Schmerz rühren – so wie etwa eine mit viel Mühe, Beharrlichkeit und Selbstüberwindung erarbeitete Familienversöhnung Tränen in die Augen treibt. Wenn sich die Sehnsucht nach Harmonie und Angenommensein plötzlich erfüllt, ruft dies machtvolle, zuweilen unkontrollierbare Gefühle hervor. Das plötzliche, erlösende Erkennen des erwachsenen Menschen, dass er für viele andere Menschen bedeutsam und wertvoll ist, beschwört doch zugleich die verzweifelte Furcht des kleinen Kindes herauf, es könne zu nichts nutze sein. Die Dynamik seiner Psyche sagte dem Kind damals, es dürfe den Schmerz nicht empfinden, weil dieser es sonst überwältigen würde. Sein Unbewusstes sorgte für Schutz und verdrängte das Trauma. In späteren Situationen, die Großes verheißen, ist der erwachsene Mensch gerührt, empfänglich, stärker und deshalb offener für große Gefühle. Wenn dann der berufliche Durchbruch, die Anerkennung, das Angenommensein plötzlich Realität werden – das also, was sich das kleine Kind damals so sehr ersehnt hatte und doch nicht bekam –, dann vollzieht sich gleichsam ein Kurzschluss, und der Schmerz droht, übermächtig zurückzukommen. Das Unbewusste ersinnt Strategien, um solche schmerzlichen Kurzschlüsse zu verhindern.

Als Coaches sehr erfolgreicher Persönlichkeiten, die an der Schwelle zu Weltruhm, großer Macht oder letzter persönlicher Erfüllung in ihrem Lebenswerk stehen, wissen wir, wie viele solcher inneren Blockaden zu überwinden sind. Das Unbewusste macht sich als innere Stimme bemerkbar: »Du hast doch schon so viel erreicht, sei nicht unbescheiden. Was willst du denn noch?« Die meisten hinderlichen Faktoren liegen im Menschen selbst. Demgegenüber neigen Menschen dazu zu glauben, dass sie von äußeren Umständen daran gehindert wurden, sich voll zu entfalten und die eigene Ambition auszuleben. Sie tragen Erklärungen wie die folgenden vor:

- Ich mache als Künstler keine Karriere, weil niemand mich entdeckt.
- Ich werde niemals Topmanagerin, weil das Unternehmen so männlich geprägt ist.
- Mir fehlt nur noch der glückliche Zufall, dann werde ich berühmt.
- Ich bin vom Verletzungspech verfolgt.
- An der Spitze ist man einsam – das will ich nicht sein.
- Hier sind Sozialwissenschaftler überhaupt nicht anerkannt.
- Gegen mich hat es eine böse Intrige gegeben.

Diese Annahmen sind verführerisch, weil sie oft mit beobachtbaren Tatsachen korrespondieren. Hindernisse sind immer da. Sie wirken sich dann fatal aus, wenn sie Aufmerksamkeit erhalten, denn Aufmerksamkeit ist die beste Nahrung für Widerstände. Äußere Hindernisse sind jedoch nicht relevant. Menschen, die sich dennoch auf sie konzentrieren, machen keine Karriere. Innere Widerstände können durch Beratung, Therapie, Reflexion und Lernen überwunden werden. Demgegenüber gilt es, äußere Hindernisse nicht wichtig zu nehmen und stattdessen weiter nach der großen Karriere zu streben, sich Verbündete zu suchen, sich der eigenen Ambition zu widmen. Wenn wir unseren Klienten das Wissen mitgeben, wie sie ihre einzigartige persönliche Ambition entwickeln und nutzen können, dann realisieren sie große Schritte, unabhängig von den äußeren Hindernissen. Wenn die Blockaden für Karriere und Erfüllung nicht außen, sondern in erster Linie im Menschen selbst liegen, was zumeist der Fall ist, dann kann er selbst Regie führen.

Die bewusste Eigenregie und die Herbeiführung des Erfolgs in vielen kleinenSchritten so lange, bis er tatsächlich eintritt, verlangen der menschlichen Psyche eine große Leistung ab. Es ist nicht einfach herauszuragen. Sofort stellen sich Ängste ein:

- Angst vor dem Neid der anderen,
- Angst vor Isolation,
- Angt vor dem Verlust von Zugehörigkeit und Geborgenheit,
- Angst vor dem Verlust echter Freunde,
- Angst vor Getuschel hinter dem eigenen Rücken,
- Angst vor Entlarvung als Hochstapler (»Vielleicht bin ich doch nicht so gut«),
- Angst davor, dass alles »noch viel schlimmer« enden könnte (wenn der Ruhm größer wird).

Solche Ängste schaffen starke innere Widerstände gegen die eigene große Karriere. Sie äußern sich zum Beispiel, wenn Topmanager gerne und oft das Wort »Demut« benutzen. Die verborgene Botschaft lautet in diesem Fall: Habt keine Angst vor mir, nehmt mich in eure Runde auf. Oder wenn sehr erfolgreiche und berühmte Persönlichkeiten ihre große Karriere dem Zufall zuschreiben: Begegnungen und Anrufe aus heiterem Himmel; das Glück, zur rechten Zeit am rechten Ort gewesen zu sein; ein Chef, der sie »einfach« mitgezogen hat, als er befördert wurde.

Derartige Deutungen täuschen. In Wirklichkeit sind sie Ausdruck innerer Widerstände. Wenn die Psyche noch nicht reif genug ist, um den Erfolg zu verkraften, dann muss der Zufall als ursächlicher Faktor herhalten.

**Der heute weltberühmte Romancier** begegnete tatsächlich als junger Journalist zufällig dem mächtigen Verleger, der sich seines Erstlingswerks annahm. Aber was musste vor dieser Begegnung alles geschehen, damit diese »zufällige« Begegnung Früchte trug? Wie musste der junge Mann über sich und sein Anliegen sprechen, um den Verleger zu beeindrucken? Welche Worte benutzte er? Wie war sein Tonfall? War Begeisterung zu spüren? Energie? Strahlte er Leidenschaft und Selbstsicherheit aus? Was wurde dem erfahrenen Verleger plötzlich deutlich? Und worin erkannte er die Bedeutung dessen, was er sah? Wie hielt der Autor nach der Begegnung den Kontakt, löste die Verheißung ein? Wie gelang es ihm, immer wieder neu die Aufmerksamkeit für sein Anliegen zu gewinnen? Schließlich geschieht es jeden Tag Tausende Male, dass ein junges Talent einem potenziellen Förderer begegnet und dass beide achtlos aneinander vorübergehen.

## DIE PSYCHE IST AUF EINE GROSSE KARRIERE NICHT VORBEREITET

Große Karrieren erfordern eine außergewöhnliche psychische Stärke, sowohl für ihren Aufbau als auch zu ihrer Fortsetzung. Können allein genügt nicht. Deshalb führt nur bei solchen Menschen großes Können zu einer großen Karriere, die auch an ihrer seelischen Entwicklung arbeiten.

Die Bedeutung psychischer Prozesse für den Aufstieg und den Niedergang von Persönlichkeiten ist fundamental. Zunächst gilt es, die inneren und äußeren Widerstände gegen die Herausforderungen einer großen Karriere zu überwinden. Dazu muss sich das Ego entwickeln, müssen Selbstgewissheit entstehen und Erfolgsgefühle erlebt werden. Wer jedoch eine große Karriere nicht nur begründen, sondern auch dauerhaft fortführen will, der muss auch dafür sorgen, dass er sein Ego dauerhaft kontrolliert. Dies wiederum erfordert Rollenflexibilität.

Größenfantasien sind notwendig, um innere und äußere Hindernisse zu überwinden. Andererseits darf das Bedürfnis, stets im Mittelpunkt allen Handelns und Geschehens zu stehen, nicht das ganze Leben bestimmen. Wenn das Selbstwertgefühl vom beruflichen Erfolg abhängig ist, ist auch dies eine große psychische Hürde. Der Lebenssinn wird dann nicht darin gesehen, das eigene Talent zu entfalten, sondern alle Anstrengungen richten sich auf die Suche nach beruflichem Erfolg, Status und die Anhäufung von Geld. Dadurch jedoch entsteht eine Dynamik, die einer großen Karriere hinderlich ist.

Die menschliche Psyche ist für ein durchschnittliches Leben ausgestattet. Ihre Aufgabe ist es, Retraumatisierungen zu verhindern. Das tut sie mit aller Kraft und großem Geschick. Deshalb wehren sich Menschen beharrlich gegen Veränderungen, und seien die mit ihnen verbundenen Aussichten auch noch so verlockend. Die großen Gefühle – die emotionalen Ausschläge nach unten und nach oben und auch die zeitweilige soziale oder auch emotionale Isolation, das Herausragen, die Angst davor, nicht mehr dazuzugehören – sind für die Psyche bedrohlich. Deshalb bleiben Menschen unter ihren Möglichkeiten. Nicht nur das Gehirn muss Höchstleistungen vollbringen, damit der Mensch eine Tätigkeit wirklich beherrscht, sondern auch die Psyche.

Menschen, die eine große Karriere anstreben, müssen sehr von sich überzeugt sein. Sie brauchen Durchhaltewillen, mentale Robustheit, Widerstandskraft und ein stark ausgeprägtes Ego, das ihnen hilft, auch schwierigste Situationen zu meistern und Durststrecken zu überwinden. Diese Voraussetzungen müssen gegeben sein, um überhaupt den Weg nach oben antreten zu können und die Spitze zu erreichen. Das Ego muss sich entfalten, denn es gibt keine große Karriere ohne Höhen und Tiefen. Sie sind wichtig, um die Persönlichkeit zur Reife zu bringen und um Ressourcen für noch schwierigere Zeiten zu entwickeln. Nur Menschen mit einer gefestigten Psyche können einen einmaligen Erfolg in eine nachhaltig erfolgreiche Karriere ummünzen.

## WENN DER REIFUNGSPROZESS NICHT GELINGT

Gegen diesen Reifungsprozess wehren sich Menschen, oder sie können nicht erkennen, was zur Entfaltung ihrer Talente notwendig wäre. Wie ergeht es Menschen, die ihren inneren Reifungsprozess nicht gestalten, die ihr Talent nicht ausschöpfen wollen?

Sie geraten in einen inneren Konflikt, der ungelöst bleibt und seelische Wunden schlägt, die nicht heilen. Sie wissen um ihre verlorenen Möglichkeiten, und im Alter empfinden sie ihr Leben womöglich als vergeudet, auch wenn ihr Privatleben sehr reich war. Andere reagieren destruktiv und werden eine Zumutung für sich selbst und für ihre Umgebung. Sie werden bitter, zynisch, arrogant, trinken zu viel Alkohol, nehmen Drogen, entwickeln psychosomatische Störungen, Arbeitssucht, missbrauchen ihre Privilegien, führen schlechte Ehen. Sie werden zu den sprichwörtlichen verkannten Genies, denen es nicht gelungen ist, ihre Begabung in die Welt zu bringen, und die dies ihr Leben lang anderen und der Gesellschaft zum Vorwurf machen. Sie werden depressiv, bemitleiden sich selbst, werden wütend und richten diese Wut gegen sich selbst.

Andere wiederum geben nicht auf, ordnen sich nicht ein, sondern stellen alles andere unreflektiert unter ihre Ratio. Das funktioniert allenfalls für sie selbst, für ihre Umgebung ist es Gift. Sie dienen ihrer Berufung, halten nur ihr die Treue, umgehen alle Versuchungen, alle Auseinandersetzungen, alle sozialen Verpflichtungen. Sie wissen um ihr Lebenswerk und wollen es erhalten – um jeden Preis. Dies gelingt ihnen vielleicht auch. Dieses Vorgehen wählen gerne Politiker und Politikerinnen und Menschen mit den hehrsten Zielen, die der Menschheit dienen wollen. So kommt es zu der eigentümlichen Situation, dass sie die Menschheit lieben, nur einzelne Menschen nicht. Nähe erachten sie als unnötig, Bedürfnisse anderer als störend.

Ihre Ehen und ihre engsten beruflichen Vertrauten sind konstruiert nach dem Muster: Wir gegen den Rest der Welt.

## DER WIDERSTAND GEGEN DIE GROSSE KARRIERE

Für Außenstehende ist es schockierend zu erleben, wie Menschen unbewusst gegen die großen Möglichkeiten agieren, die ihnen offenstehen.

- Da gibt es die junge, verheißungsvolle Nachwuchswissenschaftlerin, der die Welt offensteht, die es aber vorzieht, einen Job im Nirgendwo anzunehmen, der zwar Sicherheit, aber keine großen Karrierechancen bietet.
- Da gibt es den begnadeten Fußballer, für den sich mit der Berufung in die Nationalmannschaft seine sehnlichsten Träume erfüllen, der aber dann nicht die nötige Disziplin für hartes Training aufbringt und konditionell einbricht.
- Da gibt es den Topmanager, der außergewöhnliche Leistungen bewirkt, ein sehr geschätzter Vorgesetzter ist, sich aber vor anderen erfolgreichen Menschen fürchtet, nicht ungezwungen mit ihnen sprechen kann und ihre Gegenwart meidet – und nichts dagegen tut, weil er sich selbst nicht als erfolgreich und gleichwertig fühlt.

Immer wieder verkennen Menschen ihre Begabung, verharmlosen sie, banalisieren ihre Erfolge, oder sie bleiben auf halber Strecke stehen, etwa weil sie sich von einem frühen Rückschlag nicht mehr erholen und sich nicht mehr neu motivieren konnten.

Dabei sind Widerstände äußerst nützlich. Sie bieten Schutz, bewahren die Psyche vor Retraumatisierungen, der Angst zu versagen und ungenügend zu sein. Sie müssen Beachtung finden, bewusst als Widerstände wahrgenommen werden und nicht unreflektiert als Teil der Persönlichkeit: »So bin ich eben.« Niemand »ist einfach so«, sondern jeder ist fähig, sich zu verändern, zu wachsen, sich aus Verstrickungen zu lösen und Ängste und Zweifel zu überwinden. Wer das nicht sieht, der überlässt den Widerständen die Regie, mit negativen Folgen für das eigene Lebensglück.

Widerstände sind keine neurotischen Störungen oder manifeste Ängste, sondern sie treffen psychisch stabile Menschen, die in Ausnahmesituationen Ausnahmegefühle empfinden. Zu den hartnäckigsten Widerständen gehört das Wenn-dann-Denken, das sich als Umkehrung der Logik des Systems Karriere zeigt:

- Wenn ich erfolgreich bin, dann stelle ich den interessanten Galeristen in New York und Tokio meine Kunstwerke vor.
- Wenn ich erfolgreich bin, dann zeige ich allen, was in mir steckt.

Dieses magische Denken aufzulösen ist nicht durch Nachdenken möglich, sondern durch Handeln. Wenn Menschen sich von ihren Widerständen bestimmen lassen, dann geben sie ihnen große Kraft und Bedeutung und widmen ihnen ihre gesamte Aufmerksamkeit.

Wie ist das möglich, obwohl doch der Wunsch nach Selbstausdruck so groß ist? Diesem Wunsch steht die Angst gegenüber zu versagen. Diese Angst begegnet ursprünglich ambitionierten Menschen in vielfältigen Formen, sie ist äußerst gut getarnt. Als Logik, als gesunder Menschenverstand, als Krankheit, als Langeweile, als Abscheu vor den Machtspielen, an denen sie sich nicht beteiligen möchten. Dann fühlen sie sich einfach zu gut für diese Welt, ohne den ihnen zustehenden Einfluss, unverstanden, verkannt oder unentdeckt.

Die Formen der Abwehr von Versagensängsten sind schwer zu durchschauen und äußerst raffiniert. Sie rücken das eigene

Selbst in ein gutes Licht. Eine große Begabung verlangt danach, sich konsequent, ja radikal, für sie einzusetzen. Wie gierige Monster treten jedoch Versagensängste einzeln aus der Psyche heraus. Die Tarnung von Versagensängsten ist perfide – sie muss es sein, denn die Ängste wollen ja siegreich bleiben. So klingen die Versagensängste:

- Der ganze Kunstmarkt ist korrupt, deshalb erkennt niemand meine große Begabung.
- Alle Topmanager sind gierige Egomanen, und zu denen will ich wirklich nicht gehören.
- Ich habe eben nicht die richtigen Kontakte, doch herstellen will ich sie nicht, denn meine gute Arbeit soll für sich sprechen.

Und dies sind verkleidete Ausdrücke von Versagensängsten:

- »Eines-Tages-werde-ich-entdeckt«-Fantasien,
- »Meine-Arbeit-soll-für-sich-sprechen«-Anrufungen,
- »Wenn-ich-nur-den-richtigen Galeristen, HR-Verantwortlichen, Manager-hätte«-Gebete,
- »Dann-ja-dann-wäre-ich-endlich-erfolgreich«-Verheißungen.

Versagensängste sollen die Angst davor verschleiern, dass das eigene Werk und damit die eigene Person der Bewertung der Welt nicht standhalten könnte. Die Fantasie sucht sich eine objektive Instanz, die zum Schuldigen erklärt werden kann, wenn der Durchbruch ausbleibt. Oder die Größe des eigenen Werks soll ganz ohne Zutun der eigenen Person von anderen entdeckt werden. Die Arbeit, das Werk soll für sich sprechen, das ist der große Wunschtraum von Menschen mit Versagensängsten.

Versagensängste werden nicht als dramatische Angststörung erlebt, sondern sind eine ständige Begleitmelodie im Leben. Wir sprechen hier von Menschen, die das Zeug zu einer großen Karriere haben, die auch bewiesen haben, welche Fähigkeiten und Talente sie besitzen, die aber die wichtigsten Schritte nicht entschieden genug unternehmen.

Zu den größten Mythen gehört es, es allein schaffen zu können: »Ich will mich nicht verkaufen.« Was verbirgt sich hinter dieser Aussage? Was soll nicht verkauft werden – also nicht aufgegeben? Menschen fürchten, die Qualität ihrer Arbeit, ihrer Werke sei allzu fragil, keine Konstante. Sie fragen sich: Hält alles der Realität stand? Spricht das Werk vielleicht nicht für sich? Ist es deshalb schlecht? Ungenügend? Kann ich mit Absagen umgehen und aus ihnen lernen, oder werfen sie mich nachhaltig zurück?

Größe kann nicht ohne Größenfantasien entstehen, aber auch nicht ohne Selbstzweifel. Beide müssen jedoch in einem austarierten Verhältnis zueinander stehen. Wenn die Selbstzweifel überhandnehmen, dann drückt sich dies in Aussagen wie den folgenden aus:

- Niemand erkennt meine Begabung.
- Banalisieren, das kann doch jeder.
- Ich bin zu gut für diese Welt – Mittelmaß setzt sich durch.
- Das Lob ist nun wirklich übertrieben, so gut bin ich nun auch nicht.
- Ich will mich nicht verändern.
- In der Provinz gibt es nicht so viel Unterstützung.
- Ich bin viel zu bescheiden für diese Welt.
- Bin ich wirklich gut genug?
- Ich muss zunächst noch eine Ausbildung machen.
- Für Männer: Ich darf nicht erfolgreicher als mein Vater sein.
- Für Frauen: Ich darf nicht erfolgreicher als mein Mann sein, oder: Jetzt gehen die Kindererziehung und die Familie vor.
- Für Topmanagerinnen und Topmanager: Ich muss einfach noch viel länger und härter arbeiten.

## ZUFRIEDENHEITSFALLEN UND PSEUDOERFOLGE

Zufriedenheit gehört zu den raffinierten Formen des Widerstands gegen große Karrieren und große Gefühle. Talentierte Menschen sind darin gefangen wie in einer Falle, weil sie nicht mehr ihren inneren Antrieb spüren, nicht mehr ihrem autonomen Willen folgen. Zufriedenheit lässt keine Entwicklung mehr zu und löst keine Wachstumsimpulse aus, weil sie als behaglich erlebt wird.

Wenn junge Frauen und Männer sehr früh in einem saturierten Umfeld erfolgreich sind, dann signalisiert ihnen ihr Gehirn: »Angekommen! Angekommen! Geschafft. Ziel erreicht!« Ab jetzt wird alles darangesetzt, das Erreichte abzusichern. Dieser Prozess verläuft schleichend. Im Extremfall macht er aus erstklassigen Absolventinnen und Absolventen, die anfangs noch eigene Ziele verfolgt haben und bereit waren, die ungewöhnlichsten, anspruchsvollsten Aufgaben zu übernehmen, angepasste Jasager, die um jeden Preis ihre Besitzstände hüten und jede Veränderung als unverhältnismäßiges Wagnis betrachten.

So geht es vielen einstmals hochambitionierten Menschen, die ganz besonders in großen Organisationen (beispielsweise in großen Beratungsgesellschaften oder Anwaltskanzleien) weit unterhalb ihres Könnens arbeiten. Ihre Aufgaben sind oftmals zur bloßen Routine geworden und verschaffen ihnen keine innere Befriedigung mehr. Aber die Umgebung, das Prestige und das Gehalt sind zufriedenstellend: Die Bonuszahlungen fallen von Jahr zu Jahr höher aus, an vielen Orten der Welt stehen kostenlose firmeninterne Weiterbildungen offen, die Geschäftsreisen sind mit immer größeren Annehmlichkeiten verbunden.

Die Langeweile nimmt überhand, wird aber durch lange Anwesenheit und geschickte Demonstration der eigenen Bedeutung überspielt. Die harten Bedingungen, der ständige Druck und die langen Arbeitszeiten finden keine Entsprechung in der Bedeutung der Aufgabe, deshalb werden Herausforderungen oder Ablenkungen woanders gesucht: im Marathonlauf, im Golfhandikap, in Weinseminaren, in »lustigen« Szenen bei der Arbeit, nächtelangen Telefonkonferenzen oder stundenlangen Telefongesprächen, um ein Upgrade bei einem Flug zu erreichen.

So wird eine Wichtigkeit suggeriert, die die einzelne Person nicht hat, und die »Boreout«-Falle schnappt langsam zu. Es gibt keinerlei Möglichkeit des Vergleichs mit anderen Menschen außerhalb der eigenen Sphäre und damit keine Sicherheit bezüglich des eigenen Könnens. Nur eines scheint sicher zu sein: Das eigene Unternehmen, und damit die eigene Person, ist Weltklasse und lässt sich nur mit den Besten der Zunft vergleichen.

Es entwickelt sich das Gefühl großer Bedeutung, und wenn eine neue Position in einem anderen Unternehmen gesucht wird, muss diese absolut hochkarätig sein. Partner von Beratungsgesellschaften beispielsweise stellen sich nicht selten vor, sie wären dazu geboren, einen der Vorstandssitze dieser Welt einzunehmen. So entwickelt sich ein Gefühl des Stolzes, der dann, wenn seine reale Grundlage ungeprüft bleibt, zu einem »anmaßenden« Stolz wird.

Die Psychologen Jessica Tracy und David Matsumoto von der University of British Columbia in Vancouver haben untersucht, welche Funktion Stolz hat und wie sich dieses Gefühl auswirkt. »Stolz ist das stärkste Statussymbol, das wir kennen«, sagt Tracy. »Wer Stolz auf seine Leistung zeigt, den empfinden andere als sozial höher gestellt – und sie mögen ihn dafür. Gleichzeitig fühlt sich die stolze Person zu weiteren Leistungen motiviert.« Studien zufolge sind Menschen, die Stolz auf die eigene Leistung empfinden (Tracy spricht hier vom »authentischen« Stolz), angenehme Zeitgenossen: zuvorkommend, emotional stabil, gut eingebunden in Freundeskreis, Partnerschaft und Familie.[56]

Wenn sich Menschen nicht bemühen, die Aufmerksamkeit zielgerichtet auf die eigene Ambition zu lenken, wenn der Sinn fehlt, das innere Wachstum, wenn es keinen Stolz auf die eigenen Ergebnisse geben kann, dann entwickelt sich der Stolz ungehindert in die falsche Richtung: Stolz auf Statussymbole, auf Insignien der Macht, die Höhe des Gehalts, das teure Auto. Wenn eine solche Geisteshaltung, die von anderen als Arroganz, Eitelkeit und Pseudo-Erfolgsbewusstsein wahrgenommen wird, im Vordergrund steht, kann sich keine Kreativität mehr entfalten. An die Stelle von Reflexion tritt Corpsgeist, ein übersteigertes Wir-Gefühl. Die Mitglieder des eingeschworenen Kreises müssen sich gegenseitig ihrer Bedeutung vergewissern, bleiben deshalb lieber unter sich und nach außen hin namenlos, abgrenzend und ausgrenzend. Im Grenzfall findet nur noch das interne Referenzsystem Beachtung.

Das ist keine gute Umgebung für Eigenwillen, Eigenständigkeit und die Herausbildung eines persönlichen Wertesystems. In einem solchen Klima verblasst die Erinnerung an die eigenen Ziele, den Erfolgshunger, die eigene Ambition.

Die begabte Juristin erlebt es zwar selbst noch als Vergeudung ihres Talents, wenn sie sich über Wochen damit beschäftigen muss, wie ihr vorgesetzter Minister statt des ihm zugewiesenen xxx-Autos doch noch den von ihm bevorzugten yyyy-Wagen fahren kann. Aber abgesehen davon, dass sie diese frustrierende Episode beklagt, bleibt sie ohne Konsequenzen. Der eigentliche, persönlich erlebte Sinn der Arbeit, der darin liegt, einen wertvollen Beitrag zu einem größeren Ganzen zu leisten, geht verloren.

Der Verlust der Bedeutung vollzieht sich schleichend und unmerklich. Da Menschen jedoch Sinn empfinden wollen, wenden sie sich zunehmend belanglosen Themen wie ihrer Einstufung im Pensionsplan, hierarchischen Streitereien oder dem Gerangel um Positionen zu. Wenn es als Erfolg verbucht, ja gefeiert wird, dass mit großem Einsatz ein Upgrade für einen Flug erreicht wurde, dann sind Pseudoerfolge an die Stelle von tatsächlicher Sinngebung und authentischem Stolz getreten. Das ist eine Falle, in die auch Menschen geraten können, die sich gerade selbstständig gemacht haben. Sie werten es möglicherweise schon als Erfolg, wenn sie schöne Büroräume bezogen und eine rauschende Eröffnungsparty gegeben haben und von nun an kostspielige Prospekte in Auftrag geben können.

Die Auswirkungen der Selbstzufriedenheit einstmals ambitionierter Menschen lassen sich im gehobenen Beamtendienst, in Konzernen, großen Institutionen und Consultingunternehmen beobachten. Sie zeigen sich schon dann, wenn jemand als seinen Beruf »Beamter« oder »Angestellter« oder »Berater« angibt. Hier wird der Status und nicht die eigene Ambition formuliert. Zufriedenheit und Sicherheit sind immer Fallen für die Ambition, das innere Anliegen und die Berufung.

**Wenn der 30jährige Mann** sich immer wieder vor Augen führt, dass er in zwei Jahren Anspruch auf eine Betriebsrente haben wird, dann wird er nicht verhindern können, dass sich dieses Wissen wie ein Filter über seine Leidenschaft schiebt und sie verdunkelt. Dann wird er alles daransetzen, seinen Anspruch zu sichern, und in seinen Entscheidungen nicht mehr frei und unabhängig sein. Privilegien werden mit der Zeit so selbstverständlich für ihn, dass er sie kaum noch registrieren wird. Damit verliert sich der Sinn, die Freude an der Arbeit, und es kann kein Flow entstehen.

Auch bei Ausnahmesportlern, die in Nationalmannschaften aufgenommen werden, ist dieses Phänomen zu beobachten. Ihre Leistung lässt dramatisch nach, weil sie sich am Ziel ihrer Wünsche wähnen. Menschen, die sich mit äußerlichen Zeichen des Erfolgs zufrieden geben, geraten früher oder später in die Zufriedenheitsfalle. Dort empfinden sie Langeweile, verlieren das Interesse an inneren Werten und werden zunehmend von Statussymbolen abhängig. So entsteht ein Kreislauf aus Unterforderung und Arroganz.

Philippe Rothlin und Peter R. Werder beschreiben in ihrem Buch *Diagnose Boreout*, wie Unterforderung der Psyche von Menschen schadet. Langeweile und Zufriedenheit sind wichtig für das Gefühlsleben, aber nur als kleine Facette eines Gefühlsreichtums – es gibt Hunderte von verschiedenen Gefühlen, die alle gelebt sein wollen.

## DIE PSYCHE BRAUCHT EIN FLEXIBLES MINDSET

Nachhaltig erfolgreiche und glückliche Menschen sind keine Rechthaber, denen der Satz »Das kenne ich schon« leicht über die Lippen geht. Sie besitzen ein flexibles Mindset. Sie besitzen die Fähigkeit zur Rollenflexibilität. Wenn sie vor einer schwierigen Aufgabe stehen, sind sie nicht von dem Motiv beseelt zu beweisen, was sie alles wissen und wie gut sie sind, sondern von Neugierde und dem Drang zu lernen. Das »dynamische Mindset« will nicht bestätigt werden, sondern es will staunen, es will Neues entdecken. Es will nicht beeindrucken, sondern beeindruckt sein. Es will keine eigenen Erfahrungen als Weisheiten ausgeben, sondern es will die Weisheit in den Erfahrungen anderer entdecken. Es will nicht das Gefühl kultivieren, schon zu wissen, was der andere sagen wird, sondern es will mit höchster Aufmerksamkeit zuhören.

»Mindsets« sind seit Jahrzehnten das Forschungsgebiet Carol Dwecks, Professorin an der Stanford-Universität. Gemeint sind die grundlegenden Verhaltens- und Denkmuster, die die Erwartungen an das Leben bestimmen. Dwecks Erkenntnisse über »statische« und »flexible« Mindsets sind hilfreich, um zu erklären, warum manche Menschen ihre hohe Intelligenz zu ihrem Wohl einsetzen können und andere nicht. Die Psychologin legt dar, dass die alles bestimmende Bedingung für Erfolg ein flexibles Mindset ist – der Glaube daran, dass alles im Wandel begriffen ist und dass man selbst vielfältige Möglichkeiten hat, Dinge zu verändern.

Ein beeindruckendes Beispiel dafür ist Keith Ferrazzi, der amerikanische Experte für Beziehungsmanagement, der öffentlich einen großen Fehler eingestanden hat. Mit einer aufdringlichen Marketingkampagne, die im gleichen Sprachduktus wie seine eigenen Worte formuliert war, aber von einer Auftragsfirma kam, war er finanziell mit seinen Angeboten sehr erfolgreich. Aber gleichzeitig legte er seine Reputation langsam, aber sicher in Trümmer. Es dauerte Monate, bis er erkannt hatte, dass er seine eigenen Werte nicht lebte, sondern verleugnete. Er entschuldigte sich umgehend und kündigte glaubwürdig einen Neuanfang an.

Wenn jemand berichtet, wie er gescheitert ist, stellen Menschen mit einem offenen Mindset weder ihren eigenen Erfolg noch einen guten Rat noch ihre Lebensweisheit dar, sondern sie wollen die Gründe dafür verstehen. Sie denken nicht: Klar, das musste so kommen, ich weiß Bescheid. Stattdessen fragen sie nach. Auch wenn sie bereits sehr erfahren sind, teilen sie andere Menschen nicht in Kategorien wie gut und schlecht oder nach Notenskalen von 1 bis 5 ein. Sie lassen sich nicht allein von ihrem Wissen leiten, sondern vorwiegend von der Gewissheit, dass es Dinge gibt, von denen sie noch nichts wissen.

Bewertungen und Kategorisierungen von Menschen oder Prozessen schließen das Lernen aus, und das ist mit einem flexiblen Mindset nicht vereinbar. Menschen, die offen sind für Neues, haben eine sichere Basis, ihre Erfolgsgewissheit, kleben jedoch nicht an Mustern. Sie bleiben neugierig, wach, aufmerksam und sind am eigenen Wachstum orientiert. Wenn sie Fehler machen, wundern sie sich, sind neugierig und interessiert, anstatt Schuldige zu suchen. Sie wissen, dass Fehler Erkenntnisgewinne ermöglichen. Sie nutzen die ganze Bandbreite ihrer Gefühle und können sich jederzeit auf neue Entwicklungen einstellen, dazulernen und mit verwirrenden Situationen umgehen.

Das ist nicht einfach, denn irritierende Situationen verführen zum Rückzug. Dabei können sie auch als Herausforderung genutzt werden, Neues zu lernen, ein bestimmtes Verhalten zu ändern oder die eigene Anstrengung zu vergrößern.

Das flexible Mindset erlaubt keine Kategorisierung in »talentiert« und »nicht talentiert«. Talent sei formbar und erreichbar, so Dweck. Ob dies stimmt oder nicht, ist letztlich eine akademische Frage. Wichtig ist hingegen, dass der Glaube daran eine Person erfolgreich macht. Lernwille und Wachstum sind die zentralen Begriffe für Menschen mit flexiblen Einstellungen. Alles wird zur Lernerfahrung, und insbesondere Fehler, Kritik, Absagen und Misserfolge werden als Chancen genutzt. Lernen ist auch die Quelle des Interesses an anderen Menschen. Offene Menschen sind neugierig. Sie streben danach, mehr über sich selbst zu erfahren. Zugleich sind sie begierig darauf zu erfahren, was andere fühlen und erleben, was die Welt an Überraschungen für sie bereithält.

Schon Babys sind neugierig. Die Psychologieprofessorin Alison Gopnik von der Universität Berkeley beschäftigt sich mit der Frage, wie Babys ihre Umwelt erforschen, und beschreibt deren Leitmotiv so: »Raff dir so viele Informationen, wie du kannst.«[57] Wir wissen heute, dass Überraschung und Neugierde die Gefühle sind, die schon sehr kleine Babys motivieren. Zeigen Sie einem Baby etwas Neues, Unerwartetes, und selbst winzige, zwei Monate alte Babys werden sofort und lange darauf schauen, so, als wollten sie herausfinden, was dahintersteckt.

Dieses intensive Interesse, diese Neugierde von Kindern ist, wenn sie etwa zwei bis drei Jahre alt sind, wahrscheinlich sogar ihre dominante Motivation. Sie begeben sich deswegen sogar in tödliche Gefahr, und oft hört man auch Eltern stöhnen: »Mein Sohn geht überall hinein« oder »Meine Tochter will an alles dran …«. Babys schauen in die Welt und versuchen, Muster zu erkennen und deren Gültigkeit zu erproben.[58]

Wenn Erwachsene diese »Baby-Devise« beibehalten können, dann ist ihnen alles möglich: »Es gibt eine Studie von einem Wissenschaftssoziologen [gemeint ist Kevin Dunbar von der Universität Toronto; Anm. der Autorinnen], der in verschiedene Labors gegangen ist, die alle kurz vor einem Durchbruch in der Forschung standen. Er wollte herausfinden: Welche Labors sind nur gut und welche das ganz große Ding, das Nobelpreise bringen wird? Das Erstaunliche für ihn war: Wenn wirklich Unerwartetes im Zuge der Forschung passierte, war die Reaktion der Leute in dem einen Labor: ›Wir wissen nicht, was das soll, das ist nicht, was wir herausfinden wollen, ignoriert es einstweilen und macht einfach weiter wie vorgesehen.‹ In den anderen Labors war die Reaktion: ›Hm, das ist interessant, das ist merkwürdig, kriegt raus, warum das jetzt passiert ist.‹ Und das waren die Nobelpreis-Laboratorien.«[59]

Rechthaberei entspringt dem Aggressionszentrum des Gehirns und verschafft kurzfristigen Lustgewinn, wie andere

Alltagsfreuden auch. Es hilft den Menschen, die kein inneres Erfolgsgefühl haben, sich dennoch als erfolgreich wahrzunehmen. Sie ordnen alles dem kurzfristigen Lustgefühl unter, ohne zu berücksichtigen, dass so keine echte Begegnung mit dem anderen möglich ist. Echte Erfolgsgewissheit hingegen ist ein emotionales Resonanzphänomen: Ich fühle mich meiner selbst und meines Erfolgs gewiss, weil ich in freundschaftlicher Resonanz mit Menschen bin, die sich ebenso erfolgreich fühlen, die meinen Erfolg spiegeln, und weil es für sie wertvoll ist, wenn auch ich ihren Erfolg spiegele.

Sich gemeinsam erfolgreich fühlen und gleichzeitig als Lernende – das ist das Idealbild. Entspannung und das Gefühl der Sicherheit entstehen niemals durch noch so klare Definitionen, Kategorien, Zahlenlogiken und Informationen. Sie entstehen auch nicht durch ausgedehnte Rechthabenwollen-Diskussionen, nicht einmal durch gute Ergebnisse. Kein Mensch kann sagen, ob eine Kategorie oder bewusste »Wahrheit« tatsächlich den realen Erfolg abbildet. Erfolg ist keine Kategorie des Bewusstseins, sondern des Gefühls. Deshalb ist die gefühlte und gezeigte Erfolgsgewissheit so wichtig.

Menschen mit einem starren Mindset glauben daran, dass vieles vorgegeben und kaum beeinflussbar ist, zum Beispiel Intelligenz, Talent, Musikalität, Chancen und Risiken. Deshalb müssen sie ihr Talent unablässig zeigen und beweisen. Sie glauben, durch Anstrengung nur wenig erreichen zu können. So bewegen sie sich ängstlich in einem sehr engen Denk-, Gefühls- und Verhaltenskorridor. Sie können alte Erfolgsmuster nicht aufgeben, sie riskieren nichts Neues, denn sie wollen vor allem keine Fehler machen. Denn das hieße, sie seien nicht intelligent, nicht kompetent, nicht talentiert. »Rastlose Unbeweglichkeit«, so hat Susan Vahabzadeh[60] diesen Zustand perfekt beschrieben.

Lernen ist nicht der natürliche Modus von Menschen mit starren Denkmustern. Sie möchten etwas können, nicht etwas lernen. (»Yoga ist nichts für mich, weil ich so ungelenkig bin.«) Sie tummeln sich lieber auf Gebieten, in denen sie selbst bereits die unangefochtene Nummer eins sind. Sie streben nach Anerkennung ihrer Überlegenheit, die sie gerne unter Beweis stellen. Sie wollen das Bekannte wiederfinden und schotten sich damit zugleich gegen neue Erfahrungen ab. Wo aber keine Neugierde ist, kein Engagement, keine Betroffenheit, da sind auch Nähe und Einfluss nicht möglich.

Die Motivationsforschung, die aus verschiedenen Disziplinen wie Hirnforschung, Pädagogik und Psychologie schöpft, sucht Antworten auf die Frage, was Menschen erfolgreich macht. Sie kommt stets zum gleichen Ergebnis: Will jemand lernen und wachsen? Dann ist der Weg frei zu großen Erfolgen. Dann können Fehler gemacht und Schwächen erkannt werden, kann Neues ausprobiert und das Leben in seiner Fülle gelebt werden. Die eigene Begabung zu entfalten, das eigene Anliegen zu vertreten, daran zu glauben und sich nicht beirren zu lassen, das ist eine maßgebliche Voraussetzung für die große Karriere.

## DRANBLEIBEN – KOMPETENZ BEI MISSERFOLGEN, RÜCKSCHLÄGEN UND ENTTÄUSCHUNGEN

»Natürlich gab es in mir diesen trotzigen Impuls: ›Ich schaffe das. Ich schaffe das. Ich schaffe das.‹ Damit meinte ich nicht, eine berühmte Schriftstellerin zu werden. Sondern ich schaffe es, aus Armut und demütigender Abhängigkeit herauszukommen. Mir war das Schreiben aus inneren Gründen immer so wichtig, dass ich wusste, es muss irgendwie gehen. Etwa durch Verzicht.«[61] Das sagte 2009 die damals 39-jährige gefeierte Schriftstellerin Julia Franck, alleinerziehende Mutter zweier Kinder, die sich mit ihrem Roman *Die Mittagsfrau* (Frankfurt am Main 2007) buchstäblich aus ihrer Armut schrieb. Bevor der Roman erschien, durch den sie bekannt wurde, lebte Franck von 10000 bis 15000 Euro im Jahr. Nie hatte sie finanzielle Sicherheit erfahren. Bereits mit 13 Jahren jobbte sie. Im Jahr 1997 erschien ihr erstes Buch, doch erst zehn Jahre danach, nach ihrem internationalen Durchbruch, wurde ihre Tätigkeit als Schriftstellerin einträglich genug, sodass sie heute davon leben kann.

Ein weiteres Beispiel bietet die große deutsche evangelische Theologin Dorothee Sölle. Sie hatte nach ihrer Habilitation nie eine feste Stelle. Dennoch wurde sie zu einer der weltweit bekanntesten Theologinnen des 20. Jahrhunderts.

Die Bildhauerin Louise Bourgeois, von der weiter oben schon einmal die Rede war, musste 70 Jahre alt werden, bis ihr der Durchbruch gelang, der sie quasi über Nacht weltweit bekannt machte. Sie überwand Depressionen und Selbstzweifel. Um diesen Gefühlen etwas entgegenzusetzen, eröffnete sie Ende der 1950er Jahre ein Buchantiquariat. Auch Bourgeois gibt uns ein Beispiel für die Fähigkeit, am Ball zu bleiben, für den unbedingten Glauben an das eigene Werk.

Um ihr Werk zu retten, um ihr Anliegen in die Welt zu bringen, wachsen Menschen über sich hinaus. Und das müssen sie auch. Sie *müssen* diese Bewährungsproben durchleben. Sie haben das Gefühl, keine Wahl zu haben, sie müssen weitermachen. Doch wie gelingt es ihnen, mit Rückschlägen und Enttäuschungen so umzugehen, dass sie sich nicht entmutigen lassen? Ohne den autonomen Willen der Ambition wäre das unmöglich. Das allein reicht aber nicht aus.

In Zeiten des Zweifels wird alles gebraucht, was die Psyche zur Unterstützung hergibt und wovon in diesem Buch die Rede ist. Man braucht Vertraute, eine stabile Psyche und Erfolgsgewissheit. Doch auch wenn alles richtig gemacht worden ist, gibt es keine Gewissheit, erfolgreich zu sein. Man erfährt womöglich Ablehnung, Kunstwerke werden von Kritikern zerrissen, Aufträge werden storniert, niemand scheint mehr da zu sein, der sich für das eigene Anliegen gewinnen ließe.

Die Welt ist voll kluger Sprüche über Misserfolge, Fehler, Rückschläge, die alle eines zeigen: Niederlagen gehören wie selbstverständlich zur Erfolgsdynamik dazu. Winston Churchill wird die folgende Aussage zugeschrieben: »Erfolg ist die Fähigkeit, von einem Misserfolg zum anderen zu gehen, ohne seine Begeisterung zu verlieren.« Erfolgreiche Menschen sind ständige Misserfolge, Fehler und Rückschläge gewöhnt, sie wissen sie einzuordnen und sind unablässig darauf konzentriert, Neues zu lernen. Manche würden sogar glatt leugnen, dass sie Rückschläge erleben, so wenig Bedeutung messen sie misslungenen Gesprächen oder Projekten bei – oder all den Ideen und Plänen, die gar nicht erst die Startrampe verlassen haben. Das ist der Alltag nachhaltig erfolgreicher Menschen.

Carmen Dell'Orefice ist mit 79 Jahren international als Model tätig. Die ersten Bilder von ihr erschienen 1946 in der amerikanischen *Vogue*. Allein das ist bereits sensationell. Aber mehr noch: Dell'Orefice musste immer wieder bei null beginnen. Sie gehörte zum engsten Freundeskreis Bernard Madoffs, investierte in seinen Fonds und stand 2008, nach Madoffs Verhaftung als Milliardenbetrüger, mit 77 Jahren vor dem finanziellen Nichts. In dieser Situation nahm sie einen neuen Anlauf und startete wieder neu ihre Karriere als Model.[62]

Der Trompeter Till Brönner konnte trotz großer Erfolge nicht mehr auftreten.[63] Seine anerkannt guten und erfahrenen Lehrer hatten nicht bemerkt, dass er sich eine falsche Technik angeeignet hatte, die zu Ermüdungserscheinungen führte und bedingte, dass er nicht mehr spielen konnte. Er musste das Trompetenspielen ganz neu erlernen.

Allein das Talent bietet in schwierigen Zeiten Orientierung. Die Gangart gibt der autonome Wille vor. Eine Berufung, ein inneres Anliegen, ein Talent, sie lassen sich nicht einfach abschütteln, auch wenn sie noch so sehr als Last empfunden werden. Zu groß ist die Furcht, den Lebenssinn zu verwirken, in einer anderen Profession erst recht zu versagen, sich vom Misserfolg bestimmen zu lassen. Dieses Erleben ist für manche so schmerzhaft und kränkend, dass sie ihren inneren Drang nicht mehr spüren und ihm am liebsten nicht mehr nachgeben möchten. Dabei nicht zu verzweifeln ist eine große psychische Leistung.

Im Jahr 2009 wurde die amerikanische Schauspielerin Amy Adams zum zweiten Mal für den Oscar nominiert. Doch davor lagen sehr schwierige 16 Jahre, in denen sie sich mit kleinsten Rollen über Wasser hielt: »Ich war so enttäuscht von mir, weil ich so viel Zeit auf diese Karriere verschwendet hatte und zugelassen habe, dass sie mein Glück diktierte und mein Selbstwertgefühl.«[64]

Von äußeren Bedingungen und Bewertungen unabhängig zu sein, dem eigenen Lebensskript zu folgen und innere Unabhängigkeit zu beweisen, das zeichnet große Karrieren aus. Aber es bedeutet eine enorme mentale und psychische Anstrengung, die Selbstgewissheit für die eigene Berufung aufzubringen, ohne Anerkennung vonseiten anderer und auch in Zeiten von Misserfolgen, Ablehnung und Enttäuschungen. Dafür brauchen Menschen mit großen Ambitionen Ambiguitätstoleranz, das heißt die Fähigkeit, mit mehrdeutigen, widersprüchlichen Situationen umgehen zu können. Sie verhilft dazu, diese Phasen durchzustehen, Mehrdeutigkeiten und Widersprüche zu ertragen, ohne sich unwohl zu fühlen oder aggressiv zu reagieren.

Zu einer solchen Situation wurde der weltweit erfolgreiche Stadtplaner Albert Speer von Gerhard Matzig befragt: »Es gibt das Gerücht, Sie hätten sich Ihren ersten großen Auftrag, die Masterplanung für 40 libysche Städte in der Zeit noch vor Gaddafi, sagen wir, trickreich gesichert. Was war der Trick?« – »Ich habe mein Büro, das damals aus anderthalb Mitarbeitern bestand, in ein Potemkinsches Dorf verwandelt. Wir kamen auf Umwegen ins Gespräch über das Projekt, da wollten uns die Libyer in Frankfurt besuchen, um sich das Büro anzusehen. Ob es auch groß und professionell genug ist. Was haben wir gemacht? Die große Wohnung wurde zum Büro umgebaut, ich selbst zog mit meiner Habe ins Schlafzimmer. Einen Tisch bespannten wir mit grünem Filz und nannten ihn »Konferenztisch«, in der Kammer musste eine Freundin laut Schreibmaschine schreiben, wir ließen die Telefone unentwegt klingeln – und alle meine Freunde steckten in weißen Kitteln und beugten sich über imaginäre Planungen. Wir spielten ›großes Büro‹. Und erhielten den Auftrag.«[65]

Am Anfang jeder großen Karriere ist Ambiguitätstoleranz eine entscheidende Kompetenz, sonst gäbe es die Erfolgsgewissheit nicht, die noch durch keinerlei Ergebnisse ausgewiesen sein kann, sondern nur durch die Fantasie befördert wird.

Eine Mischung aus Größenfantasien und Weltverachtung muss der Schriftsteller und spätere Nobelpreisträger André Gide in jungen Jahren gespürt haben, wenn er der Legende nach in Paris die Straße entlanggging. Es habe ihn empört, dass die Leute, wenn sie ihm in die Augen schauten, nicht sofort merkten, was für Meisterwerke er schreiben würde.[66]

# DAS BRINGT SIE JETZT WEITER:

## ÜBERNEHMEN SIE DIE REGIE ÜBER IHRE KARRIERE

Dies sind die häufigsten inneren Widerstände gegen große Karrieren:

| **Dimension** | **Innere Widerstände** | **Erfolgversprechend** |
|---|---|---|
| Ihr Impuls | ▪ Motiv aus Abscheu oder Rache<br>▪ spontane, wechselnde Ideen und Motive<br>▪ sich eng an einem Vorbild orientieren<br>▪ egoistisches Motiv<br>▪ rein *gefühltes* Motiv oder Wert | ▪ Wunsch, das Gute in die Welt zu bringen<br>▪ Das Motiv wächst stetig mit jedem Lebensjahr.<br>▪ eine innere Haltung, ein innerer Antrieb<br>▪ Motiv, die Welt zu verbessern<br>▪ Motiv, das zum Handeln, zum Üben zwingt |
| Der autonome Wille Ihrer Gabe | ▪ Sie halten ihn für einen Spleen, für neurotisch, für überkandidelt.<br>▪ Sie nehmen ihn als Hobby.<br>▪ Sie verharmlosen, banalisieren ihn.<br>▪ Sie bekämpfen ihn. | ▪ Sie erforschen ihn und folgen ihm.<br>▪ Sie machen ihn zur Profession.<br>▪ Sie nehmen ihn ernst.<br>▪ Sie bestärken ihn. |
| | ▪ Sie lenken sich ab.<br>▪ Sie orientieren sich an anderen.<br>▪ Sie streiten. | ▪ Sie lassen sich coachen und beraten.<br>▪ Sie erforschen Ihre eigenen Gaben. |

| Dimension | Innere Widerstände | Erfolgversprechend |
|---|---|---|
| Ihre Psyche | ▪ Sie versuchen, sich durchzusetzen. Sie haben Recht.<br>▪ Sie beschäftigen sich mit Feinden.<br>▪ Sie verabscheuen Ihr Größenselbst.<br>▪ Sie gehen in Ihrem Größenselbst auf.<br>▪ Sie lassen sich von Widerständen und Gegenargumenten lenken. | ▪ Sie lernen.<br>▪ Sie versuchen zu verstehen.<br>▪ Sie hören zu und versuchen zu verstehen.<br>▪ Sie beschäftigen sich mit Freundinnen und Freunden.<br>▪ Sie machen sich mit Ihrem Größenselbst vertraut.<br>▪ Sie kennen Ihr Größenselbst und seine Tücken und kontrollieren es.<br>▪ Sie überwinden Ihre inneren Widerstände. |
| Ihre Zugehörigkeit | ▪ Sie wollen unabhängig sein.<br>▪ Sie schwimmen gegen den Strom.<br>▪ Sie streben nach Zugehörigkeit.<br>▪ Sie umgeben sich mit Mitarbeitern und Beratern, die von Ihnen abhängig sind.<br>▪ Sie suchen den Applaus.<br>▪ Ihre Chefs sind allesamt Versager. | ▪ Sie wollen verbunden sein.<br>▪ Sie bieten anderen Zugehörigkeit.<br>▪ Sie umgeben sich mit Menschen, die erfolgreicher sind als Sie selbst.<br>▪ Sie bewundern andere und zeigen es.<br>▪ Sie sind dankbar für Ihre Privilegien. |

| Dimension | Innere Widerstände | Erfolgversprechend |
|---|---|---|
| Ihr Streben nach Vollkommenheit | ▪ Sie geben sich mit Ihren Erfolgen zufrieden.<br>▪ Sie ruhen sich auf Ihren Lorbeeren aus.<br>▪ Sie vermeiden Fehler.<br>▪ Nach Fehlschlägen geben Sie auf.<br>▪ Sie vermeiden Krisen.<br>▪ Sie sind stolz auf Ihr Talent.<br>▪ Sie genießen die Belohnungen.<br>▪ Sie vergleichen sich mit anderen. | ▪ Sie genießen Ihren Erfolg und streben nach mehr, mehr, mehr.<br>▪ Sie üben ohne Unterlass.<br>▪ Sie heißen Fehler willkommen, weil Sie aus ihnen lernen.<br>▪ Nach Fehlschlägen bleiben Sie am Ball.<br>▪ Sie heißen Krisen willkommen, weil Sie aus ihnen lernen.<br>▪ Sie sind stolz auf Ihre Anstrengungen.<br>▪ Sie genießen die Tätigkeit.<br>▪ Sie pflegen ihre einzigartige Ambition und bewundern andere. |
| Ihre Bühne | ▪ Sie wollen die größtmögliche Bühne.<br>▪ Sie wollen überhaupt keine Bühne.<br>▪ Der Ruhm liegt Ihnen am Herzen. | ▪ Sie wollen die passende Bühne.<br>▪ Ihr Anliegen überwindet die Scheu.<br>▪ Die Adressaten liegen Ihnen am Herzen. |

# 5. POSITIVE RESONANZ ERZEUGEN

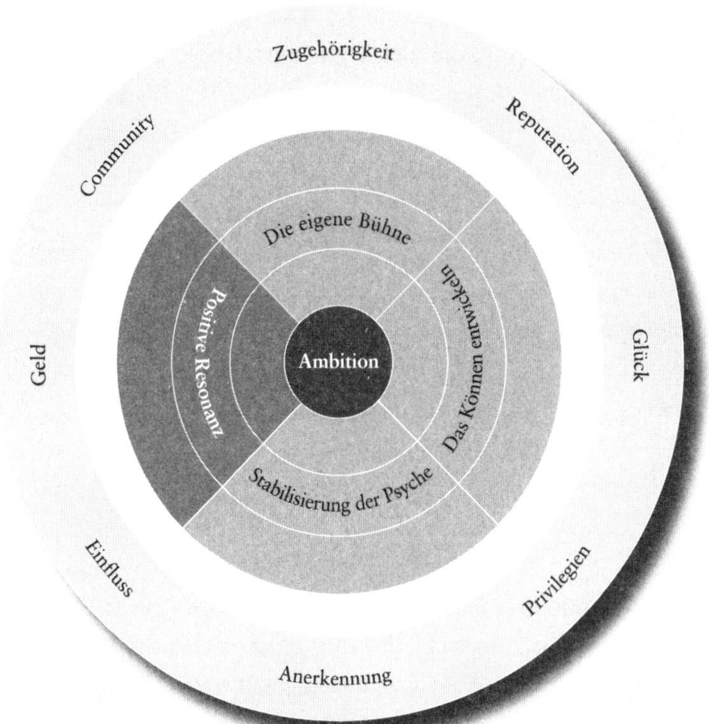

## ZUGEHÖRIGKEIT ZUR COMMUNITY

Es ist eine tiefe Sehnsucht, sich Gleichgesinnten zugehörig zu fühlen. Wenn Menschen einander begegnen, dann werfen sie »biochemische Fangarme« nach einander aus. Sind sie sich sympathisch, so werden Bindungs- und Belohnungshormone ausgeschüttet und das synergetische Spiel beginnt: Sie inspirieren und motivieren sich gegenseitig zu Höchstleistungen. Sie sprechen positiv über sich selbst und über Dritte. Menschen sind dann mitreißend, wenn sie über das sprechen, was sie wirklich bewegt, wenn sie andere an ihren Krisen und Zweifeln teilnehmen lassen – und ihre Erfolge mit ihnen feiern.

»Für mich ist das Wichtigste, dass ich mich mit Leuten verbünden konnte, die gleich gut oder besser sind als ich. Allein kommst du nur bis an einen gewissen Punkt.« Das sagt der Schweizer Discjockey Bobo auf die Frage: »Wie schafft man es, 14 Millionen CDs zu verkaufen?«[67]

Das ist Community-Kompetenz. Die Community wird immer um die eigene Person herum gebildet: Immer mehr anderen erfolgreichen, sympatischen Menschen aus allen Bereichen – nicht etwa nur im eigenen Unternehmen oder in der eigenen Branche – wird Zugehörigkeit geboten.

Wer dazugehören möchte, muss stets selbst positive Resonanz erzeugen und Zugehörigkeit bieten. Je größer die Ambition, je exponierter die Position, desto strategisch bedeutsamer ist die Community. Menschen brauchen andere Menschen, um ihr Talent zur Geltung zu bringen. Sie sind auf ihrem Gebiet die Autorität, die von anderen erkannt und benannt werden muss. Arbeit spricht nicht für sich. Je komplexer die Aufgabe, je anspruchsvoller die Qualität, umso weniger leicht ist es für Außenstehende, ihren Anspruch zu erkennen. Niemand ist für sich allein eine Autorität. Auch deshalb hat die Community eine so große Bedeutung für die Entwicklung von Karrieren. Innerhalb der eigenen Community machen sich Menschen einen Namen. Die Community weist Autorität zu, sie bildet Reputation, sie empfiehlt. Der amerikanische Communtiy-Experte Keith Ferrazzi hat deshalb seinem Bestseller den Titel *Geh nie alleine essen!* gegeben.[68] Weiterführend bedeutet dies: »Behalten Sie Ihre guten Kontakte nicht für sich.«

Einer der Kardinalfehler beim Aufbau einer Community besteht in der Tat darin, gute Kontakte für sich zu behalten. Autorität entsteht immer im Austausch mit vielen. Wie die eigene Community über eine Person spricht, das entscheidet über ihre Karriere. Wie die Person anderen positive Resonanz und Zugehörigkeit bietet, das entscheidet über ihren Einfluss. Die Basis sind Talent, Ambition und Können – emotionale Zugehörigkeit ist Strategie und Erfolgscode für exponierte Positionen. Wer einmal dazugehört, der bleibt auch in der Liga. Positionen können sich ändern, Arbeitgeber ausgetauscht werden, aber die Zugehörigkeit zur Liga bleibt, denn es handelt sich um stabile, gepflegte und freundliche oder freundschaftliche Beziehungen. Der wirkungsvolle Resonanzraum für die eigene Reputation ist die Community, die sie weiterträgt. Es sind Persönlichkeiten, die einander durch konkrete Aktionen – gemeinsame Unternehmungen, Einladungen, Dankeskarten, Komplimente, Glückwunschtelefonate, ehrenamtliche Projekte und launige Abendessen – verbunden sind. In Communitys ist die Beziehungsqualität wichtiger als die Zahl der Bekanntschaften. Das ist der Unterschied zu den Gemeinschaften, die durch herkömmliches Networking gebildet werden.

Was ist Zugehörigkeit, und wie zeigt sie sich? Sie ist kein Status, sondern ein Gefühl, eine Haltung, eine Fähigkeit und eine Tätigkeit.

- Als Gefühl: die emotionale Gewissheit, zur Topliga zu gehören.
- Als Haltung: die gebende Haltung – selbst Zugehörigkeit zu bieten.
- Als Fähigkeit: ein Repertoire, die gebende Haltung durch angemessenes Verhalten ausdrücken zu können.
- Als Tätigkeit: dies auch tatsächlich andauernd und ausdauernd zu tun.

Haltung und Fähigkeit gehören zusammen und bestärken sich gegenseitig. Community-Kompetenz ist keine isolierte Technik, sondern eine psychische Kompetenz, die eine große Bandbreite verschiedener innerer Prozesse umfasst.

Die Regisseurin Ulrike Grote ist heute mit ihren Filmen sehr erfolgreich, aber der Anfang war hart. Im Jahr 2005 erhielt sie den begehrten Studenten-Oscar, im Jahr darauf eine Nominierung für den »echten« Oscar. Danach dachte sie, jetzt komme ihre Karriere in Schwung. Die Talentscouts der Filmproduktionsfirmen würden sich von nun an um sie reißen. Doch niemand rief an.

Solche Erfahrungen gehören zu den schwierigsten Erlebnissen, denn das Bewusstsein ist gerade jetzt auf Empfang geschaltet – in einem Moment, in dem es am wichtigsten wäre, selbst in die Community hineinzuwirken. Vielen Menschen, die Auszeichnungen erhalten, ergeht es ähnlich wie Grote. Sie erwarten, dass jetzt für sie alles möglich gemacht wird – aber nichts passiert. Erfolgversprechend ist eine andere Dynamik: zu feiern, einzuladen, den bisherigen Weggefährten zu danken, sie herauszustellen, sie zu loben, auf Menschen zuzugehen, den eigenen Erfolg für andere zu nutzen.

## DIE COMMUNITY MACHT ZUVERSICHTLICH

Die eigene Zuversicht und Kraft und auch das ständige Besserwerden sind nur gemeinsam mit anderen Menschen möglich. Unsere Coachings und Seminare werden von vielen Topmanagerinnen und -managern besucht, die bisher alles mit sich selbst ausgemacht haben. Für sie bedeutete Reflexion, alleine über alles nachzudenken. Typisch für diese Einstellung sind Aussagen wie die folgenden:

- Golf spielen ist meine Reflexion.
- Die Berge sind meine Meditationsgruppe.
- Musik bringt mich auf Ideen.
- Feedback bekomme ich von meinen Pferden.

Für Menschen, die viel mit anderen kommunizieren (müssen), ist es natürlich wohltuend, von Zeit zu Zeit allein zu sein, und sicher sind Pferde sensibel und Golf ein gutes Training. Das gilt allerdings für Zeiten der Entspannung, nicht jedoch für das persönliche Wachstum und für persönlichen Erfolg. Dafür benötigen Menschen außer dem Austasuch zwischen ihren beiden Gehirnhälften noch weitere Gelegenheiten zum Dialog. Sie brauchen neues Wissen und den Austausch mit anderen, unabhängigen, erfolgreichen Persönlichkeiten. Topmanagement-Reflexion ist nur möglich in der Spiegelung durch andere.

Die amerikanische Psychologin Elizabeth Alexander beweist in ihren Studien, wie sich die Fähigkeit, Zugehörigkeit zu bieten, mit der so wichtigen Fähigkeit ergänzt, sich hoffnungsvoll und zuversichtlich zu fühlen.[69] Das eine geht nicht ohne das andere. Menschen mit Ambitionen brauchen Zuspruch, Ansprache, Resonanz, und sie bieten diese selbst an. So beflügeln sich Menschen in Communitys. Was in ihnen gesagt, gedacht, erlebt und gefühlt wird, verstärkt sich und bietet Schutz.

Die Karrieren von Menschen, die keine Community und damit keinen Resonanzraum haben, sind fragil. Das gilt beispielsweise für Gewinnerinnen und Gewinner von Castings oder Fernsehshows. Sie besitzen vielleicht eine Begabung, aber ihnen fehlt das substanzielle innere Anliegen, das über das eigene Ego hinausweist und in dessen Umkreis sich eine Community entwickeln könnte.

> Der Holländer Bart Spring in't Veld war der erste Gewinner einer Big-Brother-Show überhaupt und einst die bekannteste Persönlichkeit in den Niederlanden. Jetzt, zehn Jahre später, arbeitet er als Verkehrserzieher in Grundschulen: »Die Kinder sind aus einer Generation, der Big Brother nichts mehr sagt. Damit das so bleibt, gebe ich in den Niederlanden keine Interviews.«[70]

Wenn öffentliche Aufmerksamkeit auf kein Können trifft, dann suchen Psyche und Gehirn verzweifelt nach Ausdrucksmöglichkeiten. Der Ruhm selbst soll in ein Geschäftsmodell umgesetzt werden. So hat es Bart Spring in't Veld erlebt.

> »Einerseits führt die Aufmerksamkeit dazu, dass man sich völlig überschätzt. Andererseits hatte ich den Eindruck, das gar nicht verdient zu haben ... Ich brauchte zwei Jahre, um zu begreifen, dass all die Aufmerksamkeit nichts bedeutete. In der Zeit hatte ich fünf Nervenzusammenbrüche.«

Die Aufmerksamkeit, der Ruhm sind in sich wertlos. Sie münden nicht in einer Karriere, wenn sie nicht auf einem inhaltlichen Streben basieren.

Psychisch belastend sind Karrieren, wenn Menschen in einer ungeliebten Position erfolgreich sind. Sie besitzen ein großes Können, das ihnen zu großen Erfolgen verhilft, aber sie sind wie abgeschnitten vom Wert ihrer Arbeit. Wenn Menschen ihre Arbeit nicht würdigen, empfinden sie auch keinen Respekt für andere, mit denen und für die sie arbeiten. Sie erleben sich nicht als ganze Persönlichkeit, die mit ihrem Können zur richtigen Zeit am richtigen Ort ist, sondern fühlen sich immer deplatziert. Sie wollen jedoch auf finanzielle Sicherheit und Privilegien nicht verzichten, werden zynisch, ihr Weltbild wird negativ, und ihre Selbstzweifel wachsen.

Menschen streben nach Sinn. Sie wollen anerkannt und geschätzt werden von den Mitmenschen, die sie selbst respektieren. Gegenseitige Wertschätzung bewirkt, dass sie ihr Leben als gelungen erleben.

## DIE STRATEGISCHE BEDEUTUNG DER COMMUNITY

Je größer die Ambition ist und je exponierter die Position, desto entschcidender ist die Community. Das hat drei Gründe.

Erstens kommt im Verlauf jeder großen Karriere früher oder später der Punkt, an dem die Höchstleistung nicht mehr für sich selbst spricht. Ab hier ist eine exzellente Leistung eine exzellent vermittelte Leistung, eine Leistung also, über die wohlwollende, einflussreiche Menschen im Austausch mit anderen, ebenfalls einflussreichen Menschen in empfehlenden Worten berichten. So entsteht eine Verheißung, eine Reputation. Glaubwürdig sind jene Referenzen, die die persönliche Beziehung in den Vordergrund stellen und aus persönlicher Erfahrung berichten können.

Zweitens gilt, dass echte Erfolgspersönlichkeiten sich nicht ohne Spiegelung, Resonanz und Korrektur entwickeln. Zur Selbsterkenntnis und zur Entwicklung der Persönlichkeit gehört die externe Instanz. Selbstreflexion allein ist wirkungslos. Aber diese Aufgabe kann weder ein (abhängiger) Mitarbeiter noch die Ehefrau, der Ehemann, noch der Chef, die

Chefin übernehmen. All die Genannten sind entweder befangen, stehen der Persönlichkeit zu nah oder zu fern oder sind nicht kompetent genug. Als externe Instanzen werden andere erfolgreiche – auch sehr viel erfolgreichere – Menschen aus der eigenen Community benötigt. Sie sind Ratgeber, geben Rückmeldungen, sprechen Mut zu, kritisieren und betätigen sich als Lehrer.[71]

Drittens, und dies ist der entscheidende Grund, bewirkt das Gefühl von Zugehörigkeit zu einer Community – nicht zu verwechseln mit rein formaler Zugehörigkeit – unmittelbar Erfolg. Wenn dieses Gefühl fehlt, kann der Mensch tatsächlich noch so gut vernetzt sein, noch so mächtige Fürsprecher haben, es wird ihm nicht viel nützen. Es ist eines der menschlichen Grundbedürfnisse, Teil einer Gemeinschaft zu sein, die ihre Mitglieder stützt und bestärkt. Die Erfüllung dieses Bedürfnisses verleiht Flügel. Sie gibt Kraft zur Überwindung von Gefahren, nährt die Erwartung positiver Resonanz, stärkt das Vermögen zur realistischen Abwägung des Für und Wider (»Was würden die anderen Community-Mitglieder sagen oder tun?«) und führt den Einzelnen dazu, das Richtige zu tun. Vertrauen und Optimismus erweitern das eigene Lernen, das eigene Wachstum, Fehler und Scheitern sind möglich, und so entwickeln sich große Karrieren immer weiter.

## DER EINSAME HELD … WAR NIE ALLEIN

Der Mythos lebt. Der Mythos vom einsamen Künstler, von der »Einsamkeit in der Chefetage«, von der Topmanagerin, die sich allein den Weg nach oben erkämpft hat, vom Lonesome Rider, vom tapferen Kerl, der sich unbeirrt von anderen ganz allein durchsetzt. Er hat nur keinen realen Gehalt.

Alle erfolgreichen Menschen sind umgeben von vielen Mitmenschen, die sie unterstützt, gefördert, umsorgt haben – und dies auch weiterhin tun. Allerdings ist ihnen das oft nicht bewusst, weil sie sich selbst für einzigartig halten und weil sie so hart arbeiten und fest daran glauben, dass Erfolg allein von harter Arbeit kommt und andere Menschen dabei vielleicht sogar eher stören. Sie fühlen sich allein, sie realisieren nicht, wie viele Menschen ihnen den Weg nach oben bereitet haben.

Der Mythos vom einsamen Helden konnte so lange überleben, weil manche erfolgreichen Menschen sich gerne so sehen und äußern. Eine große Karriere verlangt hohen persönlichen Einsatz. Deshalb kann sich das Gefühl entwickeln, nur ganz allein für Erfolge verantwortlich zu sein, es ganz allein geschafft zu haben, niemandem dankbar sein zu müssen.

In einem Gespräch mit dem *Zeit Magazin*, erschienen am 17. September 2009, bekannte sich ein 36-jähriger, beruflich sehr erfolgreicher internationaler Topmanager freimütig und ausführlich dazu, dass er den Kontakt zu seiner Herkunftsfamilie aufgegeben hatte. Er bezeichnete sich als Einzelkind, obwohl er einen Bruder hatte. Immer wieder betonte er in dem Gespräch, dass er ein Einzelgänger sei. Andererseits machte er ungewollt und unbewusst deutlich, wie vielen Menschen er seinen beruflichen Erfolg verdankte. Er selbst sprach jedoch davon, dass er unablässig, pausenlos arbeite und sich immer wieder, allein in Hotelzimmern, frage: »Warum mache ich das?«

Warum sehen sich manche so: von niemandem abhängig, mit niemandem verbunden, niemandem verpflichtet? Sie kennen das Gefühl einer größeren Verbundenheit nicht, sie können es in sich nicht aktivieren. Sie haben sich weit von ihrer Herkunftsfamilie entfernt und alles weit übertroffen, was in der Fantasie ihrer Anverwandten möglich erschien. Das erleben sie wie eine Abtrennung. Ihnen fehlen Gefühle der Verbundenheit und der Dankbarkeit. Sie können nicht fühlen und wollen nicht wahrhaben, dass ihre eigenen Eltern ihnen ihren Weg ermöglicht haben.

Eltern sind nie vollkommen. Zu einer reifen Persönlichkeit gehört jedoch die Versöhnung mit den Eltern, das Verstehen und Verzeihen ihrer Unzulänglichkeiten. Wenn das nicht gelingt, bleiben Erwachsene für immer abhängig und gefangen in ihren negativen, einschränkenden kindlichen Gefühlen. Sie können dann für andere Menschen keine Wertschätzung entwickeln, höchstens für deren materielle Erfolge und die Vorteile, die sie sich daraus erhoffen. Sie instrumentalisieren andere für ihre Zwecke, und andere tun das Gleiche mit ihnen. Sogar ihre Jobs spiegeln den Charakter von gegenseitiger Ausbeutung. Sie sollen schnelle Erfolge bringen, ohne Rücksicht auf Verluste, und das können sie auch gut. Weil sie von empathischen Gefühlen für andere abgeschnitten sind, fällt es ihnen leicht, harte Entscheidungen zu treffen und stringent durchzuziehen.

Der einsame Held hat kein Gespür für seine Außenwirkung und hält sich für unantastbar. Wenn er gefeuert wird, gibt er verheerende Interviews und schreibt Rache-Pamphlete, die ihm selbst am meisten schaden und ihn noch einsamer machen. Lange Zeit bleibt er unantastbar, weil seine beruflichen Leistungen so überragend wirken. Ohne eine Community hat er es sehr weit gebracht. Aber der Preis ist hoch. Er ist umgeben von Menschen und fühlt sich doch allein unter ihnen, nie heimisch, nie zugehörig, ohne echte Freundschaften und ohne Erfolgsgefühl. Nur im hektischen Getriebensein erlebt er seinen eigenen Wert, spürt er sich selbst. Dieses Getriebensein erhält einen immer höheren Stellenwert im Leben: der Eindruck, gebraucht zu werden, über den anderen zu stehen, dazu da zu sein, um Kommandos zu geben, andere zu bewerten und abzuwerten, immer gefragt zu sein, im Mittelpunkt des Geschehens zu stehen. So entwickelt sich Abhängigkeit von diesen (einsamen) Höhenflügen.

Sein eigenes Zuhause, sein Privatleben, ist nicht wohltuend und regenerierend. Einsame Helden sind auch dort isoliert, denn lange Arbeitstage lassen weder Energie noch Zeit für Familie und Freunde übrig. Dieser Effekt wird dadurch verstärkt, dass der normale Alltag seinen Reiz verliert. Weil sie abhängig sind von sehr starken Gefühlen, um sich überhaupt wahrnehmen zu können, betreiben sie Extremsportarten und gehen gerne Risiken ein. Für sie ist ein rasanter, herausfordernder Sechzehnstundentag zwischen Kontinenten, auf hohem Adrenalinniveau, einfach nur großartig. Wenn sie am Abend überhaupt noch ihre Familie sehen, müssen sie sich sehr disziplinieren, um Interesse für alltägliche Themen und Menschen zu heucheln. Die Familie ist für sie keine Kraftquelle und kein Ort von Sinnstiftung, sondern wird im Gegenteil als äußerst energiezehrend erlebt. Da sie im außerberuflichen Alltag keinen Gegenpol und keine Sicherheit finden, neigen einsame Helden dazu, auf berufliche Krisen unverhältnismäßig stark zu reagieren.

Menschen, die sich als einsame Helden sehen, kommen in Spitzenpositionen innerlich nie an und können deshalb die Topmanagement-Rolle nicht ausfüllen. Sie bleiben fremd. Ihre kämpferische Attitüde können sie nicht hinter sich lassen, auch wenn sie schon längst nicht mehr nötig wäre. Kampf ist Intensität. Sie erleben sich nirgendwo als ganze Persönlichkeit, nirgendwo als ohne Mühe akzeptiert und einflussreich. Immer fehlt etwas, stets fühlen sie sich bedroht. Sie werden, ohne es zu wissen, von ihrer eigenen unverstandenen, unversöhnten Vergangenheit beeinflusst und können diese nicht hinter sich lassen, können zu keiner neuen, offenen Einstellung finden. Dann erst wären Gefühle der Erfüllung möglich, die entlasten, Kraft geben und Verbundenheit signalisieren.

Gefühle der Verbundenheit und der Zugehörigkeit entstehen im eigenen Innern. Diese Gefühle kennen Menschen nicht, die mit ihrer Herkunftsfamilie innerlich nicht versöhnt sind, und deshalb verharren sie in ihrer trotzigen, kämpferischen Haltung des »Ich schaffe es allein«. Zugehörigkeitsangebote können sie nicht erkennen und deswegen auch nicht erwidern. Sie wollen ängstlich alles für sich behalten und ihren finanziellen Erfolg geheim halten. Das narzisstische »Alles meins!« ist ihr Mantra. Überall, sogar in seiner eigenen Familie, sieht der einsame Held Neid und Missgunst. Er behält einen Lebensstil bei, der auf Sparsamkeit angelegt ist:

- Er kann seine Privilegien nicht genießen.
- Er nimmt nicht an interessanten Konferenzen teil – höchstens dann, wenn er sie bezahlt bekommt, um sich in der Pause mit einer wichtigen Person bekannt zu machen, die zu treffen er hofft.
- Er schließt sich keinen gemeinsamen Opernbesuchen an.
- Er spricht keine Einladungen aus.
- Er weiß nicht, was er in einer persönlichen Karte außer Floskeln jemandem mitteilen sollte ...

Diese mangelnde innere Großzügigkeit zeigt eine tiefe Unsicherheit, als ob der Status und die Privilegien nur geliehen seien und jederzeit wieder entzogen werden könnten. Deswegen hat das Bedürfnis nach Beständigkeit und Sicherheit, was die eigene Karriere betrifft, beim einsamen Helden eine so große Macht. Nach außen hin gibt er sich knallhart und cool, doch innerlich ist er verzagt und neidisch. Hingegen den eigenen Erfolg zu teilen, in einer großzügigen Haltung, das signalisiert Ankunft und Selbstgewissheit: »Hier bin ich richtig. Hier gehöre ich hin und hier bleibe ich auch.«

Obwohl große Karrieren die Chance zu einem spannenden Leben mit vielen Begegnungen mit interessanten Menschen, mit Erlebnissen von Nähe und Zuneigung bieten und obwohl immer viele fördernde Hände im Spiel sind, gibt es auch quälende Einsamkeitsgefühle. Wenn sich Menschen auf der Höhe ihres Erfolgs allein fühlen, dann bezahlen sie manchmal eine Entourage von Assistentinnen, Stylistinnen, Bodyguards und Freunden von früher nur dafür, dass dieser Kreis ihre Einsamkeit verscheucht. Diese gekaufte, durch die Entourage ausgedrückte Bedeutung geht jedoch immer mit einer Kränkung des Selbstwertgefühls einher.

Für Zugehörigkeit gibt es keinen Ersatz. Sie ist nicht käuflich und muss selbst angeboten und geschenkt werden. Exponierte Pesönlichkeiten könnten in ihrem eigenen Kosmos leben, unter ihresgleichen. Aber auch erfolgreiche Menschen haben soziale Ängste, die sie daran hindern, andere Mächtige und Erfolgreiche anzuziehen. Zuweilen erleben sie sich nicht als ebenbürtig, deshalb werten sie wiederum andere Menschen ab. Sie müssen den eigenen, engen Kreis verlassen, denn sonst sehen sie auf andere herab und finden den Weg nicht mehr zu Verbundenheit auf Augenhöhe. Diese Abkapselung kann sie zum Gruppendenken führen, einer im Kreis der Entourage oder der engsten Freunde immer homogener werdenden Denk- und Sichtweise. Dieses Groupthink-Phänomen verhindert Impulse, Feedback, Lernen und die persönliche Entwicklung.

Ambitionierte Menschen brauchen die Zugehörigkeit zu ihrer Liga – ohne frühere Freundschaften aufzukündigen. Idealerweise bringen sie persönliche Freunde, Geschäftsfreunde und interessante, auch neue Menschen aus ganz verschiedenen Lebensbereichen zusammen, in kleinen und größeren Gesellschaften und Veranstaltungen, zu denen sie einladen. Einladungen auszusprechen und herzlich, persönlich, leicht und launig zu gestalten ist die größte Kunst des Aufbaus einer Community. Das Geheimnis lautet, sich als Persönlichkeit zu zeigen, das heißt das zu tun, was man selbst gerne tut, und die anderen einzubinden:

- Wer gerne kocht, lädt zum gemeinsamen Kochen ein.
- Wer gerne läuft, umrundet mit andern gemeinsam den See.
- Wer Kinder und einen Garten hat, der lädt zum entspannten Grillabend ein.

Die Belohnung ist Zugehörigkeit – die emotionale Gewissheit, zur Topliga zu gehören. Diese stellt sich ein, wenn die Psyche bereit ist, andere zu bewundern. Wenn Anne-Sophie Mutter ein Interview gibt, dann spricht sie immer positiv über andere, sie zitiert andere, erwähnt ihre Namen, stellt sie vor, sie ist voller Bewunderung für Könner ihres Fachs. Das zeichnet große Meisterinnen und Meister aus: Sie sehen Meisterschaft in anderen Menschen und können diese vorbehaltlos bewundern. Weil sie sich selbst als Autorität und erfolgreich fühlen, können sie auch andere Menschen so sehen. Sie wollen sie auch so sehen.

Das war beispielsweise zu erleben, als die Sängerin Whitney Houston vor ausgewähltem Starpublikum ihre Comeback-CD vorstellte. Das Publikum war aufgelöst vor Freude, es bejubelte sie enthusiastisch, feierte sie und freute sich mit ihr gemeinsam darüber, dass ihre mit Drogen durchsetzte Leidenszeit zu Ende war. Es wollte sie wieder erfolgreich sehen.

Georg Franck schreibt in seinem Buch *Die Ökonomie der Aufmerksamkeit:* »Die Aufmerksamkeit anderer Menschen ist die unwiderstehlichste aller Drogen. Ihr Bezug sticht jedes andere Einkommen aus. Darum steht der Ruhm über der Macht, darum verblasst der Reichtum neben der Prominenz … Der Empfang aufmerksamer Zuwendung bedeutet, in eine andere Welt einzugehen. Kein aufmerksames Wesen hat direkten Zugang zur Welt einer anderen Aufmerksamkeit. Durch den Empfang anderer Aufmerksamkeit findet es aber

Repräsentanz in dieser anderen Welt. Und es ist nun diese Repräsentation der eigenen Person im anderen Bewusstsein, die den Wunsch nach Beachtung so unwiderstehlich macht. Nicht nur die Eitelkeit kann nie genug davon bekommen. Uns alle hält die Frage gefangen, wie wir vor anderen dastehen. Wir halten es einfach nicht aus, keine Rolle in anderem Bewusstsein zu spielen. Die Menschenseele fängt schon an zu leiden, wenn sie keine erste Rolle in einer anderen spielt. Sie nimmt bleibenden Schaden und endet in Verbitterung, wenn sie kein reichliches Mindesteinkommen an Zuwendung bezieht. Und es ist die höchste ihrer Wonnen, in zugetaner Aufmerksamkeit zu baden. Gewiss kann der Beifall einmal von der falschen Seite kommen, und gewiss kann es einmal die falsche Seite sein, die Beachtung findet. Von Menschen aber, die wir schätzen, und für Eigenschaften, die wir uns zugute halten, kann der Zuwendung schwerlich zu viel werden.«[72]

## WIE ZUGEHÖRIGKEIT ZUR TOPLIGA ENTSTEHT

### RESONANZ UND ERFOLGSGEFÜHL

Erfolgreiche Menschen sind am liebsten mit anderen erfolgreichen Menschen zusammen. Das hat einen guten Grund. Sich erfolgreich zu fühlen setzt die Zuwendung anderer Menschen voraus. Beruflicher Erfolg als solcher lässt Menschen kalt, damit gehen sie nicht in Resonanz, sondern mit dem Erfolgs*gefühl*. Menschen besitzen die Fähigkeit, in anderen Menschen etwas zum Klingen zu bringen und mit anderen Menschen in emotionale Resonanz zu gehen. Der Neurobiologe Joachim Bauer beschreibt in seinem Buch *Warum ich fühle, was Du fühlst* den engen Zusammenhang zwischen der

Existenz von Spiegelneuronen im Gehirn eines Menschen und der Fähigkeit, sich in sein Gegenüber einzufühlen, es zu verstehen und Feinheiten wahrzunehmen. So wird der Mechanismus der Resonanz verständlich, der Prozess der Übertragung von Stimmungen und Emotionen von einem Menschen auf den anderen.

Was ist Erfolgsgefühl? Es ist keine angeborene Triebkraft, die sich primär auf andere richtet, wie Aggression oder Liebe, sondern eine Facette der Identitätsbildung. Nicht durch einmal ausgesprochenes Lob, durch ferne Bewunderung oder einsame Siegesfreude, sondern erst durch die häufige, selbstverständliche und natürliche Aufmerksamkeit und Spiegelung anderer erfolgreicher Menschen entstehen und wachsen das Erfolgsgefühl und die Erfolgsgewissheit. Das ist ein hochkomplexer psychosozialer Prozess. Das eigene Erfolgsgefühl erzeugt dann die Resonanz, die Empfehlungen, die Reputation, die den weiteren beruflichen Aufstieg mitbestimmen. Das Erfolgsgefühl, die Erfolgsgewissheit wachsen nicht durch Erfolge, Reflexion oder Wissen, sondern durch symmetrische Spiegelung – wenn andere, ebenso erfolgreiche Menschen den Erfolg wohlwollend wahrnehmen.

Erfolgreich zu sein und sich erfolgreich zu fühlen sind unterschiedliche Dimensionen. Längst nicht alle erfolgreichen Menschen fühlen sich privilegiert, einflussreich oder im Mittelpunkt. Manche realisieren erst Jahre später, wer alles ihrer Idee gefolgt ist, wie sehr sie selbst mit ihrer Initiative ihre ganze Branche beeinflusst haben, mit welcher Hochachtung über sie gesprochen wird.

Das Gegenstück zum Erfolgsgefühl ist das Hochstaplersyndrom. Es ist der die Karriere begleitende Gedanke »Eigentlich kann ich nichts Besonderes, wann merken das die anderen wohl?«. Das Erfolgsgefühl gehört zu den am schwierigsten zu erreichenden Gefühlen überhaupt, weil es nur von anderen, ebenfalls erfolgreichen Menschen ausgelöst wird. Deshalb hat das regelmäßige Teilen und gemeinsame Feiern von Erfolgen eine so große Bedeutung für den Zusammenhalt der Community und die Tragfähigkeit singulärer Höhepunkte des Erfolgs. Der Erfolg will miteinander erlebt und gespiegelt sein, und das erfordert eine eigene Community. Es braucht die Augenhöhe.

Erfolgsgefühl entwickelt sich nicht durch Anerkennung von Chefs oder Bewunderung von Mitarbeitern. Der Impuls geht vielmehr von der eigenen Person aus, indem sie immer wieder, ganz alltäglich, über ihre Erfolge spricht, im Kontext der eigenen Werte und des eigenen Anliegens. Erst dann kann sich Resonanz einstellen.

»Du Tom, ich bin so froh, heute endlich hat der Aufsichtsrat der Investition für mein Innovationsprogramm zugestimmt, sie haben verstanden, wie schnell es das Unternehmen vorwärtsbringen wird. Das habe ich mir so sehr gewünscht, es ist der richtige Weg für uns.«

Das Echo entstammt dem Resonanzraum »Community«: als positives Reden über die Person, als Empfehlung und Referenz; als Beifall, Zustimmung, Wertschätzung oder Kompliment; als Wunsch nach Nähe, Verbundenheit, Zugehörigkeit; als konkrete Unterstützung, als kommerzieller Auftrag, als Ruf, Engagement oder Beförderung. Nichts geht ohne andere Menschen. Sie tragen den Erfolg weiter. Karrieren werden gemacht, wenn Dritte über eine Person auf die richtige Weise sprechen, einzigartig, dem Kontext angemessen, positiv. Dabei spielt der rein faktische Erfolg (im obigen Beispiel die Zustimmung des Aufsichtsrats) keine Rolle. Menschen wollen berührt sein von einer Idee, einem inneren Anliegen (»Ich habe es mir so sehr gewünscht.« – »Das ist der richtige Weg.«). Sie wollen sich von einem Gefühl – dem Erfolgsgefühl anstecken lassen (»Ich bin so froh …« – «Sie haben verstanden …«).

Das eigene Erfolgsgefühl ist der Schlüssel, das Gefühl, erkannt worden und verbunden zu sein. Diese Spiegelung geschieht nur in der Verbundenheit auf Augenhöhe. Dann kann sich eine große Ruhe entfalten, die sich ausdrückt in Worten wie

- »Ich gehöre dazu.«
- »Ich bin angekommen.«
- »Ich muss nicht mehr kämpfen, ich bin sicher.«

Deshalb nennen wir die Community die psychologische Heimat der Erfolgreichen.

## SPIEGELUNG AUF AUGENHÖHE

Warum ist symmetrische Spiegelung, die Augenhöhe, so wichtig für die Entstehung von Erfolgsgefühl? Warum kann nur eine ebenso erfolgreiche oder eine noch erfolgreichere Person dieses Erfolgs- und Zugehörigkeitsgefühl bieten? Nur sie kann die Komplexität und die herausragende Bedeutung eines Erfolgs in dem ihm eigenen Kontext erkennen.

Wenn Menschen sich mit einer Entourage Abhängiger umgeben oder mit »Freunden«, deren Wunsch es ist, »mit den großen Hunden zu pinkeln«, gedeihen Zweifel über den eigenen Wert und die eigene Attraktivität. In einer Gesellschaft mit Menschen, deren Motive für ihre »Freundschaft« und »Begleitung« ungewiss sind, geht die ursprüngliche Ambition verloren.

Was aber geschieht im umgekehrten Fall, das heißt wenn jemand über den Community-Status verfügt, aber keine Gabe, kein Können, keine Erfolge vorzuweisen hat? Für Kinder sehr erfolgreicher Menschen oder aus berühmten Familien ist es ein persönliches Drama, wenn sie hochgesteckte Erwartungen nicht einlösen können. In ihnen werden immer die Eltern gesehen. Deshalb ist die Entwickling einer eigenen Identität für sie oft so schwer. Eine Begabung wird nicht vererbt. Was vererbt wird, sind ein familiäres Klima, ein kulturelles Umfeld und wertvolle Familienfreundschaften. Diese Faktoren begünstigen die Entfaltung von Begabungen, aber die eigentliche Arbeit muss jeder selbst leisten.

»Erben und Erbinnen« von Community-Status können sich sehr souverän in der Welt bewegen, aber Erfolgsgewissheit setzt Begabung voraus. Der begehrte Gast in der Münchner Edeldisco P1 zu sein oder auf Gucci-Partys in mehreren Sprachen weltgewandt zu parlieren, führt nirgendwo hin. Eine derartige Souveränität ist nicht zu verwechseln mit Erfolgsgewissheit. Wem es gelingt, sein Talent zu entwickeln, dem stehen alle Türen weit offen. Deshalb besitzen beruflich erfolgreiche Frauen und Männer aus großen Familien eine unnachahmliche Souveränität und Selbstgewissheit. Sie lösen die Erwartungen ein, die in sie gesetzt wurden. Erfolgreich zu sein, sich in der Welt der Erfolgreichen bewegen und bestehen zu können gehört selbstverständlich zu ihrer Identität. Es ist ihre Welt.

Noch jung ist in erfolgreichen Familien die Tradition, auch Frauen als souverän, erfolgreich und einflussreich zu sehen. Sie müssen sich ihren beruflichen Platz in der Welt erfolgreicher Menschen selbst gestalten.

Das gelingt immer öfter, zum Beispiel Simone Bagel-Trah, die im Jahr 2009 zur Aufsichtsratsvorsitzenden im internationalen deutschen Henkel-Konzern ernannt wurde. Noch selbstverständlicher treten Frauen in der Modebranche ihr rechtmäßiges Erfolgserbe an. Beispiele bieten Lavinia Biagiotti, die Tochter der Italienerin Laura Biagiotti, der eines der bekanntesten Fashion-Unternehmen Europas gehört, Viktoria Strehle, die Tochter von Gabriele und Gerd Strehle, oder die Amerikanerin Aerin Lauder, eine Enkelin

Estée Lauders, die als Senior Vice President und Creative Director eine wichtige Rolle im Konzern innehat.

## COMMUNITY-KOMPETENZ

### COMMUNITY-KOMPETENZ ALS HALTUNG

Der Aufbau einer Community gleicht einer persönlichen Revolution, die mehr Einfluss und Reputation bewirkt. Es geht nicht um schlichte Optimierungen des Verhaltens, sondern um die Veränderung der Aufmerksamkeit und der Haltung.

Alle ambitionierten Menschen wünschen sich, mit Gleichgesinnten freundschaftlichen, vertrauensvollen Kontakt zu haben. Aber sie bedauern, dass ihnen die Zeit fehlt, um Gesten der Verbundenheit zu pflegen, das heißt zum Beispiel

- eine Glückwunsch-SMS zu schreiben, wenn sie beeindruckt sind von einem besonderen Vortrag;
- eine Dankeskarte zu schreiben, wenn ihnen jemand einen Kontakt vermittelt oder eine Information gegeben hat;
- anzurufen, um persönlich eine Einladung anzunehmen oder abzusagen;
- einen Glückwunsch- oder Kondolenzbrief zu schreiben;
- eine Bemerkung gegenüber dem Vorstandskollegen darüber zu machen, wie großartig der Beitrag von Frau Wagner im Meeting des Aufsichtsrats war;
- einer Künstlerin nach einer fulminanten Aufführung Blumen zu schicken und einen persönlichen Brief beizulegen …

Das alles dauert jeweils nur wenige Minuten. Es ist nicht die Zeit, die fehlt, sondern die Haltung, die Aufmerksamkeit, die trainiert werden muss. Es gilt, die Vielzahl der Gelegenheiten zu erkennen, die sich anbieten, um die Community aufzubauen und zu pflegen, um dabei die Freude zu empfinden, Zugehörigkeit zu bieten. Gut beraten ist, wer es nicht bei Gefühlen und Gedanken belässt, sondern tatsächlich zum Telefon, zur Karte, zum Briefpapier greift.

Wer diese Haltung noch nicht entwickelt hat, sitzt vielleicht abends im Büro oder Atelier oder Hotelzimmer und überlegt sich krampfhaft, wer von den vielen Menschen, dem er oder sie begegnet ist, jetzt einmal eine Dankeskarte verdient hätte. So mühsam mit großer Disziplin fängt es an. Ist die Community-Kompetenz aber erst kultiviert, dann verliert sie ihren Charakter als bewusst und geplant eingesetzte Fähigkeit. Dann ist die Aufmerksamkeit für alle Mitmenschen stets präsent. Dann wird DIE SACHE nicht über Menschen gestellt.

Communtity-Kompetenz muss genauso trainiert werden wie das fachliche Können und hat ebenso mit inneren Widerständen zu kämpfen. »Keine Zeit« ist davon der fantasieloseste, »Ich bin doch überhaupt nicht interessant für einen Vorstand« der beliebteste Widerstand bei Konzernmanagern. »Mir fehlen die Gelegenheiten« bekommt den Preis für die lustigste Ausrede, und »Sind das überhaupt die richtigen Leute für mich?« ist am wirksamsten, denn mit diesem Satz katapultieren sich Menschen selbst nachhaltig ins Aus. Sie sollten Zugehörigkeit bieten, also Menschen ansprechen und zusammenbringen, und nicht auf Zugehörigkeitsangebote anderer warten.

Community-Kompetenz als Haltung zu entwickeln bedeutet, in den grundsätzlichen Modus der Dankbarkeit und Großzügigkeit wechseln. Menschen mit dieser Haltung treffen auf dankbare und gut gelaunte Partnerinnen und Partner, die ihrerseits in Resonanz gehen. Community-Kompetenz ist auch eine strategisch wertvolle Kompetenz: Sie kann zum nächsten Job oder Karriereschritt verhelfen, zum nächsten

Auftrag, zum nächsten wichtigen Kontakt, zu nützlichen, weil aufrichtigen Rückmeldungen. Und sie bestärkt das gute Gefühl, zugehörig und geschätzt zu sein.

## AUS DEM GEBEN ENSTEHT DAS MEHR

Wenn Menschen sehr viel leisten und während ihrer Karriere große Opfer bringen, aber Aufmerksamkeit und Anerkennung ausbleiben, dann reagieren sie oft enttäuscht. Womöglich werden sie arrogant, schotten sich ab, verbittern, brechen unkontrolliert in Wut aus. Mit aller Macht wollen sie das erreichen, was sie sich wünschen, was ihnen aber versagt geblieben ist: die Aufmerksamkeit, die ihnen vermeintlich zusteht. Die Welt, so meinen sie, sei ihnen etwas schuldig geblieben. Sie sind dann oft nicht (mehr) in der Lage, *zuerst anderen* die eigene Aufmerksamkeit *zu schenken*, oder sie wissen nicht, wie sie dies auf angemessene Weise tun können. Sie wollen Bewunderung erzwingen – diese wird jedoch verschenkt, nicht geschuldet.

Topmanagerinnen und Topmanager zum Beispiel erbringen oft herausragende Leistungen für andere Menschen, für ihre Vorgesetzten, Kundinnen, Mitarbeiter, Aufsichtsräte, für die Öffentlichkeit … und denken, damit hätten sie Aufmerksamkeit geschenkt und Zugehörigkeit geboten. Das ist ein ebenso großer wie gängiger Irrtum. So leisten sie und leisten und merken nicht: Das ist nicht die richtige Währung in der Community, der Code wird nicht verstanden. Dann reagieren sie enttäuscht und wütend, weil sie keine Resonanz erfahren.

Resonanz entsteht jedoch nur ganz direkt, von Person zu Person, nicht vermittelt über eine Sache oder eine Leistung. So bedeutet »Aufmerksamkeit schenken« nicht, einen Termin einzuhalten, die Einkaufsleistung zu verbessern, die amerikanischen Kollegen auf die Konzernlinie einzuschwören oder an den Geburtstag der Sekretärin zu denken. Aufmerksamkeit schenken heißt, sich für den andern ganz direkt, ganz menschlich, zu interessieren.

- »Wie geht es Ihnen heute, nach dieser Entscheidung der Börsenaufsicht?«
- »Wie Sie gestern die Verhandlung geführt haben: großartig!«
- »Was bewegt Sie denn, wenn Sie an die Verkaufszahlen in den USA denken?«
- »Ich bin nach Berlin geflogen, um Ihre Ausstellung anzusehen, und zutiefst beeindruckt und berührt.«

Menschen, die nachhaltig erfolgreich sind, geben Impulse aus ihrer Fülle in die Welt. Sie haben etwas zu geben, und das tun sie auch. Am Anfang ihr Können, ihre Ambition, später teilen sie ihren Einfluss und ihre Priviliegien mit anderen.

Der Cellist Pieter Wispelwey sprach in einem Interview[73] enthusiastisch von seinen Kollegen Alfred Deller, dem Kontratenor, und Gwyneth Jones, der Sopranistin. Selbstverständlich gehe er in ihre Konzerte und anschließend mit ihnen essen – um sie zu feiern.

Auch die Schauspielerin Meryl Streep nutzt ihre Berühmtheit, um auf andere aufmerksam zu machen, so wie bei der Auszeichnung für ihre Hauptrolle in *Doubt* von der Schauspielergewerkschaft. Sie dankte ihren Kolleginnen, vor allem der »gigantisch begabten Viola Davis«, und rief: »Mein Gott, irgendjemand soll ihr endlich einen Film geben!«[74]

Je größer der wirtschaftliche oder künstlerische Erfolg, desto größer auch der Wunsch nach öffentlicher Anerkennung und Zugehörigkeit in der gleichen Liga. Wenn erfolgreiche Menschen diese Zugehörigkeit zur eigenen Liga nicht finden, ist das eine große Kränkung. Der erreichte Erfolg und die Anerkennung durch andere müssen in einem Gleichgewicht sein. Fehlende Anerkennung führt zu Enttäuschung und bildet so einen Nährboden für Versagensängste, Wut, Selbstzweifel, Trotz und den Drang, sich unter allen Umständen zu beweisen.

Diesen Zusammenhang kennen auch Menschen in Spitzenpositionen. Sie bewegen Großes, sind sehr einflussreich, international unterwegs, verdienen sehr viel Geld, aber es fehlt ihnen an Aufmerksamkeit und Anerkennung auf Augenhöhe.

Sie erhalten nicht die erwarteten Einladungen, kein Headhunter ruft sie an, auf Tagungen ist niemand an ihnen interessiert, zu ihrer Hochzeit können sie neben Vater, Mutter, Geschwistern, der Sekretärin mit Familie, drei Kolleginnen und zwei früheren Kollegen keine große Gesellschaft einladen.

Das Ganze wirkt auf sie, als ob sich irgendwo die tollsten Menschen treffen, nur gerade da nicht, wo sie selber sind. Das ist vielleicht auch so, denn es gibt keine formalen Zugangsmöglichkeiten zu den wirklich spannenden Treffen, sie finden vielmehr im Rahmen privater Einladungen statt. Das ist beispielsweise auch beim Weltwirtschaftsforum in Davos nicht anders. Natürlich haben Vorstände großer Konzerne aufgrund ihrer Position und der Sponsoringbeiträge ihres Unternehmens Zugang zu der Konferenz, nicht aber zu den exklusiven Einladungen am Rande, die erst ihre Bedeutung ausmachen.

Anerkennung lässt sich nicht einfordern, nicht einkaufen und nicht einklagen. Bleibt sie aus, dann schließen sich die Betroffenen in den Unternehmen ihren Kolleginnen und Kollegen noch enger an. Das jedoch ist keine Lösung. Der Anfang muss selbst aktiv gemacht werden, in Richtung auf andere erfolgreiche Menschen außerhalb des Unternehmens. Es gilt, die eigene Haltung zu überprüfen, sich der eigenen Erfolge zu vergewissern, indem anderen erfolgreichen Menschen Aufmerksamkeit geschenkt und Zugehörigkeit geboten wird.

Das klingt schwierig und ist es auch. Der Prozess der Selbstvergewisserung ist komplex, da zwei Wahrheiten nebeneinander existieren, die beide richtig sind, die aber nicht übereinstimmen und unterschiedliche Emotionen und Handlungsimpulse auslösen. Da ist auf der einen Seite das Bewusstsein: »Ich weiß, ich bin erfolgreich« und auf der anderen jenes, das suggeriert »Andere sehen und würdigen meinen Erfolg nicht«. Es erfordert tiefgehende Reflexion, aus diesem scheinbaren Widerspruch den richtigen Schluss zu ziehen und zu erkennen, dass es nicht weiterführt zu meinen, weil man erfolgreich sei, könne man Anerkennung fordern. Der richtige Schluss lautet vielmehr: »Weil ich erfolgreich bin, gebe ich anderen Anerkennung und biete Zugehörigkeit.« Die Notwendigkeit, die eigene Haltung zu ändern, kann sich für erfolgreiche Menschen im Extremfall als unüberwindliche Hürde erweisen, gleichsam als gläserne Decke: Sie sehen den Unterschied, sie sehen die Menschen in der nächsten Liga agieren, aber sie können sie nicht erreichen.

## COMMUNITY-KOMPETENZ ALS REPERTOIRE AN FÄHIGKEITEN

Wenn jemand beeindruckt ist von einer Aktion oder Entscheidung, einem Werk oder einer Darbietung und wenn er seiner Begeisterung dem Urheber gegenüber Ausdruck verleiht, dann spricht er die Sprache der Community.

Erfolgreiche Menschen sind stets von der Vorstellung einer wohlwollenden Community begleitet. (»Wie würde Claus Schneider reagieren?« – »Was würde Claudia Janott machen?«) Das Gefühl der Zugehörigkeit entsteht weder durch Leistung oder harte Arbeit noch durch formale Zugehörigkeit

zu einem definierten Kreis. Es entwickelt sich, sobald man beginnt, Zugehörigkeit zu bieten. Dazu ist es nötig, dass man sich mit seinen Ecken und Kanten zeigt, mit den eigenen privaten Hobbys, mit der Familie oder als Single, mit seiner spezifischen Eigenart.
Die folgenden Strategien sind nicht erfolgversprechend:

- durch gute Leistung Zugehörigkeit erzwingen wollen;
- die formale Zugehörigkeit, zum Beispiel zum Kreis der Top 100 eines Konzerns, als ausschlaggebend betrachten;
- sich den Ritualen, Ansichten und Hobbys der Mächtigsten anpassen;
- Zugehörigkeit einfordern oder kaufen wollen;
- nur im engeren Kreis einer Profession oder eines Unternehmens Zugehörigkeit suchen und bieten;
- nach den »idealen« Personen oder dem »idealen« Anlass suchen;
- die »alten« Freunde aufgeben.

Positiv wirkt es sich dagegen aus,

- Persönlichkeiten aus ganz verschiedenen Bereichen wie Politik, Kunst, Wissenschaft, Religion oder aus verschiedenen Ländern und Altersstufen nach persönlicher Sympathie auszuwählen;
- das eigene Anliegen zu kennen und zu benennen und ins Gespräch zu bringen;
- sich zu öffnen, das heißt die eigene Meinung, die eigenen Werte und Prioritäten preiszugeben;
- das eigene Hobby und die eigenen Interessen mit den Mitgliedern der Community zu teilen;
- konkrete Gelegenheiten zu schaffen, die es diesen Personen ermöglichen, Nähe herzustellen und in Resonanz zu gehen (zum Beispiel Geburtstags- und Weihnachtskarten zu senden, entscheidende Hinweise zu geben, Kontakte zu vermitteln, Einladungen und Angebote auszusprechen);

- keine Gelegenheit auszulassen, um Dankbarkeit zu zeigen (schriftlich, mündlich, mit Geschenken);
- keine Gelegenheit auszulassen, den anderen/die anderen herauszustellen und zu würdigen (zum Beispiel bei Konferenzen die Leistungen der anderen zu benennen und darauf Bezug zu nehmen);
- sofort zu handeln anstatt gute Vorsätze lediglich zu pflegen (»Irgendwann ist ein ganz großes und das absolut passende Geschenk an Frank fällig – nur leider wurde bisher nichts daraus, weil die Zeit fehlte.«);
- Weihnachtskarten persönlich und individuell zu schreiben;
- Geschenke zu allen möglichen Gelegenheiten zu machen (kleine Mitbringsel bei der Rückkehr nach Reisen; ebenso kleine Mitbringsel aus der eigenen Heimat für Menschen in der Fremde, denen man begegnen könnte);
- kleine Rituale zu entwickeln, die kaum Zeit benötigen, etwa E-Mails freundlich zu beantworten:
  - »Vielen Dank für diese interessante Einladung« statt »Da kann ich nicht«,
  - »Vielen Dank für diese wertvolle Information« statt »Das wusste ich schon«,
  - »Super, dass Du an mich gedacht hast« statt »Ich brauche gerade gar keinen Headhunter-Kontakt«.

Mit jedem Brief, jeder Einladung zu einem Essen, mit jeder Geste, jedem Gespräch, jeder Presseinformation werden Impulse ausgelöst, und Menschen reagieren darauf. Die große Überraschung liegt darin, welche Menschen das sein werden. Der Prozess, innerhalb dessen man sich einen Namen macht, ist nicht linear, sondern voller Wendungen und seiner Natur nach kaum vorhersehbar: Plötzlich kommen Personen ins Spiel, die vorher keine Beachtung fanden, die unterschätzt wurden, die fremd schienen. Man selbst hat keinen Einfluss darauf, wer auf welche Weise reagiert, auch wenn man die

Anstöße gibt. Das Wort Resonanz (von lateinisch resonare = widerhallen) beschreibt so schön, dass es ein von einem selbst angeregtes Mitschwingen ist. Am Anfang steht das Interesse an anderen, die Neugierde, die Wertschätzung. Dann entwickelt sich die spezifische Kultur der Beständigkeit mit ihren Community-Ritualen. Und schließlich können andere mitschwingen, sich inspirieren lassen, voneinander lernen, sich motiviert und heimisch fühlen. Das bedeutet, Zugehörigkeit zu bieten.

## DIE KÖNIGSKLASSE: EINLADUNGEN ZU SICH NACH HAUSE

»Herr Dekeyser, welche Eigenschaften sind nötig für beruflichen Erfolg?« – »Die Fähigkeit zu Freundschaft und Vertrauen.«[75] Das sagt der frühere Fußballprofi, der in zehn Jahren sein Unternehmen Dedon zu einem weltweiten Marktführer aufbaute.

Erfolg setzt die Zusammenarbeit mit anderen Menschen voraus, denen man vertraut, auf deren Rat und Empfehlungen man hört und mit denen man feiern kann. Es reicht nicht, andere zu *kennen*. Eine Community will aufgebaut und kontinuierlich gepflegt werden. Das erfordert Zeit und Aufmerksamkeit.

Jeder erfolgreiche Mensch, der einmal in ernsthaften Schwierigkeiten steckte – nach einer Trennung vom Unternehmen, wenn die Reputation in Gefahr war oder während langer Strecken ohne Aufträge und Erfolge –, weiß, wie hart es ist, wenn plötzlich niemand für ihn da ist. Dann vermisst er Menschen, mit denen er reden, Zeit verbringen, Neues planen kann – Menschen, die ihn ermutigen und unterstützen. Von dem Gefühl des Mangels aus ist es nicht weit zu der Einsicht, dass Freundschaft, eine Community, frühzeitig aufgebaut und regelmäßig gepflegt werden muss. Deshalb gibt es Feste, Partys, kleine Abendessen, Premierenfeiern, große Abendgesellschaften oder Empfänge, damit aus Begegnungen Freundschaften entstehen können. Wie sonst sollte man in entscheidenden Momenten den passenden Hinweis bekommen? Gesellschaftliche Ereignisse sind der ideale Rahmen dafür. Umso erstaunlicher ist es, wie ungeschickt manche Eingeladene reagieren. Erfahrene Gastgeber, Gastgeberinnen und gern gesehene Gäste wissen:

- Jede einzelne Einladung muss gewürdigt und persönlich beantwortet werden, sonst versiegt der Strom der Einladungen abrupt, beispielsweise nach der Trennung vom Unternehmen oder nach dem Statusverlust.
- Selbst Einladungen auszusprechen ist immer erfreulich und zeugt von hochwirksamer Community-Kompetenz.
- Einladungen zu sich nach Hause auszusprechen – das ist die Königsklasse.

Wer beruflich erfolgreich ist und stets zu interessanten Ereignissen eingeladen wird, ist ein Mensch, der seine Wertschätzung mit aufmerksamen, persönlichen und dankbaren Gesten auch im Kleinen zeigt.

Manchmal verlieren sich Menschen in Tagträumen. (»Wen könnte ich eines Tages einmal einladen?«) Aber sie setzen die Träume nicht in die Realität um, weil sie meinen, noch nicht die richtigen Menschen zu kennen. Es ist allerdings sehr problematisch zu denken, dass die Menschen, die man kennt, uninteressant oder nicht einflussreich genug seien, dass es gar kein Privileg sei, sie zu kennen. Die Unterscheidung zwischen »wichtigen« und »weniger wichtigen« Menschen hat noch nie zu einer Community geführt. Sich auszurechnen, wen einzuladen sich lohnt und wen nicht, ist nicht schlau. Eine Community entsteht nicht in Monaten, sondern in Jahren und Jahrzehnten.

Die Dame, die vor fünf Jahren beim Thanksgiving-Dinner der amerikanischen Botschaft neben dem IT-Leiter saß, mit der er so inspiriert über neue HR-Modelle sprach – eine »kleine« Personalsachbearbeiterin. Vergessen. Visitenkarte längst weggeworfen. Tatsächlich leitet sie heute das Top Executive Recruiting eines internationalen Konzerns, und just dort wäre die CIO-Position zu besetzen, genau die passende Position, die der IT-Leiter jetzt sucht.

Besser ist es, den so sympathischen, aber vielleicht wenig einflussreichen Menschen (Journalistin, Assistenten, Kunden, Künstlerin, Berater) spontan zum Abendessen einzuladen – und gleich noch einen oder zwei Geschäftsfreunde mit dazu. Denn genau diese Personen werden vielleicht bis 2015 eine phänomenale Entwicklung durchlaufen haben und scheinbar aus dem Nichts heraus einen entscheidenden Kontakt herstellen.

Sich nur im vermuteten Community-Mainstream zu bewegen, etwa nur Golf zu spielen, nur teure Weine zu kredenzen, nur Marathon zu laufen oder nur auf die Jagd zu gehen, ist nicht sinnvoll. Echte Privilegien sind immer individuell, einzigartig, und so ist auch eine persönliche Community. Sie entsteht aus dem heraus, was man gerne tut, zusammen mit den Menschen, die einem sympathisch sind. Mit den Kindern im Garten zu grillen ist genau richtig, denn für Ihre Geschäftsfreunde ist es ein Privileg und eine Freude, daran teilzuhaben! Das größte Geschenk ist die gemeinsam verbrachte Zeit, die Aufmerksamkeit, die die Gastgeberin, der Gastgeber, die Gäste, die Geschäftsfreunde einander widmen.

Je größer ihr Einfluss und ihr Wirkungsgrad, desto wichtiger ist es, dass Menschen selbst eine Heimat haben und anderen Heimat bieten. Heimat ist ein Wort, das es in dieser umfassenden Bedeutung nur im Deutschen gibt. Es meint den Geburtsort oder einen sehr vertrauten Ort, nach dem man sich sehnt, zu dem man zurückfinden kann oder könnte. Es ist ein Ort, an dem herzlich verbundene Menschen sind, an dem man Sicherheit, Geborgenheit und vertraute Rituale wiederfindet. In der Heimat ist der Mensch willkommen.

Die psychologische Heimat erfolgreicher Menschen ist ihre Community: andere erfolgreiche Menschen, die ihnen vertraut sind. Dort können sie sich austauschen, reflektieren, Freude empfinden und wachsen. Deshalb ist es so wichtig, das eigene Heim für Geschäftsfreunde und alle Mitglieder der eigenen Community zu öffnen und Einladungen zu sich nach Hause auszusprechen. Es gehört zu den größten Privilegien erfolgreicher Menschen, dass sie interessante andere Menschen treffen können. Bieten Sie selbst anderen diese Community.

## EIN ZUHAUSE BIETEN

Lassen Sie Ihr Zuhause zu einem Ort für Heimatsuchende werden – im wörtlichen Sinne. Laden Sie zu sich nach Hause ein. Wovon schwärmen Menschen, wenn sie aus fernen Ländern zurückkommen? Woran erinnern Sie sich noch nach Jahren oder Jahrzehnten?

- »An den einen Abend, an dem der CEO seine berühmten Spaghetti gemacht hat, als ich die Professorin der London School of Economics kennenlernte, an der ich jetzt Vorträge halte.«
- »Wie ich zum Geburtstag meines früheren Studienkollegen eingeladen war und genau an jenem so anregenden Abend beschloss, eine eigene Firma zu eröffnen – und dann war gleich der erste Auftraggeber da …«
- »Oder wissen Sie noch, wie bei dem lustigen Bratkartoffelabend Ihrer Nachbarn nichts funktionierte und Sie dann ge-

meinsam mit der Vorstandsvorsitzenden von Elan an der nächsten Tankstelle noch Bier holten? Und genau dort hatten Sie die bahnbrechende Idee für Ihr Logistik-Outsourcing.«

Eine Einladung nach Hause ist unvergleichlich, weil sie Heimat bietet, Zugehörigkeit, Vertrauen und bleibende schöne Erinnerungen. Gerade das scheinbar Unvollkommene macht den Reiz aus. Jeder kann ins Ritz einladen, aber nur Sie in Ihr Zuhause zu spannenden Gesprächen. Sie und Ihr Zuhause geben Ideen eine Heimat, bieten Menschen Zugehörigkeit.

## WAS VERBUNDENHEIT SCHAFFT

### POSITIV ÜBER SICH SELBST SPRECHEN

Für Frauen wie Männer, die eine Karriere anstreben oder bereits an der Spitze stehen, ist es notwendig, souverän positiv über sich selbst sprechen zu können. Es gilt, nicht zu prahlen, sondern zu plaudern und nicht unangemessen bescheiden zurückzuzucken, wenn andere positiv über die eigene Person sprechen.

Wenn offensichtliche Könner ihres Fachs abwertend, unangemessen bescheiden, abwehrend, zynisch oder uneindeutig über sich selbst sprechen, dann entsteht bei anderen ein widersprüchlicher Eindruck (in der Psychologie als kognitive Dissonanz bezeichnet), auf den sie mit Abwehr reagieren. Was sollen sie glauben? Was sie sehen oder was sie hören?

Niemand schwingt sich zu geistigen Höhenflügen auf, um die wahre Kompetenz des Gegenübers gegen dessen Widerstand zu entschlüsseln. Sich einen Namen zu machen, das geht immer von der eigenen Person aus, nicht von anderen. Viele ambitionierte Menschen möchten empfohlen werden und brauchen auch Empfehlungen. Wie sollen aber andere wissen, ob sich eine Empfehlung wirklich lohnt – für sie selbst, für den Empfohlenen, für den Adressaten der Empfehlung – und wie die Empfehlung aussehen sollte, damit sie sich lohnt? Die Worte für Empfehlungen ebenso wie für die Entwicklung der Reputation müssen von der eigenen Person ausgehen:

- Mit welchen Worten möchte sie empfohlen werden?
- Wie möchte sie, dass andere über sie sprechen?
- Worauf soll das Hauptaugenmerk gelenkt werden?
- Welche Fantasie, welche Perspektive soll in den Köpfen der Adressaten entstehen?

Die Regieanweisung zur Empfehlung einer Person ergibt sich daraus, wie diese über sich selbst spricht. Das heißt nicht, dass die eigene Person Dauerthema sein sollte. Im Zentrum sollte vielmehr das stehen, was sie bewegt, das heißt die Themen und Anliegen, die ihr wichtig sind. Das erlaubt Rückschlüsse auf die Person selbst. Ausschlaggebend ist die gemeinsame Aufmerksamkeit gegenüber etwas Drittem, Substanziellem. Sie muss angefacht werden, dann erst kann Interesse an der Person entstehen.

Handlungen und Entscheidungen entfalten ihre volle Wirkung dann, wenn sie im Austausch mit anderen in einen Kontext gestellt werden, das heißt wenn der Bezug zu den eigenen Talenten, Motiven, Werten hergestellt wird. So wie es Jürgen Dormann, der frühere Verwaltungsratspräsident von ABB, in einem Interview gemacht hat.[76]

Zu Beginn des Interviews, nach zwei, drei Sätzen kommt der Fotograf ins Zimmer, Jürgen Dormann unterbricht seine Ausführungen über seinen Lehrer Karl Jaspers und sagt: »... Wir haben uns doch heute schon gesehen. Der, der Ihnen mit der Karre half, war ich. Ich dachte, Sie seien ein Mitarbeiter des Hauses, da helfe ich immer. Das ist mein Jobverständnis.« Diese Bemerkung demonstriert, wie eine erfolgreiche Persönlichkeit glaubwürdig handelt und ihr spontanes Handeln in den für sie wichtigen Kontext stellt.

Bemerkungen wie diese sind als vertrauensbildende Maßnahme zu Beginn eines Gesprächs kaum zu übertreffen. Wenn bei jemandem so offensichtlich und nachprüfbar Worte und Taten übereinstimmen, dann nimmt man ihm jedes Wort unbesehen ab. So werden Vertrauen und Glaubwürdigkeit hergestellt, wenn Sie kongruent und konsistent sind.

Positiv über sich selbst zu sprechen bedeutet nicht, zu prahlen oder Monologe zu halten. Der amerikanische Berater Keith Ferrazzi analysiert in seinem Buch *So finden Sie Ihr Dream-Team*[77] selbstkritisch eine Situation, in der er sich offensiv als erfolgreicher Alleindarsteller präsentierte. Das ist nicht das, was mit »gut über sich sprechen können« gemeint ist.

Ferrazzi war zu einem privaten Essen bei der Talkshow-Ikone Larry King eingeladen, fühlte sich am Ziel seiner Träume, und, so beschreibt er sich selbst, dominierte das Gespräch, gab mit seinen Erfolgen an und stellte unangemessene Fragen. Aber er spürte selbst, dass er sich falsch verhielt. Er rang um Anerkennung.

Aber Anerkennung kann nicht herbeigezwungen werden, sie ist nicht zu kaufen, sie ist nicht zu erkämpfen – sie ist eine Zugabe. Positiv über sich selbst und andere zu sprechen und zugleich um Anerkennung zu ringen, das passt nicht zusammen.

Anerkennung ist die Zugabe zu Wertschätzung. Sie setzt zweierlei voraus: erstens die Fähigkeit, sich selbst anzuerkennen, gut über sich zu sprechen, und zweitens das Vermögen, andere Menschen zu respektieren. »Mit allen würde ich gerne arbeiten!« Das ist immer das Fazit unserer Teilnehmerinnen und Teilnehmer am Ende unserer Seminare. Sie haben darum gerungen, ihr inneres Anliegen zu erkennen, eine Sprache für ihre Mission zu finden und ihren individuellen Erfolgsweg zu formulieren. »Was mich bewegt, ist ...« Diese Sprache erreicht andere Menschen immer. Ernsthaftigkeit und Glaubwürdigkeit sind unwiderstehlich – der Kern des Handelns muss formuliert werden, nicht die Handlung selbst. Es ergibt nicht viel Sinn, von sich selbst zu behaupten, man sei »wirklich ein vertrauenswürdiger Mensch«. Aber der Sinn hinter den Taten kann formuliert werden.

## POSITIV ÜBER ANDERE SPRECHEN

Wenn jemand negativ über andere spricht, aggressiv, zynisch oder auch »nur« ironisch, dann entsteht beim Zuhörer Misstrauen. Die unterschwellige Botschaft lautet: »Die anderen genügen nicht, gehe zu ihnen auf Distanz.« Die Folge ist, dass der Gesprächspartner sich unbewusst absetzt. Er oder sie kann nicht anders. Äußerlich mag er zwar zustimmen, ebenfalls abfällig reden oder interessiert nachfragen, aber die unbewusste Dynamik ist ein wachsender Abstand zwischen den Gesprächspartnern. Das Gesprächsklima gestattet keine Nähe, obwohl sich die Person, die abgrenzende Aussagen trifft, durchaus verstanden fühlt.

Welche Folgen hat das für denjenigen, der negativ über Dritte spricht? Er wünscht sich Zustimmung und Anerkennung, aber er spürt sehr genau, dass er – unter Umständen trotz inhaltlicher Übereinstimmung – keine Gemeinsamkeit herzustellen vermag, sondern dass er Entfremdung und Entmutigung schafft. Deshalb ringt er umso verzweifelter um Nähe und Anerkennung, aber mit den falschen Mitteln. Die

Verunglimpfungen werden heftiger, die sprachlichen Entgleisungen vehementer, die Empörung immer größer. So kommt es zu fatalen Interviews, desaströsen Personalgesprächen und unsäglichen Konflikten, die im Nachhinein zutiefst bedauert werden.

Das mussten exponierte Persönlichkeiten, die Strategien der Konfrontation verfolgten, schmerzlich erfahren. Sie erhielten zwar eine große öffentliche Aufmerksamkeit, scheiterten aber letztlich doch. Aufmerksamkeit ist nur der erste Schritt zum Aufbau von Reputation, und nur Reputation führt zu Gefolgschaft.

Große politische Ausnahmetalente fanden trotz großer Medienaufmerksamkeit nicht die Anhängerschaft, die sie gebraucht hätten, um sich einen guten Ruf zu erarbeiten. Ihre »Ich bin anders und kann alles besser«-Attitüde transportierte nicht die eigene inhaltliche Botschaft, sondern lediglich die Abgrenzung von anderen Menschen und Ideen. Doch Abgrenzung reicht nicht, weil sich daraus keine Vision erschließen lässt, keine Ambition und auch keine Ziele. Abgrenzende Aussagen signalisieren, dass der Sprecher nicht an inhaltlichem Austausch und an Entwicklung interessiert ist, auch wenn tatsächlich das Gegenteil der Fall ist. Daher wird sich niemand mit einer eigenen starken Position anschließen und zu einer positiven Reputation des Sprechers beitragen.

## DIE ZAUBERFORMEL DANKBARKEIT

Dankbarkeit ist ein Ausdruck der Freude. Je mehr sich Menschen verbunden fühlen, in der Welt zu Hause, umso mehr fühlen sie Dankbarkeit. Verena Kast schreibt dazu:[78]

»Dankbarkeit und das Erleben von Freude gehören zusammen. Man hat etwas bekommen, das Freude ausgelöst hat, und die Freude über diese Freude möchte man mit dem Urheber, der Urheberin dieser Freude teilen, indem man Dankbarkeit ausdrückt. Dankbarkeit ist geteilte Freude, und damit zeigen wir, dass die Freude nicht uns allein gehört, dass am Entstehen der Freude immer auch andere Menschen beteiligt sind.«

Was Dankbarkeit so kostbar macht, ist, dass sie verschiedene Gefühlsdimensionen verbindet und transportiert: Wertschätzung, Freude, Großzügigkeit, Anerkennung. Wenn sich das Gefühl der Dankbarkeit zeigt, erkennen Menschen an, dass ihre Erfolge und ihre Freude von anderen Menschen mitbewirkt wurden und ihrerseits Bausteine für den Erfolg anderer sind. Deshalb sind Dankbarkeitsrituale Zauberformeln für erfolgreiche Menschen. Sie zeugen von Intensität, Aufmerksamkeit und einem markanten persönlichen Profil. Die erfolgreichsten Menschen schreiben die persönlichsten handgeschriebenen Dankeskarten.

Manchmal ist bei Menschen der Drang nach Besitz so ausgeprägt, dass sie nicht erkennen, wenn sie beschenkt werden.

- Sie erhalten eine Einladung und bedanken sich nicht, weil ihnen der Termin oder der Ort nicht passt.
- Sie gehen zu einem Empfang, ohne Geschenk, und verlieren anschließend kein Wort darüber.
- Sie erhalten eine persönlich ausgesuchte CD, aber sie trifft nicht ihren Musikgeschmack, und deshalb sehen sie keinen Grund für Dank.

Sie sind dem Habenwollen so stark verhaftet, dass es nie reicht, nie das Richtige ist, nie ganz genau so, wie sie es sich wünschen und es ihnen nach ihrer Meinung auch zusteht. Das macht nicht nur sie selbst unglücklich, sondern schmälert auch ihre Reputation. Aufgrund ihres Status verbleibt ihr Name auf Einladungslisten, aber keine Sekunde länger als notwendig.

Nur in der Verbundenheit können Erfolgsgefühle wahrgenommen werden. Dankbarkeit ist nicht einseitig, beide Seiten fühlen sich dadurch beschenkt. So erklären sich auch die sehr emotionalen Dankesworte bei Preisverleihungen. Der spontane Ausdruck des Dankes für eine Anerkennung sucht die Verbundenheit. Er ist überschäumend, der Erfolg will geteilt sein. Auch wenn die Reden noch so sehr inszeniert und geprobt sind, in der Situation selbst sind die Gefühle so überwältigend, dass alle Kontrolle dahin ist und es zu spontanen Gefühlsausbrüchen kommt. Diese Gefühle suchen die Verbundenheit zu Vertrauten.

Kein Mensch möchte allein sein, wenn sie oder er eine Auszeichnung erhält. Niemand stellt sich auf eine Bühne, um zu sagen: »Das habe ich ganz allein mir zu verdanken« oder »Ich habe für nichts zu danken, ich habe alles selbst gemacht«. Es wäre einer der traurigsten Momente im Leben eines Menschen, wenn sie oder er eine wertvolle Auszeichnung erhielte, dabei aber allein wäre und niemand mitfeiern würde. Jede herausragende Situation, eine Preisverleihung, eine Auszeichnung, eine Ordensverleihung, wird dann zu einem der glücklichsten Momente im Leben, wenn strahlende, vertraute Gesichter den Menschen stolz, glücklich, berührt, bewundernd ansehen und hochleben lassen. Deshalb ist es so bewegend, wenn große Taten anderen gewidmet werden.

Als der Gewichtheber Matthias Steiner bei den Olympischen Spielen 2008 in Peking die Goldmedaille in der Klasse über 105 Kilogramm gewann, widmete er seinen Sieg seiner 2007 bei einem Verkehrsunfall tödlich verunglückten Frau. Er führte das Bild seiner Frau immer mit sich, und bei der Verleihung der Trophäe hielt er es in die Kameras. Unter Tränen sagte er: »Ich hoffe und denke, dass sie das mitbekommt. Ich bin kein abergläubischer Typ, aber ich wünsche mir, dass es so ist. Ich freue mich für jeden, der mir geholfen hat. Vor allem aber für meine Frau.«

Diese Worte sagen uns viel über Matthias Steiner und seine Haltung zur Welt. Sie gestatten uns einen Blick in sein Denken und sein Unterbewusstsein, die großzügig, wertschätzend, verbunden und dankbar sind. Steiner ist ein echter Siegertyp, wenn er sagt: »Ich freue mich für jeden, der mir geholfen hat.« Er will nichts für sich allein behalten. Im Gegenteil: Er teilt.

Der amerikanische Professor Robert A. Emmons von der University of California, Davis, beschäftigt sich mit wissenschaftlicher Dankbarkeitsforschung. Für ihn gibt es niemanden, der wirklich selbstgenügsam ist und die Hilfe anderer nicht nötig hat. »Wer diese offensichtliche Wahrheit verleugnet, der betrügt sich nicht nur selbst, sondern hat auch einen schlechten Charakter, egal, welche anderen Tugenden er besitzen mag. Denn Dankbarkeit auszudrücken bedeutet, jemandem das zu geben, was ihm zusteht, weil er uns einen Dienst erwiesen hat.«[79] Dankbarkeit stärkt die sozialen Bindungen und das Erfolgsgefühl.

## DER WECHSEL IN DEN ZUGEHÖRIGKEITSMODUS

Exponierte Persönlichkeiten, Topmanagerinnen und -manager haben sich ihren Platz in der Champions League durch ihre Erfolge erarbeitet und müssen ihre Fähigkeiten schon lange nicht mehr unter Beweis stellen. Aber sie würden es gerne tun.

Das im Aufstieg bewährte Erfolgsmuster, Leistungsbeweise zu dokumentieren, müssen sie aufgeben und in eine Stimmung der Erfolgsgewissheit wechseln. Im Topmanagement und in anderen exponierten Positionen wirken nicht mehr Fähigkeiten, Leistungen und Ergebnisse vorbildlich, sondern die

Persönlichkeit. Das gilt desto eher, je höher die Position, je größer die Reputation und der Einfluss sind. Aus einer Leistungskarriere wird eine Ausdruckskarriere. Was jemand kann, ist erwiesen. Was jemand will, ist entscheidend. Wünsche beflügeln die Community, Eigenwille erzeugt Resonanz.

Menschen mit einer großen Karriere brauchen emotionale Zugehörigkeit, um die Karriere zu erhalten und in ein Lebenswerk zu überführen. Sie brauchen Fans, Förderer, Menschen, die an sie glauben, in schwierigen Zeiten zu ihnen stehen, sie ermutigen, mit ihnen Durststrecken überwinden, an ihrer Seite bleiben. Das einsame Genie ist eine Mär, in die Welt gesetzt von Männern, die die Bedeutung von Frauen, Freunden, Familie und vielen Helfern in ihrem Leben und für ihr Werk herunterspielen.

Zugehörigkeit entsteht als Resonanz auf stimmige Signale. Was gestern – im mittleren Management, am Anfang der Karriere – als Leistungsfähigkeit honoriert wurde und immer Thema war, verwandelt sich an der Schwelle zum Topmanagement, auf dem Sprung zur großen Karriere, in eine Leistungsfalle und wird als Übereifer diskreditiert.

## DAS BRINGT SIE JETZT WEITER:

## TRAINIEREN SIE IHRE COMMUNITY-KOMPETENZ

Sobald Sie anerkennen und zeigen, dass Sie den Z-Code durchschauen und anwenden, sind Sie Teil der Community. Am besten, Sie beginnen sofort damit, Fehler zu vermeiden. Insbesondere die folgenden sechs Sätze sollten Sie aus Ihrem Repertoire streichen:

1. »*Mich hat niemand angerufen.*« Diese Aussage bedeutet: Wichtige Informationen bekomme ich nicht, zu wichtigen Persönlichkeiten habe ich keine Verbindung. Ich bin passiv und habe selbst nichts zu geben.

   *Stattdessen:* Nehmen Sie sich vor, selbst jeden Tag zwei Personen anzurufen, die wichtige Informationen und Kontakte besitzen, und drücken Sie Ihren Dank, Ihre Anerkennung oder Ihre Bewunderung für sie aus.
2. »*Ich habe Termine.*« Dies ist eine verheerende Botschaft, wenn man so beispielsweise eine Einladung zu einem Gespräch, einem Essen, einem Treffen mit Geschäftsfreunden in einer anderen Stadt ausschlägt. Jeder ist beschäftigt und hat einen vollen Terminkalender. Dies herauszustellen klingt überheblich und signalisiert mangelnde Prioritätensetzung sowie mangelnde Einsicht in die Dominanz des Z-Codes.

   *Stattdessen:* Bedanken Sie sich für jede Einladung persönlich. Begründen Sie Ihre Absage substanziell und drücken Sie Ihr Bedauern aus.
3. »*Mich dürfen Sie jederzeit wieder einladen.*« Eine solche Aussage ruft den Verdacht hervor, der Betreffende habe noch niemals selbst Gesellschaften gegeben oder Gäste eingeladen. Andernfalls müsste er wissen, wie arrogant es wirkt, sich selbst als derart bedeutend darzustellen. Aller Wahrscheinlichkeit nach wird er nie wieder eine Einladung bekommen.

   *Stattdessen:* Je nach Sachlage mit Dank zusagen oder absagen, die Antwort schriftlich wiederholen. Ein Gastgeschenk machen. Diesen peinlichen Satz meiden.
4. »*Das kenne ich schon.*« Eine solche abwertend und zurückweisend wirkende, Ahnungslosigkeit signalisierende Absage ist der beste Garant, nie mehr einbezogen oder eingeladen zu werden. Denn leider geht es bei Kontakten, Angeboten, Einladungen nicht darum, ob jemand eine Stadt, eine Information, eine Person oder ein Restaurant »schon kennt«.

*Stattdessen:* Bedanken Sie sich, bleiben Sie neugierig, lernbereit und bringen Sie Ihre Wertschätzung des Einladenden zum Ausdruck.

5. »*Hier sind meine Unterlagen.*« Dieser Satz ist ein Offenbarungseid! Denn hier bekennt jemand: Ich habe leider keine Ahnung, was soziale Präsentation in Spitzenpositionen heißt. Verkannt wird, dass derjenige, der die Unterlagen annimmt, der Großzügige ist, nicht derjenige, der sie abgibt.

   *Stattdessen:* »Ich freue mich sehr und weiß es zu würdigen, dass Sie bereit sind, sich für mich zu engagieren. Herzlichen Dank für Ihre Aufmerksamkeit für meine Person und auch für Ihre Bereitschaft, mich weiterzuempfehlen.«

6. »*Rufen Sie mich gerne jederzeit an, auch im Urlaub.*« Leider sinkt aufgrund einer solchen Botschaft die Wahrscheinlichkeit, angerufen zu werden, rapide. Ein Mensch, der sich für so unentbehrlich hält oder so sehr in Not ist, dass er pausenlos zur Verfügung steht, ist ganz sicher nicht attraktiv. Diese Haltung ist es, die gekündigte Topmanager im Nachhinein am meisten bedauern.

   *Stattdessen:* Genießen Sie Ihren Urlaub!

Wenn Sie eingeladen werden, dann denken Sie daran, dass eine Einladung ein großes Community-Privileg ist, das Sie würdigen müssen.

- *Antworten Sie rechtzeitig!* Manche Menschen reagieren nicht, trotz des Hinweises »U. A. w. g.«. Vielleicht denken sie: »Es ist doch klar, dass ich komme, wenn ich nicht antworte«, oder »Es ist doch klar, dass ich nicht komme, wenn ich nicht antworte«. Aber Sie merken schon: So geht das nicht. Derartige Verhaltensweisen lösen beim Einladenden Verärgerung aus, weil er keine Antwort erhält, obwohl er darum gebeten hat.

- *Reagieren Sie persönlich!* Jede Einladung sollte Sie in Freude versetzen, weil Ihnen Aufmerksamkeit geschenkt wird. Bedanken Sie sich dafür, wie für andere Geschenke auch. Das gilt auch dann, wenn Sie nicht zusagen können. Je persönlicher die Einladung, umso persönlicher die Antwort. Wenn Sie in die Privatwohnung eingeladen sind, dann sagen Sie auch persönlich zu oder ab. Schicken Sie auch bei einer Absage keine Mail, schon gar nicht über Ihr Sekretariat. Einladungen sind immer auch Beziehungsangebote, deshalb können simple Antworten wie »Ich habe keine Zeit« als kränkend erlebt werden.
- *Bringen Sie Ihre Wertschätzung zum Ausdruck!* Manchmal kommt das Einladungsgeschenk nicht zum richtigen Zeitpunkt. Dennoch ist es ein Geschenk und will als solches geschätzt und auf jeden Fall mit Dank beantwortet sein. Fragen Sie niemals: »Ist es wichtig für Sie, dass ich mit dabei bin? Haben für mich interessante Personen bereits zugesagt?« oder »Kann ich vielleicht meine Geschäftspartnerin/meinen Mann/meinen Kunden mitbringen?« Geben Sie eine Einladung niemals weiter, wenn Sie selbst nicht kommen können, etwa an Ihre Mitarbeiterin oder Ihren Assistenten.
- *Das Ritual einer Einladung verlangt nach Dank.* Es ist mit dem Ereignis selbst noch nicht abgeschlossen. Seien Sie großzügig und überschütten Sie die Gastgeber mit Komplimenten, Briefen, Karten, Blumen.

Erweisen Sie Menschen die letzte Ehre. Es ist eines der stärksten Rituale der Ehrerbietung, der Liebe und Freundschaft, wenn Sie an der Beerdigung eines geschätzten Verstorbenen teilnehmen. Geizen Sie niemals mit Ihrer Zeit, wenn es um diesen Ausdruck der Hochachtung geht. Zum Leben gehören Tod und Trauer dazu, auch zu Ihrem.

# 6. DIE EIGENE BÜHNE GESTALTEN

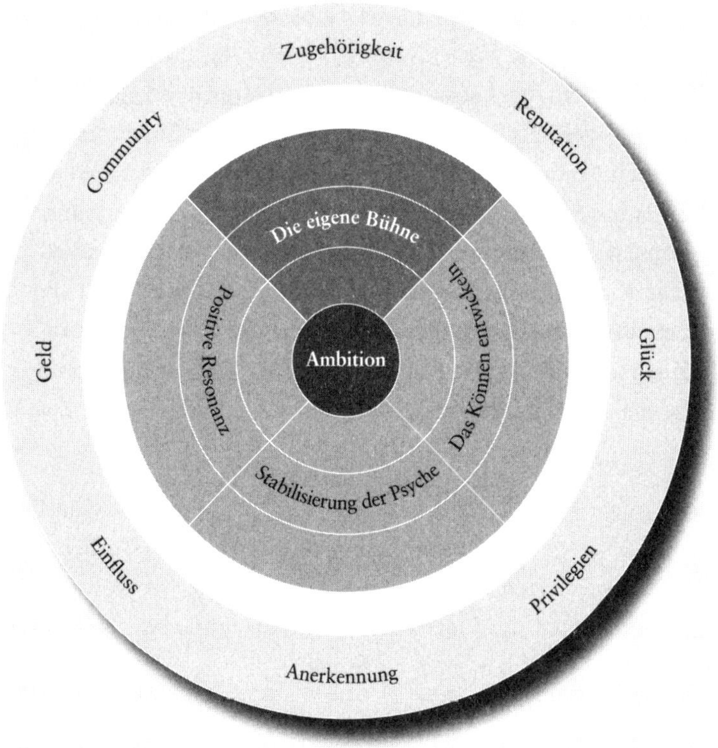

## DIE EIGENE BÜHNE SUCHEN – MIT REFLEXION UND MUT

Was ist die eigene, exakt passende Bühne? Wenn der autonome Wille der Ambition Regie führt und die eigene Gabe und das eigene Können sich zur Vollendung, zum höchsten Nutzen für andere und zum eigenen Glück entfalten, dann stimmt alles:

**Die idealen Adressaten.** Das kann ein Auditorium mit 100, 1000 oder 100000 Menschen sein. Es können auch Menschen sein, die Hilfe, Wissen, Produkte oder Unterhaltung brauchen. Es können entweder einzelne Personen sein oder Gruppen oder Organisationen.

Der Adressatenkreis definiert die Art und Weise der Interaktion und Resonanz. Ein Tenor, der einen Saal mit 200 Personen mit seinem Gesang zu hypnotisieren vermag, lässt die Masse in der Sportarena kalt, und jemand, der alles über Hypothekenkredite weiß, kann ein gefeierter Finanzexperte sein, aber der Immobilieninvestor kann nichts mit ihm anfangen. Die Frage lautet: Zu welchen Menschen besteht die höchste Affinität, welchen wird der größte Nutzen gestiftet?

**Die ideale Rolle.** Das kann die Nummer 1 oder die Nummer 2 im Vorstandsteam sein, die Unternehmerin, Topmanagerin oder Beraterin. Es kann der selbstständige PR-Experte sein, die wissenschaftliche Kunstexpertin, die Galeristin, die Kuratorin oder die private Kunstberaterin. Oder denken Sie an den Chef vieler Großküchen oder den kreativen Koch, an die Buchautorin, die Journalistin oder die Werbetexterin.

Die Rolle, aus der heraus agiert wird, muss das Talent zusätzlich befördern und stets neue Wachstumschancen bieten. Die herausragende Chemikerin ist nur in sehr seltenen Fällen auch die beste Chefin herausragender Chemiker – die Leidenschaft für eine Sache mag gleich sein, die Rollen sind komplett unterschiedlich. Jeder, der einmal einen Chef hatte, der eigentlich der beste Fachmann war, weiß, wovon die Rede ist. Zu führen, das ist eine ganz eigene Rolle.

**Die ideale Aufgabe.** Sie kann in der Verantwortung für die Expansion, die Etablierung oder die Krisenbewältigung in einem Unternehmen bestehen. Es kann eine zahlenorientierte, analytische oder eine kommunikative, kreative Aufgabe sein. Entweder geht es um die Auswahl der Besten und den Aufbau eines Teams oder um dessen Auflösung – in einem aggressiven, kämpferischen oder in einem integrationsbedürftigen Szenario.

Unternehmen suchen nie »den weltbesten Einkäufer«, sondern den genau passenden. Seine Leidenschaft muss zur Situation und zur Aufgabe passen. Wird jemand gebraucht, der radikal niedrige Einkaufspreise durchsetzt? Der neuen Lieferanten hilft, die Qualität zu bieten, die benötigt wird? Der vor allem langfristige Verträge geschickt aushandelt und sich so nachhaltige Vorsprünge vor den Mitbewerbern sichert? Es wird schwer sein, den Alleskönner zu finden, denn die ganz persönliche Leidenschaft, das spezifische innere Anliegen führt Regie.

**Der ideale Wohnort.** Das kleine beschauliche Dorf, in dem es sich so herrlich preiswert und gemütlich leben lässt, ist am Anfang der Karriere nicht der passende Ort. Große Karrieren werden in großen Städten gemacht.

Deshalb zieht es junge Talente immer in die Metropolen. Dort ist die Community, die ausstrahlt in die Welt. Eine Karriere kann sich auf dem Land verwirklichen, aber dort liegt nicht ihr Startpunkt. Zum einen muss einer anspruchsvollen wachsenden persönlichen Community der Weg leicht gemacht werden. Wer in Moskau, München, London, Frankfurt am Main oder Mailand lebt, der findet stets attraktive Unternehmungen, zu denen er andere einladen kann. Mitglieder der Community können sich zusätzliche berufliche Termine in diese Städte legen, so wird der Besuch unkompliziert.

Zum andern ist die Großstadt wichtig für das Wachstum eines realistischen Erfolgsgefühls. Denn je kleiner der Ort, umso größer ist die Gefahr, sich über die eigene Bedeutung zu täuschen, und umso schwerer ist es, durch viele hochkarätige Begegnungen auf Augenhöhe das eigene Talent zu erproben, herauszufordern, wachsen zu lassen. Wer sich in Wolfsburg, Oberkochen, Gütersloh, Ingolstadt oder Ludwigshafen »weltberühmt« und bedeutsam fühlt, ist dies möglicherweise nur dort, nicht aber zwangsläufig in Tokio oder Berlin.

Die ideale eigene Bühne muss in Übereinstimmung mit dem eigenen inneren Anliegen gestaltet werden. Entscheidungen, die aus opportunistischem Statusdenken oder verführerischen finanziellen Perspektiven heraus, aber abweichend vom inneren Anliegen getroffen werden, erweisen sich für die große Karriere als schädlich oder katastrophal.

- Ein guter Innenminister muss nicht logischerweise auch ein guter Ministerpräsident sein, auch wenn das als die Krönung der Karriere gilt.
- Ein guter zweiter Mann ist nicht ohne weiteres auch ein herausragender Vorstandsvorsitzender.
- Eine bezaubernde Musicalsängerin ist ideal für die Bühne, besitzt aber vielleicht nicht die Reichweite, um Stadien zu bespielen.
- Eine gute »Frau der ersten Stunde« ist nicht zwangsläufig auch die richtige Person, um einen Etablierungspozess voranzutreiben.

Die meisten Menschen wissen nicht von Anfang an, welches ihre richtige Bühne ist, weshalb sie sich mehrere Male neu erfinden und erproben müssen. Bis dahin bleiben Empfehlungen anderer auch so seltsam folgenlos. Die eigene Bühne zu finden ist nicht leicht. Es erfordert Selbstreflexion, Selbstanalyse und Vorstellungskraft. Feedback und Ratschläge anderer oder Testverfahren reichen nicht aus. Herminia Ibarra hat in ihrem Buch *Unconventional Strategies for Reinventing Your Career* (Boston 2003) dargestellt, wie wichtig es ist, sich völlig neuen Situationen, Aufgaben, Rollen und damit auch dem Risiko des Scheiterns auszusetzen, um zu erfahren, wie die richtige eigene Bühne beschaffen ist. Das Selbstbild ist oft trügerisch. Die Fantasie sieht das Selbst auf der Nummer-1-Position oder in der angeblichen Freiheit der Selbstständigkeit oder auf einer viel, viel größeren Bühne. Die Realität kann jedoch vollkommen anders sein. Es ist unmöglich zu antizipieren, wie sich Fantasiebilder im Innern anfühlen, solange sie noch nicht zur erlebten Realität wurden.

Oft sehen andere die passende Bühne viel eher und schärfer als der Betreffende selbst.

Das ist etwa dann der Fall, wenn sich das Unternehmen von der engagierten Finanzmanagerin trennt, die radikal und mit großem Elan versucht hatte, alle Ressourcen, Strukturen und Prozesse den Erfordernissen einer profitablen Anlagestrategie der Vermögenswerte des Unternehmens zu unterwerfen. Sie selbst kann die Kündigung nicht verstehen, schließlich folgt sie ihrem inneren Anliegen, »Vermögen zu mehren«, und tut auch für das Unternehmen das Vernünftige, mit großem Erfolg. Nur hat sie nicht bemerkt, dass das Unternehmen wachsen will und investieren muss. Der Aufsichtsrat schätzt sie sehr und rät ihr, in ein Finanzdienstleistungsunternehmen zu wechseln.

Job-Rotation ist seit den 1980er Jahren integraler Teil jeder Personalpolitik in Unternehmen, und das zu Recht, wenn die

Maxime lautet, sich auszuprobieren, das »Heimspiel« zu finden, die berufliche Identität zu entwickeln. Dazu gehört die Toleranz gegenüber Fehlern, Misserfolgen, Scheitern, und dies wird in den Unternehmen auch schon oft so gesehen. »Gescheiterte« Topmanager fanden noch nie so schnell so gute neue Möglichkeiten wie heute.

Allzu oft jedoch folgen Unternehmen noch immer dem Grundsatz »up or out«: Entweder der Mitarbeiter ist erfolgreich oder er muss das Unternehmen verlassen. Oder es gibt vorgezeichnete Karrierepfade, in die vor allem jüngere Menschen gepresst werden:

- Wer Karriere machen will, sollte im Ausland gearbeitet haben.
- Wer im Marketing erfolgreich sein will, muss in der Produktentwicklung gearbeitet haben.
- Hat jemand eine Schwäche (gemessen am Idealprofil), soll er sie ausbügeln und Seminare besuchen.
- Wer führen will, muss zunächst gute fachliche Leistungen erbringen.

Die zukünftige Leistung des Nachwuchses soll durch Assessmentcenter antizipiert werden, seminarähnliche Prüfungen, in denen die Anforderungen simuliert werden, unter denen Erfolg im Unternehmen entsteht. Aus den Assessmentcentern kommt jede Teilnehmerin, jeder Teilnehmer mit einer Note, Bewertung oder Ranglistenposition heraus, die als Eignungsdiagnose für höhere Weihen gilt. Hierarchie und Status gelten per definitionem als höchst erstrebenswert, und wer nicht so denkt, der irritiert sein Umfeld und setzt sich dem Verdacht aus, er sei nicht ambitioniert genug.

Dies alles erschwert oder verhindert, dass in großen Unternehmen und Institutionen die eigene Bühne gefunden werden kann. Die eigene Bühne zu finden erfordert Reflexion, Selbstbestimmung und Mut zum Handeln. Scheitern,

Kündigung, Versetzung, Kritik, Feedback – alles muss willkommen sein, wenn es darum geht, die eigene Ambition und das eigene innere Anliegen auszudrücken und zu entwickeln.

## DIE EIGENE BÜHNE GESTALTEN – STETS EINE PIONIERLEISTUNG

Die große Karriere vollendet sich *nur* auf der exakt passenden Bühne. Bei der Erkundung und Gestaltung der eigenen Bühne gibt es keine Vorbilder. Jeder ist ein Pionier, denn jede Bühne ist einzigartig. Regie führen und gleichzeitig die Hauptrolle spielen – jetzt wird jede Lebensäußerung vom Publikum aufmerksam beobachtet, ersehnt, gebraucht, bejubelt. Die eigene Bühne ist das perfekte Heimspiel. Hier kann sich die höchste Wirkung entfalten, sie wird von vielen Menschen gesehen und bewundert.

- Exbundeskanzler Gerhard Schröder wusste schon lange, dass seine Bühne das Kanzleramt, die SPD, die politische Nation ist, als er schließlich Kanzler wurde. Er kannte das Gefühl, Kanzler zu sein, lange vorher. Er fand seine Bühne, formte sie neu mit seiner Persönlichkeit.
- Roger Federer träumte jede Nacht, wie es ist, die entscheidenden Bälle gegen einen starken Gegner an einem regnerischen Sonntag zu schlagen und dann als Sieger von Wimbledon in die Schweiz zurückzufahren. Wimbledon, die großen Tennisarenen der Welt und die Weltrangliste, das war die Bühne seiner Wahl.

Wer seine richtige Bühne finden will, braucht ein sicheres Gespür für die eigenen Wünsche, Werte und Bedürfnisse, denn diese Bühne kann nicht ausgedacht, sie muss entdeckt werden –

im eigenen Innern. Sie zu identifizieren ist die komplexeste der Aufgaben für den, der eine große Karriere anstrebt.

»Wer sich auf die Bühne wagt und in dem Moment nicht das Gefühl hat, die Erdachse laufe mitten durch ihn, hat dort nichts zu suchen.« Diese Aussage wird Udo Jürgens nachgesagt, dem Prototypen einer »Rampensau«, also jemandem, der die große Bühne liebt, ausfüllt, dort perfekt in seinem Element ist.

In einer Emphase wie dieser halten Vorstandsvorsitzende und Politikerinnen programmatische, bewegende Reden, die nachhaltig wirken. Da ist kein Klammern an Konzepte, sondern die eigene Mission ist klar und wird mit Leidenschaft ausgedrückt, in dem Gefühl: »In diesem Moment bin ich die Bestimmerin der Welt.«

Selten ist er im Wortsinne eine Bühne, dieser »richtige Platz«, an dem alles willkommen ist, gebraucht und gewürdigt wird, was jemand zu bieten hat. Wenn eine Person an ihrem richtigen Platz agiert, ist immer eine starke Ausstrahlung zu spüren. Die Ergebnisse der Arbeit sind exzellent und überzeugend. Das berufliche Heimspiel stimuliert die weitere Entwicklung und erzeugt positive Resonanz bei vielen anderen Menschen.

Die eigene Bühne wird nicht bereitgestellt, sondern selbst erspürt, erkannt, erarbeitet, mitunter auch erfunden. In jeder großen Karriere gibt es den Moment, in dem der Betreffende plötzlich erkennt: »Das ist genau das, was ich wirklich machen will! Hier bin ich in meinem Element und kann auf höchstem Niveau wirken.« Alles kommt hier zur Geltung: die Persönlichkeit, die Ergebnisse, die Botschaften, die Werte. Kunstwerke, die im Café um die Ecke nie beachtet wurden, können in einem Museum endlich ihre Wirkung entfalten.

Der Sterne-Koch Tim Raue hat seinen Erkenntnisschub so beschrieben: »Damals habe ich sofort gedacht: Das ist das, was ich auch machen will: Contemporary Chinese Fine Dining – chinesische Küche mit westlichen Einflüssen« ... Das hat sich sofort eingefräst ins Hirn, da wurde mir einfach klar: Ich habe mich gefunden! Ich habe mich zu Hause gefühlt, ich habe zum ersten Mal gewusst, was ich wirklich will.«[80]

Wenn die eigene Bühne erkannt ist, dann wird dies in Worten wie den folgenden ausgedrückt: »Ich habe mich gefunden.« – »Ich habe mich gleich zu Hause gefühlt.« – »Dies ist mein Heimspiel.« – »Mir fällt alles leicht.« – »Das ist mein Ding!«

- Dies sind die Worte einer internationalen Topmanagerin, die gerade ihre neue Position in Peking angetreten hat: »Es ist unglaublich, mit welch brillanten Köpfen ich hier arbeiten darf – es ist unheimlich, denn ich fühle mich so pudelwohl da mittendrin.«
- Für den Schauspieler Christoph Waltz wurde durch einen Film auf seiner richtigen Bühne aus seiner großen Karriere eine fulminante. Seine Rolle in dem Film *Inglourious Basterds* von Regisseur Quentin Tarantino katapultierte ihn direkt auf die internationale Bühne. In verschiedenen Versionen sagt Waltz auf die ewig gleiche Frage, wie lange er diese Rolle habe »köcheln« lassen: »Na, so etwa 32, 33 Jahre. Aber je länger es kocht, umso würziger schmeckt's.« Jetzt, mit 53, ist er ein Jungstar in Hollywood. »Der Perfektionist, der in Deutschland oft auch deshalb nicht drehte, weil ihm eingesendete Drehbücher zu fadenscheinig und die Produktionsbedingungen zu lächerlich waren, er hat also gefunden, wonach er an nicht wenigen Tagen womöglich nur noch in seinen Träumen suchte.«[81] Seine Bühne, auf der sich sein ganzes Können optimal entfaltet,

auf der er strahlt und Anerkennung findet und die genau so gewollt ist.

Keine Einschränkung mehr, keine Zugeständnisse, sondern das ganze Können wird zur Geltung gebracht. Alles geben. Das ist auf der richtigen Bühne möglich und willkommen.

## LEICHTIGKEIT UND STILLE GRÖSSE

Wenn die Arbeit, die Partner, die Adressaten gefunden sind, die zu einer speziellen Begabung passen, wird die eigentliche Arbeit immer leichter. Ihr Nutzen muss nicht mehr bewiesen und verargumentiert, quasi in den eigenen Markt hineingepresst werden, sondern der Markt verlangt danach, weil jeder die Meisterschaft sofort erkennt. Auf der richtigen Bühne reicht die leichte Hand, oft die schiere Präsenz aus, um die schwierigsten Themen zu lösen. So geht es Topmanagerinnen und Topmanagern mit einer besonderen Begabung, zum Beispiel Konflikte zu lösen, wichtige Verhandlungen zu führen, mit dem Unternehmen international zu expandieren oder eine Firma zu sanieren. Auf dem richtigen Platz gelingt dies so leicht, dass das Können manchmal gar nicht mehr als etwas Besonderes erlebt wird, sondern als etwas vollkommen Selbstverständliches: »Das kann doch jeder.« Nichts ist leichter als die anspruchsvollste Tätigkeit im eigenen Feld.

Menschen auf ihrer passenden Bühne werden gefeiert, geliebt, sie verändern sich auf eine Weise, die Aufmerksamkeit und Vertrauen auslöst. Sie strahlen. Sie erhalten Resonanz. Sie bieten Orientierung. Sie sind Vorbilder. Der deutsche Fotograf Peter Badge reiste neun Jahre lang um die Welt, um alle Nobelpreisträger zu porträtieren. Später wurde er gefragt, wodurch sie sich auszeichneten. »Stille Größe«, war seine

Antwort. »Was genau meinen Sie damit?« Badge: »Vielleicht hat es damit zu tun, dass die niemandem mehr etwas beweisen müssen. Das spürt man. Und es hat mich sofort begeistert.«[82]

Das trifft auf viele Menschen mit großen Karrieren zu. Sie müssen sich und anderen nichts mehr beweisen. Sie verspüren keine innere Anspannung. Sie sind angekommen. Sie haben ihre Bühne für ihre Begabungen und Anliegen erreicht. Eine große Begabung braucht die entsprechende große Bühne mit hohem Wirkungsgrad, mit Strahlkraft. Diese Bühne ist sehr individuell, sehr speziell. Sie kann Menschen nicht von anderen zugewiesen werden, sondern sie entsteht aus der Größe der Begabung und aus dem perfekten Können.

Wenn Menschen auf sich hören und sich selbst vertrauen, dann finden sie ihre eigene Bühne:

- Sie betritt zum ersten Mal die Tate Modern und spürt: Hier sollten meine Werke hängen.
- Er liest ein Buch und weiß: Für dieses Thema bin ich die weltweite Autorität.
- Ich bin die richtige Person für die Leitung einer Non-Profit-Organisation in Indien.
- Meine Reden sind für Stadien gemacht. Das ist meine Liga.
- Diese global tätigen Unternehmen und Institutionen will ich beraten. Da sehe ich mich.
- Ich bin die Idealbesetzung für den Posten des Innenministers. Da gehöre ich hin.
- Ich bin die richtige Aufsichtsrätin für dieses Unternehmen.
- Ich bin der ideale zweite Mann im Großkonzern. Da bin ich richtig.
- Ich bin die Vordenkerin für kulturelle Integration, und meine Bücher gehören in jede Buchhandlung.

Die Bühne fühlt sich rundherum stimmig an, sie ist nicht strategisch konstruiert, nicht nach Public-Relations-Maßstäben ausgedacht, sie entstammt weder sentimentalem Wunschdenken noch kühler Logik.

Es ist der sehnlichste Traum des Menschen, dass er gesehen wird, dass geschätzt wird, was sie oder er kann, wer sie oder er ist. Darum dreht sich alles. Sich selbst in der Welt zu vergewissern. Eine große Karriere kann das Beste in Menschen hervorbringen – Weisheit, das Gute, ein Lebenswerk, Glück –, wenn die Bühne passt.

Jedoch nach all den Ängsten, den Zweifeln, der harten Arbeit, den Enttäuschungen, muss die Psyche Anerkennung und Leichtigkeit verkraften. Wenn Disziplin, Leistung und Verzicht zur Gewohnheit geworden sind, dann kann Leichtigkeit Irritationen auslösen. Plötzlich kein Kampf mehr, keine Mühe, die Arbeit macht sich wie von selbst. Dieses Gefühl ist für manche so schwer einzuordnen, dass sie, anstatt es zu genießen, nach neuen Kampfplätzen Ausschau halten – weil der Kampf den sicheren, gewohnten Rahmen bietet.

- Topmanager, die in der höchsten Liga angekommen sind, mischen sich völlig unangemessen in das Tagesgeschäft ihres Managementteams ein, kontrollieren und korrigieren an unsinnigen Stellen. Sie argumentieren, wo es nichts mehr zu erklären gibt, denn alles ist bereits ganz klar, das Unternehmen ist ausgerichtet.
- Oder es kommt auf dem Höhepunkt ihrer Karriere dazu, dass sich Menschen fast wie Hochstapler fühlen.

Im Coaching zeigt sich, dass das Wissen um diese Dynamik sehr hilfreich ist, damit das Hochstaplergefühl sich nicht entwickelt, sondern erkannt wird, dass gerade die Leichtigkeit ein Hinweis auf wahres Können ist.

- Der Übergang vom anstrengenden Steigflug in den unbeschwerten Gleitflug, bei dem scheinbar alles von selbst geht, auch das müsse man erst einmal verkraften, so der

Wirtschaftsjurist Albrecht Assig, dem auf dem Höhepunkt seines Erfolgs alles zufliegt, was er sich erträumte: die spannendsten Mandate, die interessantesten Fälle, Key-Note-Vorträge, die schwierigsten Herausforderungen, Beratungen und Treffen mit sehr erfolgreichen, international versierten Persönlichkeiten.

- »Er gehört sich selbst. Am Ende seiner Karriere fährt das Ski-Genie Bode Miller ohne Druck und auf seine Weise zu Gold.«[83] Leichtigkeit, Autorität, Charisma, Flow, Ekstase – alles ist möglich. »Als würde er tanzen.«[84] So beschreibt Peter Sauber, der Schweizer Formel-1-Rennstallbesitzer, das Fahrgefühl des jungen deutschen Formel-1-Fahrers Sebastian Vettel.

»Tanzen«, »fliegen«, »alles ist einfach«, das sind die Worte, die Vorstände für ihre Arbeit finden, exponierte Persönlichkeiten, die keine Spannung mehr in sich spüren. Sie sind im Reinen mit sich, sie haben alles erreicht und sie können dankbar und großzügig sein. Sie sind in ihrem Element. Sie wollen nichts mehr beweisen, Wünsche wie Machterhalt, mehr Geld und mehr Einfluss spielen keine Rolle mehr. Sie können teilen.

So wie die Musikerlegende Mstislaw Rostropowitsch (1927–2007). Er engagierte sich, nicht nur in seinem eigenen Land, für Demokratie und Menschenrechte. Er gab zahlreiche Konzerte, mit denen er sich für Dissidenten und Bürgerrechtler aus ganz Osteuropa einsetzte. Einen Tag nach dem Fall der Mauer reiste er nach Berlin und spielte am 11. November 1989 am Checkpoint Charlie für die wiedervereinigten Berliner Cello.

# DAS BRINGT SIE JETZT WEITER:

## FINDEN SIE IHRE EIGENE BÜHNE, ZEIGEN SIE DANKBARKEIT

Das Bewusstsein, der eigenen passenden Bühne immer näher zu kommen, und die Erkenntnis, dass die eigene Bühne mit der Entwicklung des Talents und des Könnens wächst, erzeugt Dankbarkeit. Andere Menschen gehen mit Ihren Anstrengungen und Ihrem inneren Anliegen in Resonanz, und Sie bauen mit deren Unterstützung, Anerkennung und Begeisterung an der eigenen Bühne.

Dankbarkeit ist eine der komplexesten Erfolgsdimensionen, da sie, wie die neuesten Forschungen zeigen, auf uns selbst zurückwirkt, uns selbst glücklich macht und auch andere beflügelt. Sie hat eine starke perspektivische, strategische Komponente: Dankbarkeit, die gezeigt wird, bestärkt uns in den Verhaltensweisen, auf die sie sich richtet. Das wissen schon Kinder. (»Wie heißt das Zauberwort?« … »Danke!«)

Manchmal schleicht sich in den Alltag eine »All-inclusive-Haltung« ein, durch die das Besondere zur scheinbaren Selbstverständlichkeit wird. Es ist eine Attitüde, die gerade unter befreundeten Partnern den Gedanken nahelegt, es sei übertrieben, sich »extra« zu bedanken. Aber genau darum geht es. Erkennen und würdigen Sie die Extras, die andere Ihnen zuteil werden lassen: Danke fürs Zuhören, für Ideen, Argumente, Informationen, Zeit, Hinweise, Kontakte, Aufmerksamkeit. Dankbarkeit erleichtert unser professionelles Leben und ist ein Geschenk.

Für Dankbarkeit gelten zwei Regeln: Erstens, *Geben* kommt zuerst. Zweitens ist Dankbarkeit *herzlich* und nicht taktisch. Letzteres ist deshalb so wichtig, weil Dankbarkeit auf das eigene Befinden mindestens genauso stark wirkt wie auf das des Adressaten. Nicht Berechnung, sondern vertrauensvolle persönliche Beziehungen gehören heute zu den wichtigsten Erfolgsfaktoren in exponierten Positionen. Dankbarkeit ist die Zauberformel für den Aufbau und die Pflege authentischer, reichhaltiger und nachhaltiger Beziehungen.

Welches Repertoire haben Sie, um Ihre Dankbarkeit auszudrücken? Welche kleinen Rituale bieten sich für Ihren beruflichen Alltag an? Wie stärken Sie auf diese Weise Ihre Community und beschleunigen Ihre Karriere?

- Schreiben Sie eine Dankeschön-Karte an jemanden, der oder die an Sie gedacht oder etwas für Sie getan hat.
- Nehmen Sie nichts für selbstverständlich und bedanken Sie sich bei Ihren Mitarbeiterinnen und Mitarbeitern für unkomplizierte Zusammenarbeit, wichtige und rechtzeitige Informationen, Hinweise und Tipps; bei Ihren Geschäftspartnern für das Herstellen von Kontakten, für Empfehlungen, für einen Rat; bei Journalisten für ihr Engagement und das korrekte Zitat Ihrer Äußerung; bei Veranstaltern für eine gelungene, heitere Tagungsathmosphäre.
- Laden Sie statt zum Business-Dinner zum »Thank-you-Dinner« ein.
- Bedanken Sie sich bei allen Menschen, die Ihnen im Geschäftsleben begegnen, für ihr Zuhören, ihre Ideen, Argumente, Informationen, Empfehlungen und die Zeit, die sie Ihnen schenken.
- Würdigen Sie es, wenn Ihnen jemand einen Hinweis oder eine Adresse gibt.
- Senden Sie einen Erfolgsbericht mit Dank, wenn aus einem Tipp ein Geschäft geworden, wenn durch einen »Türöffner« ein nützlicher Kontakt entstanden ist.
- Danken Sie oft, aber niemals ohne ehrlichen Grund.
- Versetzen Sie sich in die seelische Lage des anderen: Keiner hört gern »Danke für Ihr Verständnis«, wenn er sich selbst unverstanden fühlt.

- Sprechen Sie Ihren Dank möglichst differenziert aus. Belassen Sie es beispielsweise nicht bei einem »Danke für Ihr Kommen«, sondern beziehen Sie sich auf die konkreten Umstände (»Danke, dass Sie Ihre Teilnahme zu so ungewöhnlich später Zeit möglich gemacht haben«).
- Schreiben Sie lieber eine persönliche Karte, anstatt eine gedankenlos ausgewählte Flasche Wein zu schenken.
- Bevor Sie gemeinsam mit anderen Menschen etwas Neues beginnen, würdigen Sie das Abgeschlossene in einer Dankesfeier.
- Wenn Sie in eine wichtige Position berufen werden, danken Sie Ihren Mentoren und Förderinnen, auch denen, die Sie vor langer Zeit unterstützt haben.
- Scheuen Sie sich niemals, Ihnen bekannten, sehr hochgestellten Persönlichkeiten, zum Beispiel dem Aufsichtsratsvorsitzenden Ihres Unternehmens oder der renommierten Key-Note-Speakerin, Ihre Dankbarkeit zu zeigen. Auch diese erhalten gern ehrlich gemeinten Dank und werden sich an Sie erinnern.

Machen Sie Dankbarkeit zu Ihrem Alltagsritual. Genießen Sie das Unerwartete und beginnen Sie Ihren persönlichen Aufbruch mit einem der einfachsten, schönsten und wirksamsten Rituale, die es im menschlichen Miteinander gibt: Dankbarkeit.

# 7. KARRIERE: DIE VERFÜHRUNG ZUM GLÜCK

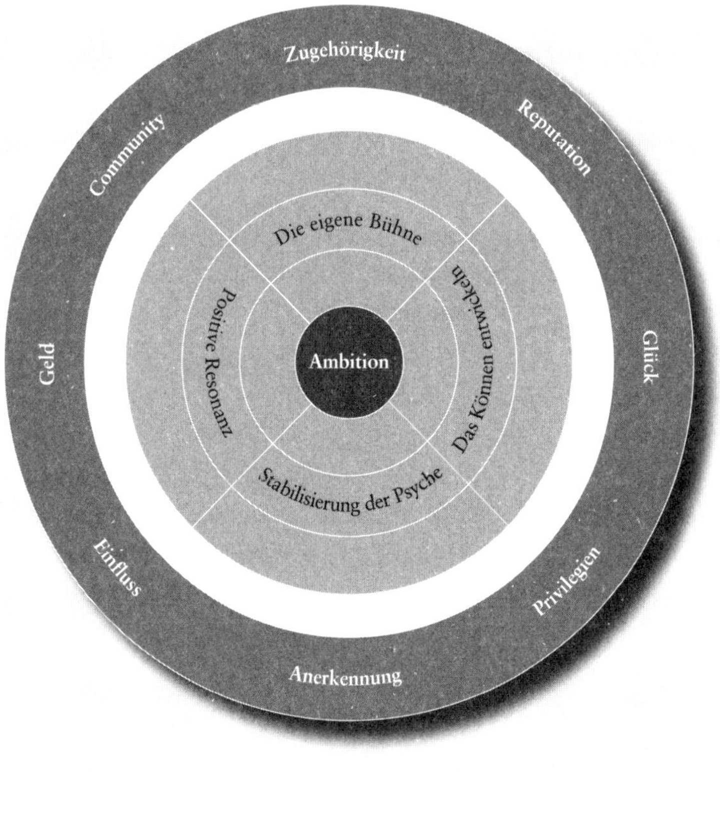

Glück, Anerkennung, Selbstverwirklichung, Einfluss, Geld, Privilegien, soziale Zugehörigkeit, eine Community, Reputation – das alles wächst ganz natürlich. Von Zeit zu Zeit verschieben sich die Akzente des Wachstums, aber alles ist gegeben, wenn die große Karriere vollendet ist. Keines dieser Ergebnisse ist ein Ziel, eine Ambition, keines kann direkt angestrebt, erarbeitet, erreicht werden. Es sind vielmehr Geschenke, die Sie erhalten, wenn die Ambition Regie führen darf und die entscheidenden Erfolgsdimensionen konsequent und diszipliniert immer wieder neu gestaltet werden. Das alles steht am Ende der großen Karriere – außer dem Glück. Das gibt es auch unterwegs schon reichlich.

## BEREITS IM TUN LIEGT DIE ERFÜLLUNG

Die Arbeit, die Menschen ausfüllt, die anerkannt wird, in denen sich das Talent entfaltet, ist eine ständige Quelle der Freude. Sie bringt Flow, sie löst Begeisterung und Leidenschaft aus. Glücksforscher auf der ganzen Welt haben herausgefunden, dass Menschen niemals so selbstvergessen, mit sich selbst eins und gleichzeitig außer sich, ohne Zeitgefühl, in höchster Intensität leben wie in den Stunden, in denen sie an einer anspruchsvollen, spannenden Aufgabe arbeiten. Dann fühlen sie sich angetrieben von dieser Suche nach ihrem persönlichen Ausdruck. Beruflicher Erfolg, eine herausragende Karriere ist ein Glücksversprechen.

Dieses Glücksversprechen gilt es zu bewahren, durch ständiges Üben, Lernen, Tätigsein und Vervollkommnen. Andere Verführungen sind sehr stark.

- Der junge Berater hört auf, weiter seiner Leidenschaft nachzugehen, Neues, Anspruchsvolleres zu lernen. Stattdessen nimmt er eine Stelle mit dreifachem Gehalt an, in der er jedoch lediglich viele Jahre lang das tut, was er bereits gut kann.

- Die erfolgreiche Produktionsleiterin gibt nach der Geburt ihres zweiten Kindes ihre Ambition auf. Sie gibt sich mit einem Karriere-Sidestep zufrieden, anstatt alles daranzusetzen, zusammen mit Mann, Oma und Nanny auf die Reise zu gehen, um die lang ersehnte Chance in den USA wahrzunehmen.
- Ein Bereichsleiter nimmt einen Vorstandsposten an – nur deshalb, weil es ein Vorstandsposten ist –, anstatt weiter seine einzigartigen Talente zu vervollkommnen, wo auch immer.

Beruflicher Erfolg ist kein Selbstzweck, sondern er steht für die Suche nach Selbstausdruck und Erfüllung. Diese grundlegende Sehnsucht treibt Menschen an, trotz aller Probleme, die ihre Karriere mit sich bringen mag. Wer sich auf den Weg macht, sein Talent zu erproben und auszuleben, sein inneres Anliegen in die Welt zu bringen, folgt einem Glücksversprechen: »Du kannst dich vervollkommnen, Berge versetzen, die Welt verbessern, Siege erringen, die Welt zum Staunen bringen, die allerbesten Torten der Welt produzieren, die bewegendsten Gedichte machen, die besten Coaching-Gespräche führen, Unternehmen zum Erfolg führen, Musik machen, die zu Tränen rührt oder in Ekstase versetzt. Dann wird dein Leben sinnvoll sein.«

Zu arbeiten, das weiß jeder, bedeutet nicht sofort und nicht immer das pure Glück, sondern erfordert auch viel Disziplin. Jeden Tag sind Hürden zu überwinden. Wer sich jedoch von seiner Ambition leiten lässt, der wird mit Flow und Glück schon während seiner Tätigkeit belohnt, und später, als Folge, mit noch mehr Glück, Geld, Anerkennung und Einfluss. Wer direkt und ohne Umweg nach Belohnungen wie Sicherheit,

Geld, Anerkennung strebt, aber nicht seiner Ambition folgt, erlebt Arbeit und Disziplin als Last und Mühe. Wer sagt, er arbeite hart dafür, mit 40 Jahren finanziell unabhängig, Vorstand oder berühmt zu sein, der verschiebt das Glückserleben auf später, wenn die Belohnungen erreicht sein werden. Doppeltes Glück gibt es umsonst – für den, der die eigene Ambition spürt und sich ihr anvertraut.

Viele Menschen sind bei der Arbeit glücklich. Es ist nicht die Freizeitaktivität, die nachhaltig glücklich macht, es ist die berufliche, auf den Erfolg zusteuernde Anstrengung:

- wenn eine Verhandlung einen positiven Verlauf nimmt,
- wenn ein Vortrag fesselt,
- wenn genau die richtige Person für eine schwierige Aufgabe gewonnen wurde,
- wenn in der Betriebsversammlung ein wichtiges Projekt nach anfänglicher Skepsis Zustimmung findet,
- wenn das Solo des Saxophonisten die Jazzband und das Publikum von Auftritt zu Auftritt mehr elektrisiert,
- wenn ein Interview ein echtes Gespräch ermöglicht,
- wenn der erste Satz für den neuen Roman gefunden ist.

## GELD KOMMT VON GANZ ALLEIN

Geld ist der natürliche Begleiter großer Karrieren. Je größer die Karriere, umso höher die Einkünfte. Honorare, Gehälter, Abfindungen steigen, Preisgelder werden spektakulärer, für Kunst, Verträge, Siege im Sport, internationale Auszeichnungen wie den Nobelpreis.

## VIEL GELD, WENIG GELD

Was ist »viel« Geld? Erscheint der Berufsanfängerin nach ihrem Studium ihr Einstiegsgehalt von 30 000 Euro noch als exorbitante Summe, dem Maler die 300 Euro für das erste verkaufte Bild noch als unfasslicher Luxus, der Schauspielerin die Gage von 2 000 Euro als fürstlich, so stellt sich bei allen nach einiger Zeit der Gewöhnungseffekt ein, und es erscheint ihnen selbstverständlich, dass die Summen steigen und steigen.

»›Dass ich damit Geld verdienen könnte, habe ich lange nicht für möglich gehalten‹, sagt er. ›Ich dachte, ich muss mein Leben lang jobben und die künstlerische Fotografie bleibt ein Hobby.‹«[85] Das war die Ausgangsbasis von Andreas Gursky, einem der heute weltweit erfolgreichsten Fotokünstler.

Niemand hat zu Beginn einer großen Karriere vorwiegend das mit ihr verbundene Geld, die Privilegien, den Status im Blick. Kein erfolgreicher Topmanager ist erfolgreich des Geldes wegen. Geld ist kein Antrieb, sondern eine Begleiterscheinung, ein Nebeneffekt. Das treibende persönliche Motiv ist immer substanziell, inhaltlich definiert:

- die schönsten Sozialwohnungen bauen;
- den feinsten Rotwein herstellen;
- die meisten und wirksamsten Kleinkredite an Afrikanerinnen vergeben;
- die Bildungspolitik revolutionieren;
- die interessanteste, am stärksten nutzerorientierte, ästhetischste Internetkontaktplattform betreiben;
- die bewegendste Opernaufführung inszenieren
- mittelständische Firmen kaufen und entwickeln;
- die wirksamste Verhandlungsmethode erfinden.

Der Ansatz ist, der eigenen einzigartigen Begabung und den eigenen Motiven und Werten konsequent zu folgen, das eigene Talent bedingungslos zu entwickeln. Zu Beginn wird mit einer solchen klaren Spezialisierung immer nur eine Nische bedient, und das ruft Angst hervor:

- »Muss ich mich nicht breiter aufstellen?«
- »Muss ich nicht eine breitere Palette von Wünschen bedienen?«
- »Wenn ich mich spezialisiere, verzichte ich dann nicht auf viele Chancen, Umsätze, Fans, die ich auch noch haben könnte?«

Nur der Meister oder die Meisterin in einem bestimmten Fach, mit einer starken inneren Mission ist einzigartig. Über solche Menschen wird berichtet, sie sind eine Empfehlung wert. Nur sie werden außergewöhnlich hoch bezahlt. Sogar wenn es nur um eine geldbezogene Strategie ginge, so läge sie in der Spezialisierung auf das originäre Anliegen, die ganz persönliche, einmalige Expertise.

Es kann sehr lange dauern, bis der Spezialisierung finanzielle Anerkennung folgt, manchmal Jahrzehnte. Die Nachricht von einer außergewöhnlichen Lösungskompetenz, einem besonderen Kunstwerk, dem speziellen Können muss schier unzählige Male verbreitet werden, bis sie dorthin gelangt, wo genau dies gewünscht und gebraucht wird. Wenn dann schließlich die spezialisierte Weltmeisterin für eine Lösung auf diejenigen trifft, die genau in diesem Feld den dringendsten Bedarf haben und auch noch über die nötigen finanziellen Ressourcen verfügen, wird Geld reichlich fließen. Bis das geschieht, sind häufig viele Jahre gezieltes Marketing, strategische Kommunikation in der Community und systematische Akquisitions- und Vertriebsanstrengungen nötig.

Am Anfang wird in die Karriere investiert, in Form von Zeit, Aufmerksamkeit, Lernanstrengung und Geld. Diese Investitionen haben es allerdings in sich – denn wann sind sie noch bewusst getätigte Einsätze und wann schon gewohnheitsmäßige Verschuldung? Es gibt Menschen, die hatten nie Geldprobleme, kennen sie gar nicht, auch dann nicht, wenn sie sehr wenig Geld haben. Andere können sehr viel verdienen, und dennoch reicht ihnen ihr Geld nie.

»Es reicht nie.« Das ist ein Lebensgefühl und zugleich eine Weltsicht, die nichts mit der Menge des Geldes zu tun haben, das zur Verfügung steht. Wenn psychische Unzulänglichkeiten mit Geld kompensiert werden, dann beginnt die Schuldenspirale. Peter König, der britisch-schweizerische Geldforscher und -Coach, lehrt in seinen Seminaren, dass Geld keine eigene Substanz hat, sondern die ideale Projektionsfläche für die Psyche ist, und er zeigt, wie ein den eigenen Wünschen entsprechender, nützlicher, realistischer Umgang mit Geld aussieht und zu erreichen ist. Die Essenz seiner jahrzehntelangen Beschäftigung mit diesem Thema zeigt, dass Phänomene wie Geiz, Verschwendung, Schulden, Armut, einsamer Reichtum, Kaufsucht, Gier, Neid, Insolvenz, Erbstreitigkeiten oder ständige Streitereien über Geld in der Ehe nie eine Frage der objektiven Verfügbarkeit über Geld sind, sondern allein von der Dynamik des Unbewussten bestimmt werden.

Wer Schulden macht, hat im Kontext großer Karrieren nicht objektiv zu wenig Geld. Er gibt vielmehr dem Drang danach, jenseits seiner finanziellen Möglichkeiten zu leben. Statussymbole werden begehrt, Freundschaften sollen durch großzügige Bewirtungen und Geschenke »gekauft« werden, das Verhältnis von Einnahmen zu Ausgaben ist kein Gegenstand rationaler Erwägungen. Das »Es reicht nie«-Gefühl wird immer machtvoller.

Erfolgreiche Menschen, die Schulden haben, erleben diese fast wie eine Gesetzmäßigkeit, aus der es kein Entrinnen gibt. »Es lohnt nicht«, sich der Mühe zu unterwerfen, sich diesem Muster zu entziehen. »Es lohnt nicht, kleine Beträge zu sparen«, ist der Klagegesang. Dieses Verhalten als Ausdruck eines eigenen unbewussten Musters zu erkennen und sich einzugestehen, ist schmerzhaft. Deshalb werden äußere Zwänge vorgeschoben. Solange die Einsicht in die Dynamik der eigenen Psyche fehlt, wird immer zu viel ausgegeben.

Die eigentliche Tragik chronischer Verschuldung besteht jedoch darin, dass es unmöglich ist, Fülle zu erleben. Erfolgsgefühle können nicht entstehen, denn ständig müssen Löcher gestopft werden. Das ist eines der klassischen Muster der Blockade von Erfolgsgefühlen. Tatsächlich ist die innere und äußere Fülle immer da, auch im Zuge finanzieller Durststrecken. Sie ist nicht abhängig von Äußerlichkeiten. Doch wenn sie nicht wahrgenommen wird, wenn die gedanklichen Verstrickungen nicht gelöst werden, werden trotz wachsender Einkommen auch die Schulden immer größer.

Ambition ist der Wunsch, etwas in die Welt zu bringen, und nicht der, etwas zu bekommen. Wer das erkannt hat und danach leben kann, wird auch in schweren Zeiten immer Lösungen finden. Wer die Aufmerksamkeit auf Besitz konzentriert, der kann nur schwerlich geben und Großzügigkeit entwickeln. Vielmehr kommt der Wunsch auf, den Reichtum zur Schau zu stellen – anstelle der Ambition. Manche Menschen werden erfolgreich, aber nicht glücklich. Sie spüren stets eine Spannung, die Leichtigkeit, Verbundenheit und Unkompliziertheit verhindert. Wenn sich Menschen für prachtvolle Villen, aufwendige Kleidung oder Reisen verschulden, geht zwangsläufig die Ambition verloren. Den Lebensstandard aufrechtzuerhalten, den äußeren Schein zu bedienen, das sind keine ambitionierten Ziele. Dann tun Menschen alles für Geld, weil sie etwas verteidigen wollen.

Die Fülle nicht zu empfinden kann sich andererseits auch als Geiz äußern: Manche Menschen können den sehr einfachen Lebensstil aus Studententagen nicht aufgeben, weil sie übermäßig ängstlich sind. Sie halten lieber alles zusammen, als Großzügigkeit sich selbst und anderen gegenüber walten zu lassen. Auch so entsteht kein Gefühl der Fülle.

## DER SOUVERÄNE UMGANG MIT GELD

Können Menschen finanzielle Krisen verhindern und mehr Stetigkeit erreichen, wenn sie sich systematisch auf das Thema Finanzen konzentrieren? Das ist möglich, wenn sie Geld als wertvolle Ressource schätzen, die nebenher, manchmal mehr, manchmal weniger, gepflegt sein will. Das klingt selbstverständlich, ist es aber nicht. Nicht möglich ist es, wenn sie nach absoluter Kontrolle über ihren Besitz streben und sich daher in kleinlichen Planungen verlieren.

Viele Menschen verachten Geld, wollen sich von Geld unabhängig fühlen, finden Geld per se unmoralisch oder verbinden es mit Schuld, Risiko, Einsamkeit, Arbeitssucht, Geiz, Gewalt. Diese negativen Assoziationen sind unbewusste innere Widerstände gegen Reichtum. Sie verhindern den Geldzufluss, ebenso wie zynische, ironische, lustige, banalisierende Ideen oder wie unrealistische Gedanken an den Lottogewinn oder die reiche Heirat. Peter König hat nachgewiesen, dass die psychischen Projektionen, die Menschen dem Geld zuweisen – Geld ist Zeit, ist Freiheit, ist Luxus, ist schmutzig –, dazu tendieren, für denjenigen zu Realitäten zu werden, der sie hegt. Förderlich ist eine ernsthafte, positive Haltung zu Geld. Die Entwicklung einer solchen Haltung ist ein komplexer Prozess, der sich oft unbewusst abspielt, oder auch als nüchterne Analyse, wie bei der erfolgreichen Regisseurin Doris Dörrie.

Dörrie wollte Filme machen, aber sie war sich sehr sicher in ihrer Überzeugung: »Erfolg ist gleichzusetzen mit kommerzieller Kacke, Korruption, künstlerischer Katastrophe.« Sie wollte nichts mit dem großen Geld zu tun haben, denn das hieß Erfolg. »In den folgenden Jahren musste allerdings auch ich lernen, dass das Filmemachen ohne Geld schwer möglich ist, es sei denn, man kratzt in Heimarbeit 24 Bildchen pro Sekunde mit der Stecknadel auf Zelluloid.«[86]

Kommt der finanzielle Durchbruch zu früh, so neigen Menschen dazu, ihn zu verspielen, das heißt nicht sorgfältig darauf zu reagieren in einer Weise, die sie innerlich als angemessen sehen. Der Wert des Vermögens muss in einem angemessenen Verhältnis zum Gefühl für den Selbstwert stehen. Ein großes Vermögen können nur Menschen halten und sinnvoll verwenden, die ihren eigenen großen Wert und den ihres Könnens annehmen können und die in der Gewissheit leben, dass sie selbst ebenso viel zu geben haben (und geben), wie sie bekommen. Wenn der finanzielle Überfluss zum Empfinden von Fülle führt, entsteht Großzügigkeit, und geizige Regungen verschwinden. Dann erst kann der Erfolg genossen, gefeiert und geteilt werden: Es wird ein offenes Haus geführt, Einladungen werden ausgesprochen, Gäste verwöhnt, gemeinsame Projekte geplant. Der Reichtum soll auch anderen Menschen von Nutzen sein und sie erfreuen. Kontakte können hergestellt, Verbindungen geknüpft, wohltätige Vereine finanziert und junge Talente gefördert werden.

»Als ich begann, durch meine Bücher Geld zu verdienen, kam ich mir seltsam vor, so als reicher Mensch in einem armen Land. Um diese Dissonanz zu mildern, begann ich, anderen zu helfen.«[87] Der russische Bestseller-Krimiautor Boris Akunin unterstützt, wie viele andere erfolgreiche Schriftstellerinnen und Schriftsteller seines Landes, Hospize für Künstler.

Wenn reiche Menschen durch die Arbeit an der eigenen Psyche mit sich selbst im Einklang sind, definieren sie sich nicht über ihr finanzielles Vermögen. Sie fühlen sich nicht deshalb anderen überlegen. Sie erleben das selige Gefühl der Fülle und Zuversicht. Wenn sich stattdessen ängstliche Sorge breitmacht, dann wachsen Getriebensein, Gier und der unreflektierte Wunsch, mehr und mehr haben zu wollen, nichts abgeben zu wollen. Das führt zur inneren Entfremdung und zur Abgrenzung von anderen Menschen.

Den Moment, sich als reiche Menschen anderen zu nähern und zu öffnen, verpassen manche, mit fatalen Konsequenzen. So wie der Finanzbetrüger Marc Dreier, ein ehemaliger Hedgefonds-Manager, der in New York zu 20 Jahren Haft verurteilt wurde.

Als Dreier nach dem Terroranschlag vom 11. September 2001, wie so viele New Yorker, auf sein Leben blickte, gefiel ihm nicht, was er sah. Für ein paar Monate verließ er Manhattan und zog sich zurück in sein Strandhaus in Westhampton Beach. Dort fasste er den Entschluss, ein noch größeres Strandhaus zu kaufen. »›Ich dachte, das würde mich glücklich machen. Und das wollte ich ja: wieder glücklich sein‹, sagt Dreier.«[88] Die Glücksforschung weiß: Zwei Millionen machen glücklicher als eine – wenn eine Haltung der Fülle und Großzügigkeit vorherrscht. Geld zu haben kann niemals eine Ambition sein, denn Ambition zielt darauf, sich zu vervollkommnen, um die Welt zu verbessern. Das lässt sich mit einem 10 Millionen Dollar teuren Penthouse, einer 18 Millionen Dollar teuren Jacht (wie ins Dreiers Fall) nicht erreichen.

Fülle und Großzügigkeit sind nicht nur innere Haltungen, sondern sie müssen immer wieder durch Taten bestätigt werden. Es gibt Menschen, die machen die allerschönsten Geschenke, sorgfältig ausgesucht, die die Beschenkten rühren. Ihre Mitbringsel aus fernen Ländern sind sensationell. Sie sprechen die interessantesten Einladungen aus, zu denen alle gerne kommen, nie würden sie sich mit Mittelmäßigkeit abgeben ... doch leider alles nur in ihrer Fantasie. Sie träumen davon, wie großzügig und einfühlsam sie sind, und fühlen sich großartig. Leider haben sie so wenig Zeit. Deshalb machen sie ihre Träume nie wahr. Stattdessen verschickt das Unternehmen Give-aways mit vorgedrucktem Gruß, und die Standard-Weihnachtskarten werden lediglich mit unleserlichen Unterschriften versehen – da im Fond des Dienstwagens hingekritzelt. Eigenes Geld für Weihnachtsgaben an Geschäftsfreunde auszugeben oder Zeit zu investieren, um Geschenke auszuwählen, können sich diese Unglücklichen nicht vorstellen. Sie müssen das Geben erst lernen, Schritt für Schritt.

Die ganz einfachen Formen der Freigebigkeit sind ideal zum Üben: heute tatsächlich eine Kleinigkeit schenken anstatt später etwas ganz Besonderes. Eine selbst ausgewählte und gekaufte, dann mit der Hand geschriebene Weihnachtskarte ist schon ein Projekt für Fortgeschrittene, denn es bedeutet, als wertschätzende Persönlichkeit zu agieren, statt sich selber auf später zu vertrösten.

Eine geradezu irrwitzige Dynamik entsteht, wenn ein finanziell nicht erfolgreiches Talent auf geizige Vermögende trifft.

Der Begüterte sieht sich im Atelier des darbenden Künstlers um, der sich nichts sehnlicher wünscht, als wenigstens ein kleines Bild zu verkaufen, um seine Miete und seinen Lebensunterhalt finanzieren zu können. Der Besucher ist fasziniert von einem der Werke und verbringt im Atelier Stunden damit, verwöhnt mit Kaffee und Kuchen, von diesem 800-Euro-Kunstwerk zu schwärmen, das wunderbar seine Sammlung ergänzen würde und jede große Ausstellung bereichern würde. Leider fehle ihm gerade das Geld zum Erwerb ... Weil der Künstler seine finanzielle Bedürftigkeit so krass erlebt, schenkt er dem Reichen das Bild, anstatt die Verhandlung über den Verkauf zu vertagen. Auf diese Weise rettet er seine Selbstachtung. Hat er doch der Qual, hingehalten zu werden, sich als bedürftig zu erleben, ein Ende bereitet. Er bedauert das sein Leben lang und erzählt immer wieder, wie ihn dieser Sammler gepeinigt hat. Der Sammler hingegen erzählt gerne, in vertrauter Runde, wie geschickt er dieses Kunstwerk erworben hat, dessen Wert exorbitant steigt.

Große Konzerne nutzen die Bedürftigkeit von Lieferanten auf ähnliche Weise aus wie der Reiche in der Fabel, sobald sie die Gelegenheit dazu bekommen. Vermögende lassen sich von Menschen kostenlos beraten, die gerade in den allergrößten finanziellen Schwierigkeiten stecken, und versprechen wunderbare Aufträge in der Zukunft. Leider wachsen auf diese Weise weder die Selbstachtung noch das Auftragsvolumen der Talente. Die Strategie muss sein, die eigene Zuversicht und Selbstgewissheit zu pflegen. Denn je größer diese sind, umso zwingender und selbstverständlicher wird der Anspruch, für das eigene Werk angemessen bezahlt zu werden. Existenzangst kann Menschen anfeuern und stark machen, doch sie müssen fähig sein, sich von Zweifeln und Enttäuschungen nicht überwältigen zu lassen, sondern sie umzuwandeln in Aktivität.

Menschen mit einer großen Karriere leben im materiellen Überfluss. Wenn sie gefragt werden, was sie für Luxus halten, dann sind ihre stereotypen Antworten: »Zeit haben«, »interessante Persönlichkeiten treffen«, »ein spannendes Leben führen«, »Außergewöhnliches erleben«. Für Menschen, die in der materiellen Fülle leben, ist der neue Maserati kein Luxus mehr. Luxus ist für sie die Privataudienz beim Papst, das Privatkonzert mit Anna Netrebko, die Einladung zur Einführung Barack Obamas in sein Amt. Ihr Luxus ist Einzigartigkeit, Exklusivität, Auserwähltsein.

In dem Moment, in dem Reichtum gegeben ist, ändert sich äußerlich vieles, aber *innerlich* nicht das, was Menschen sich vorgestellt haben. Menschen wissen nicht, wie sie sich fühlen, wenn ihre Wünsche wahr geworden sind. Es gibt kein »Vorausfühlen«. Jahre vorher stellen sich ambitionierte Menschen, die mit der Entwicklung ihres Talents, ihrer Karriere, ihrer Anerkennung, ihrer Bühne beschäftigt sind, vor, wie ihr Leben sein wird, wenn sie endlich reich sind: Es wird ihnen mehr Sicherheit geben, mehr Freiheit, mehr Ruhe, mehr Bequemlichkeit; sie werden bestimmte Dinge in ihrem Leben ganz anders machen; das Üben, Arbeiten, Entscheiden wird leichter, besserer, zwangloser werden. Sie werden sich mehr Zeit für dieses und jenes nehmen. Sie werden weniger arbeiten.

Das sind Fantasien. Noch nie sind sie wahr geworden. Das Bemühen um die eigene Qualität und Perfektion wird noch stärker, die Arbeit an der eigenen Psyche noch intensiver. Dieses Ringen trägt die Belohnung in sich selbst:

- »Ich liebe meinen Job maßlos. Ich liebe jede Minute daran und würde ihn sogar umsonst tun.« So der Schauspieler George Clooney, der damit kein Armutsgelübde ablegen will, sondern seine Leidenschaft für seinen Beruf ausdrückt.
- »Ich freue mich über jeden Tag, den ich arbeiten kann.«[89] Wenn Thomas Sattelberger, Personalvorstand der Telekom, davon spricht, dass »Geld für ihn kein großer Anreiz sei«,[90] dann ist dies ein Hinweis darauf, dass Geld für ihn selbstverständlich, aber nicht das Ziel in sich ist.
- Damien Hirst, geboren 1965, gilt als einer der reichsten Künstler der Welt. Und? Setzt er sich zur Ruhe, bestaunt er

seine eigenen Werke? »Man sagt mir immer: Mensch, du hast es doch geschafft. Wie langweilig! Ich will es gar nicht geschafft haben. Ich will Neues erschaffen.«[91]

## … UND REPUTATION AUCH

So klingt Reputation:

- »Ellen Johnson Sirleaf – Präsidentin und ein Glücksfall für Liberia.«
- »Gerhard Richter – einer der bedeutensten Künstler überhaupt.«
- »Indra Nooyi – CEO von Pepsi-Co und eine der zehn einflussreichsten Frauen der Welt.«
- Dieter Hildebrandt – der Doyen unter den deutschen Kabarettisten.«
- »Eine der ganz großen internationalen Wirtschafsfahnderinnen, die norwegische Juristin und Mitglied des Europäischen Parlaments Eva Joly.«

Und so zeigt sie sich:

- wenn Ellen Johnson Sirleaf der Friedensnobelpreis verliehen wird,
- wenn dem Komponisten Wilfried Hiller zum siebzigsten Geburtstag im Jahr 2011 ein Festival gewidmet ist, zusätzlich zu den Konzerten, Radiosendungen und Portäts;
- wenn Beatrice Weder di Mauro als erste Frau in den Rat der fünf Wirtschaftsweisen berufen wird;
- wenn nach der jüdischen Schriftstellerin und Journalistin Ruth Weiss bereits zu ihren Lebzeiten eine Schule benannt wird (die Ruth-Weiss-Realschule Aschaffenburg). Im süd-

afrikanischen Exil war Ruth Weiss als Freiheitskämpferin gegen das Apartheidsregime stark engagiert.

Reputation ist die höchste Auszeichnung großer Karrieren, die höchste Form der Anerkennung. Ohne sie ist alle Anstrengung umsonst. Sie ist nicht käuflich, sie wird von anderen zugewiesen. Aus der Reputation in der eigenen Community entsteht in einem äußerst komplexen Prozess die öffentliche Aufmerksamkeit, niemals umgekehrt.

Die Aufmerksamkeit innerhalb der Community ist unbestechlich. Sie gilt immer der Person, nicht ihrem Vermögen oder gesellschaftlichen Status. Jede Community hat ihre eigenen vielfältigen Privilegien, ihre immateriellen Belohnungs- und Anerkennungssysteme. Damit jemand in einen wichtigen Ausschuss, eine Kommission, in einen Aufsichtsrat berufen wird, für einen Preis, einen Orden, eine Berufung vorgeschlagen wird, muss vieles zusammenkommen. Der Name wird schon lange vorher genannt, in vielen Gesprächen, in beiläufigen Hinweisen, in subtilen Andeutungen, voller Dankbarkeit und Wertschätzung, immer verbunden mit dem Anliegen, dem Thema, für das jemand steht.

Reputation entsteht, wenn Dritte und Vierte in informellen Gesprächen die betreffende Person auf positive und konsistente Weise kennzeichnen. Das ist gemeint, wenn Giuseppe Labianca von der positiven Wirkung des Klatsches spricht. Klatsch und Tratsch im Management? Hat für den Wirtschaftsprofessor Labianca eine unverzichtbare soziale Funktion. Seine Forschung zeigt: Gerede transportiert sogar mehr Positives als Negatives über Menschen.[92]

Wenn Reputation entsteht und wächst, dann steigen ganz langsam, über viele Jahre oder Jahrzehnte, der informelle Status und die Attraktivität der Person, sie wird zur »Persönlichkeit« im Blickpunkt des öffentlichen Interesses, zum Vorbild. Einladungen zu immer exklusiveren Veranstaltungen folgen, zu kleinen, intimen Dinners, zu den Privat-Events am Rande weltweiter Konferenzen, unbemerkt von der Öffentlichkeit. Und dann, wie aus dem Nichts, kommt es zu Berufungen in Aufsichtsräte, zu Interviews für wohlwollende Titelgeschichten oder Porträts in einflussreichen Medien, zu Ehrungen und Orden, zu Vorrechten, wie sie Diplomaten genießen, zu Auszeichnungen und zu Gestaltungs- und Entscheidungsfreiheit.

Reputation ist der Persönlichkeit gewidmet. Wenn diese Anerkennung fehlt, dann entsteht, trotz herausragender Leistungen und großen Reichtums, ein Gefühl des Mangels, der nicht kompensiert werden kann. Deshalb kämpfen Menschen zuweilen um diese Anerkennung, indem sie Reputation erzwingen wollen. Erfolgreiche Menschen sind daran gewöhnt, um etwas zu kämpfen, und machen aus ihrer Reputationsbildung ein Projekt.

- Sie engagieren PR- und Kommunikationsexperten.
- Sie erfinden für sich ein Image.
- Sie »stellen Fehlurteile richtig« und verbieten bestimmte Äußerungen.
- Sie bezahlen Journalisten und Meinungsmacher.
- Sie erkaufen sich Einladungen in bestimmte Kreise.

Dieser Kampf ist nicht zu gewinnen, denn es gibt keine »Gegner« in ihm. Geschenke lassen sich nicht einklagen. Wofür sollte, gegen wen, worum gekämpft werden? Wenn erfolgreiche Menschen spüren, dass sie durch Anstrengung oder durch Geld nichts erreichen, werden sie zuweilen zynisch, verbittert, selbstgerecht und setzen andere herab. Sie sind irritiert, haben sie doch bisher alles durch Anstrengung erreicht, und ein anderer Weg ist ihnen nicht bekannt.

Auch der Verkauf von einer Milliarde Schallplatten oder CDs schützt nicht vor der Trauer über das Gefühl, unterschätzt zu sein und keine Reputation genießen zu dürfen.

Der Schlagerproduzent Jack White, der weltweit zu den Erfolgreichsten seiner Profession gehört, leidet öffentlich darunter, dass seine »Gesamtleistung«[93] nicht gewürdigt wird.

Dieses Gefühl kennen viele Vorstände und Topmanager sehr gut, die nach ihrer Pensionierung in der Bedeutungslosigkeit verschwinden, vergessen werden. Andere hingegen wie Carl Hahn, ein früherer VW-Vorstand, bewahren sich ihre Reputation über Jahre oder Jahrzehnte hinweg und werden noch im hohen Alter zu den spannendsten Aufgaben eingeladen.

## WIE PRIVILEGIEN ZUM ERFOLG ANDERER BEITRAGEN

Das Schöne an Erfolg ist, dass Menschen mit herausragenden Karrieren genau das tun können, was sie innerlich befriedigt und ausfüllt. Sie können sich ihre Wünsche erfüllen, jede ihrer Ambitionen ausleben und neugierig die Welt ihrer Möglichkeiten erkunden. Sie können ihre Zeit souverän einteilen und sich selbst verwirklichen. Erfolg bedeutet, aus der Fülle agieren zu können, die Träume zu realisieren, die so lange geträumt wurden, die Bühnen der Welt zu bespielen, die lange in unerreichbarer Ferne zu liegen schienen.

Die Psyche muss die Fähigkeit besitzen, den Erfolg zu genießen. Aber wie? Nicht durch protzige Angeberei, sondern durch Großzügigkeit und Dankbarkeit.

Einer der erfolgreichsten deutschen Topmanager stammt aus bescheidenen Verhältnissen. Gerne spricht er darüber, wie dankbar er seinen Eltern für ihre Unterstützung ist. Er berichtet, dass seine Eltern früher mit jedem Pfennig rechnen mussten. Jetzt kann er sie finanziell unterstützen, indem er ihnen eine komfortablere Wohnung bezahlt. Seinem Vater hat er gerade einen Kuraufenthalt in der Schweiz finanziert, seiner Mutter und ihrer Freundin einen Ausflug nach Berlin. »Das ist das Mindeste, was ich für sie tun kann, und es freut mich, dass ich es kann.«

Das sind die Worte des Managers, aber wie lautet der Subtext?

- »Ich bin erfolgreich.«
- »Ich habe keine Angst vor der Zukunft.«
- »Ich bin nicht kleinlich und gönne meiner Mutter, dass sie mehr bekommt als nur das Nötigste.«
- »Ich bin mir meiner selbst gewiss.«

Großzügigkeit ist eine Haltung, die besagt: »Ich agiere aus der Fülle. Ich bin mir meiner selbst gewiss.« Denken allein reicht nicht. Großzügigkeit und Selbstgewissheit müssen gespürt und von anderen Menschen erlebt werden. Großzügigkeit wird als eine so positive Geste wahrgenommen, dass sie alles andere überstrahlt.

Ob die Privilegien materiell oder immateriell sind, es geht immer auch darum, sie teilen zu können und sich zugehörig zu fühlen: Ideen auszutauschen, sich freimütig zu äußern, Kontakte für andere zu öffnen, Jüngere zu fördern. Etwas zu geben zu haben ist ein schönes Gefühl. Anderen zum Erfolg zu verhelfen ist eine große Bereicherung für Menschen.

Erfolg braucht einen inneren positiven Selbstausdruck, eine Manifestation, die sich auch in äußeren Zeichen zeigt: Glückwünsche, Beifall, gemeinsame Essen, Geschenke, Feiern, Dankesreden.

## DER PERSÖNLICHE EINFLUSS WÄCHST UND WÄCHST

Es ist das größte Privileg des Erfolgs, eigene Standards entwickeln, eigene Zeichen setzen, eigene Werte formulieren, Orientierung bieten zu können. Während der großen Karriere nimmt der persönliche Einfluss allmählich zu. Zunächst führt der autonome Wille der Ambition Regie, das Können wird vervollkommnet und das Talent sichtbar. Die Person wird als identisch mit der Gabe erlebt, die sie in die Welt bringt. Die Worte dafür gehen von ihr selbst aus und werden von anderen Menschen, von der Community, dann von Meinungsführern und immer weiteren Kreisen aufgegriffen. Die Reputation, die ganz persönliche Marke entsteht.

Eine internationale Kommunikationsexpertin hat als Topmanagerin großer Konzerne deren Kommunikationsgeschehen gelenkt. Nach vielen Jahren harter Arbeit wusste sie schließlich alles über Kommunikation und PR. Ihr Anliegen war schon immer, herausragende Managementpersönlichkeiten zu entdecken und als Vorbilder herauszustellen. So beobachtete sie viele Jahre die Akteure im Geschäftsleben, sprach begeistert über starke Charaktere, die eigenwillige, kreative Positionen vertreten, einen höchst eigenen Weg jenseits des Mainstreams gehen und dadurch nicht nur die Welt der großen Unternehmen bereichern. Genau für diese Persönlichkeiten wollte sie arbeiten, aller Welt wollte sie vermitteln, wie großartig sie waren. Viele Menschen in ihrer Community haben sich von ihrem Enthusiasmus für herausragende Führungspersönlichkeiten der Wirtschaft anstecken lassen und sind fasziniert von ihrer Fähigkeit, diese zu entdecken, zu porträtieren, zu einer eigenen Marke zu profilieren und schließlich bekannt zu machen. So ist ihre Reputation als PR-Expertin entstanden. Heute folgt sie ihrem inneren

Anliegen und wählt selbst, für wen sie arbeiten möchte. Damit hat sie Definitionsmacht gewonnen: Wie sollten Topmanager und Topmanagerinnen heute sein? Was ist eine gute Unternehmerin, ein herausragender Berater, was macht ein Lebenswerk aus?

Diese Definitionsmacht, diese Deutungshoheit darüber, was Erfolg ausmacht, welche Werte in der Gesellschaft eine Rolle spielen sollten, wird renommierten Menschen zugeschrieben. Sie bezieht sich zunächst auf das engere Tätigkeitsfeld und weitet sich dann aus. Sie wächst so lange, bis der weltweit anerkannte Starentwickler für Spielesoftware gefragt wird, welches Auto die Umwelt am besten schont, und die Bestsellerautorin, welche Aktienfonds die besten sind. Ihnen traut man jedes Urteil zu. So wächst persönlicher Einfluss.

Einfluss ist wie Reputation, er besteht nicht aus Kompetenzen, er ist nicht durch die Position definiert, sondern er wird von anderen freiwillig geschenkt, der Persönlichkeit zugeschrieben. Der Grundstoff ist Vertrauen und der eigenständige Wille vieler anderer zur Gefolgschaft. Zu Beginn der Karriere in hierarchischen Organisationen spielen die formalen Befugnisse noch eine Rolle für die Entwicklung der Chancen auf Einflussnahme. Aber auch jüngere Managerinnen und Manager lernen schnell, dass formale Macht leicht ausgehöhlt und unterwandert werden kann – je höher der hierarchische Status, desto eher. Wirklichen Einfluss haben diejenigen Menschen in der Organisation, die

- über hervorragendes Können verfügen;
- von einem starken, mitreißenden, positiven Anliegen beseelt sind;
- eine positive Reputation erworben haben und denen deshalb von vielen anderen Menschen echtes Vertrauen geschenkt wird;

- in ihrer internen und externen Community exzellente, herzliche, einflussreiche Kontakte pflegen;
- für ihre stabile Psyche sorgen und daher großzügig, unkompliziert und wertschätzend agieren.

Gefolgschaft, Definitions- und Deutungsmacht sind, wie Geld und Reputation, die natürlichen Begleiter großer Karrieren. Einfluss wird ambitionierten, herausragenden Menschen in allen Lebensbereichen zugeschrieben: in der Wirtschaft, in Kunst, Wissenschaft, Politik, Medien und Sport gleichermaßen. Viele Menschen weltweit orientieren sich an Stars und bekannten Persönlichkeiten – für kurze Zeit oder im Fall von Menschen mit nachhaltigen großen Karrieren über sehr lange Perioden.

Menschen mit großen Karrieren haben einen hohen Bekanntheitsgrad, auf sie ist die Aufmerksamkeit gerichtet, alles an ihnen ist interessant und wirkt auf das Verhalten anderer Menschen anziehend, vorbildlich, nachahmenswert, die unbewussten Gesten und Töne so wie das gesprochene Wort. Oft sind es ihre starken Anliegen, die damit verbundenen Emotionen und Stimmungen, die letztlich ausschlaggebend sind, nicht ihr Wissen und auch nicht objektive Interessenlagen. Wer entscheidet,

- ob eine Fusion zweier Unternehmen tatsächlich stattfindet oder nicht,
- welches Kunstwerk erstklassig und welches zweitklassig ist,
- welcher Athlet zuerst mit dem neuen Material an den Start gehen darf,
- was der Modetrend im nächsten Jahr ist,
- welche Regeln für die Entscheidung über die Wettbewerbsregulierung im Einzelfall angewendet werden,
- ob eine Frauenquote eingeführt wird,
- ob die Kennzahlen eines europäischen Landes glaubwürdig sind oder nicht?

Es sind nicht die Experten und auch nicht die Inhaber der höchsten hierarchischen Rangstufen. Es sind diejenigen Menschen, die von ihrer einflussreichen informellen Community unterstützt werden.

## DAS BRINGT SIE JETZT WEITER: WÜNSCHEN SIE SICH ETWAS!

Zum Glück gehört die Vorfreude, zur Vorfreude der Wunsch. Auf ihrem Karriereweg verlernen Menschen zu wünschen, sie passen sich an und erfüllen die Erwartungen und Anforderungen anderer.

Um mit Ihren eigenen Wünschen, die immer auch Teil der Ambition sind, in Kontakt zu kommen und die Vorfreude zu pflegen, machen Sie die folgende Wunsch-Übung.

1. Schreiben Sie innerhalb von fünf Minuten möglichst schnell hintereinander, ohne viel zu überlegen, fünfzig Wünsche auf: Was möchten Sie noch erleben, bevor Sie diese Welt verlassen?
2. Schauen Sie Ihre 50 Wünsche an. Welche Wünsche überraschen Sie? Welche rühren Sie? Welche können Sie nicht einordnen oder finden Sie banal oder unangemessen? Jeder Wunsch ist eine Spur. Nehmen Sie sich die Zeit zur Reflexion: Welche drei Wünsche können Sie sich selbst in den nächsten Wochen erfüllen?
3. Tun Sie es. Erfüllen Sie sich Ihre Wünsche.

# TEIL II

# PHASEN UND KRISEN DER GROSSEN KARRIERE

# 8. DIE KARRIERE AUFBAUEN

Berufsanfänger stellen sich schier unendlich viele Fragen. Es sind Fragen wie die folgenden:

- Welches ist das richtige Unternehmen für mich?
- Soll ich den Job als Trainee, als Dolmetscherin oder als Assistentin am Lehrstuhl annehmen?
- Soll ich noch eine MBA-Ausbildung machen?
- Ist jetzt die richtige Zeit, um schwanger zu werden?
- Wie viel Honorar, welchen Preis, welches Gehalt soll und kann ich fordern?
- Bleibe ich noch ein Jahr bei der Investmentbank in London?
- Schadet es mir, wenn ich ein Sabbatjahr einlege und ehrenamtlich in den Slums von Rio de Janeiro arbeite?
- Soll ich als Künstler jetzt eher so viele Engagements wie möglich annehmen oder lieber meine Kunst vervollkommnen?

## DAS WIE IST ENTSCHEIDEND, NICHT DAS WAS

Fragen wie die oben beispielhaft angeführten gehen davon aus, dass es Regeln dafür gibt, *was* man tun sollte. Das ist nicht der Fall, und deshalb sind die Antworten gleichgültig. Das mag all diejenigen entlasten, die sich mit vergleichbaren Fragen herumschlagen.

Sinnvoll sind hingegen Fragen nach dem Wie, das heißt nach der Haltung, mit der die Karriere begonnen wird:

- Wie kann ich meine Ambition in die Welt bringen und wohin will sie mich führen?
- Wie erreiche ich höchstes Können?
- Wie gehe ich mit negativen Emotionen um und erzeuge positive Resonanz?

### DIE AMBITION UND DAS INNERE ANLIEGEN ERKENNEN

- Ein junger Mann weiß bereits mit 16 Jahren sehr genau, dass er Kinderarzt auf dem Land werden möchte, und wird es auch. Das ist ein Glücksfall.
- Ein junges Mädchen interessiert sich für Zahlen. Sie weiß zwar nicht, was sie einmal werden will, aber dass es etwas mit Zahlen sein soll, dessen ist sie sich sicher, und studiert Mathematik. Auch ein Glücksfall.

Viele andere junge Menschen benötigen Jahre, vielleicht Jahrzehnte, bis sie die eigene Ambition nicht nur spüren, sondern auch benennen und bewusst verfolgen können. Häufiger geschieht es, dass sich jemand für sehr vieles interessiert und daher Jura, Pädagogik oder Betriebswirtschaftslehre studiert, weil diese Fachgebiete viele Möglichkeiten eröffnen. In sehr wenigen Professionen ist es wichtig, sich bereits als Kind oder im jungen Alter auf eine bestimmte Richtung festzulegen. Im Sport ist das der Fall, da die Lebensphase für Höchstleistungen sehr früh einsetzt und die Zeitspanne, in der Höchstleistungen erzielt werden können, sehr kurz ist.

Eine frühe oder eine spätere Festlegung – beides kann einen guten oder einen schlechten Start markieren. Gerade wenn Unsicherheit besteht, ist es wichtig zu agieren, anstatt lange nachzudenken. Wie Herminia Ibarra sagt[94], lässt sich die eigene berufliche Identität nicht durch Reflexion, sondern nur durch Ausprobieren entdecken. Das gilt auch für das innere Anliegen und die Leidenschaft. Wichtig ist nicht, *was* als Nächstes studiert und praktiziert wird, sondern *dass* etwas getan wird und *wie* es getan wird. Wer die Entscheidung getroffen hat, etwas zu beginnen, der hat die Basis zum Erspüren und Erkennen der eigenen Ambition geschaffen. Umgekehrt wäre es desaströs, deshalb keinen Job anzunehmen, weil keine der Alternativen, die sich anbieten, exakt zu passen scheint.

Junge Menschen, bestens ausgebildet, lernen während der Jobsuche viele Grenzen kennen. Sie wissen genau, was sie nicht wollen und nicht können. Wenn sie aber ihre Wahl immer wieder hinauszögern, dann entgeht ihnen die Spur ihres inneren Anliegens und ihrer Ambition. Sie konzentrieren sich dann mehr und mehr auf die Anforderungen und Reaktionen der Umwelt. Bei jedem Angebot, das ihren Fähigkeiten oder Wünschen nicht hinreichend entspricht, wird ihre Zuversicht geringer, mit jeder Absage auf eine Berwerbung um die erwünschte Tätigkeit ihr Zynismus und ihre Resignation größer. Sie erleben ihre Wünsche als immer illusionärer. Irgendwann erhalten sie vielleicht ein Angebot, mit einer gänzlich ungeliebten Tätigkeit viel Geld zu verdienen, nehmen den Job an, und das Unglück nimmt seinen Lauf. Sie entfernen sich mehr und mehr von ihrem inneren Anliegen, von ihren Träumen, und konzentrieren sich auf das Geldverdienen, auf den

Status, auf die Privilegien. Die Gefahr ist jedoch groß, dass das Erreichte nie genügen wird, denn die tiefe Sehnsucht danach, die eigene Gabe in die Welt zu bringen, schafft einen Mangel, der sich mit Geld nicht befriedigen lässt. Deshalb ist es sehr wichtig, gleich zu Beginn eine – vielleicht nicht ganz passende oder erwünschte – Tätigkeit aufzunehmen und die eigenen Möglichkeiten in diesem zunächst gegebenen Rahmen zu erproben. Eine weitaus geringere Rolle spielt hingegen die Frage, in welchem Job, mit welcher Aufgabe man startet. Entscheidend ist, mit welcher Haltung man die einmal gewählte Position antritt. Um die eigene Gabe, die eigene Ambition frühzeitig zu erkunden und sukzessive zu entwickeln, sollte die Einsteigerin beziehungsweise der Berufsanfänger

- sofort eine Entscheidung für eine Aufgabe treffen und sich in das, was ansteht, vollkommen hineingeben;
- sich dabei höchst aufmerksam selbst beobachten: Was fühlt sich gut an, was schlecht, was lässt sie/ihn gleichgültig? Wo lauert die Leidenschaft? Was macht glücklich?;
- erst dann, wenn sich Sicherheit einstellt (»Das will ich in die Welt bringen«), neu nachdenken und neu handeln.

Wer seine Ambition bestmöglich entwickeln will, der sollte keinesfalls seine Ausbildung oder seinen Job allein aus dem Grund wechseln, weil er oder sie sich aus einer unangenehmen Situation befreien will (»Nichts wie weg!«). Viele Berufsanfänger ahnen, dass eine Tätigkeit, die sie angenommen haben, zu nichts führt, sie langweilt. Womöglich ist sie obendrein auch noch schlecht bezahlt. So finden sie genügend Gründe, um zu kündigen. Dieses uneinträgliche Spiel kann sich jahrelang wiederholen. Zunächst gilt es herauszufinden, wo man *hin* möchte, nicht warum man *weg* will.

## HÖCHSTES KÖNNEN ENTWICKELN

Die wichtigste Voraussetzung für eine große Karriere besteht darin, das eigene Können von Beginn an weiterzuentwickeln mit dem Ziel, es zu vervollkommnen. Die Möglichkeiten hierfür liegen anfangs oft nicht exakt in dem Bereich, in dem das große Talent vermutet wird. Dennoch: Neugierde, Übung, Disziplin und Fleiß sind wichtig, gerade weil zu Beginn noch nicht klar ist, worin das innere Anliegen besteht und auf welchem Gebiet das Talent anzusiedeln ist. Das finden Menschen im Tun heraus, nicht im Fantasieren. Wenn sie agieren, üben, scheitern, wieder üben, lernen, Fehler machen, dabei von anderen gesehen werden und Feedback erhalten, wenn sie auch andere dabei beobachten, sich vergleichen, dann nimmt die Sicherheit zu:

- Das will ich.
- Das kann ich.
- Darin bin ich richtig gut.
- Das macht mir die größte Freude.

In diesem Erkenntnisprozess herrscht eine große Sensibilität. Man beobachtet sich selbst sehr feinfühlig und genau, um festzustellen, wo und wie man die größten und leichtesten Fortschritte erzielt; wo und mit wie viel Freude und Hartnäckigkeit man übt; wobei und wann es dem eigenen Antrieb nicht schadet, wenn man scheitert und neu ansetzen muss.

## DIE PSYCHE STABILISIEREN

Durststrecken sind die natürlichen Sparringspartner in jeder Phase einer großen Karriere, insbesondere aber in der Aufbauphase. Gegen negative Gefühle, die in solchen Zeiten, zum Beispiel als Reaktion auf Absagen, auftauchen, gegen

Ärger über verschwendete Zeit, gegen Neid auf andere, die es leichter haben, helfen die beiden folgenden Verhaltensweisen:

1. weiter üben, das Können weiter und weiter vervollkommnen oder etwas ganz Neues lernen;
2. positive Resonanz in anderen erzeugen durch Dankbarkeit.

Junge begabte Menschen finden viele Mentorinnen und Förderer, denn die Erfolgreichen sind großzügig und haben Freude daran, ihr Know-how und ihre Kontakte zu teilen. Studentinnen und Studenten von Eliteschulen fragen sich,

- warum Vorstände großer Unternehmen mit ihnen Kaminabende verbringen,
- warum sich der Strategiechef Zeit für regelmäßige Mentorengespräche nimmt,
- warum die australische Galeristin bereit ist, für sie einen zusätzlichen Praktikumsplatz einzurichten.

Zum einen bereitet es eine große Freude, etwas weitergeben zu können. Zum andern bekommen die Gebenden auch etwas sehr Kostbares: Dankbarkeit. Gezeigte Dankbarkeit ist in der ersten Karrierephase Türöffner, Motivator, Tauschwährung – und ein höchst wirksamer Stabilisator der Psyche. Sie hilft, »Schulden« gegenüber denen abzutragen, die einem so viel geben, und sie macht glücklich, heiter, zuversichtlich, weil sie den Gedanken in den Vordergrund rückt, wie viele Menschen einem wohlgesinnt sind und wie viele Privilegien es zu erringen gibt. Ganz besonders hilfreich ist es, immer wieder den eigenen Eltern zu danken. Das ist gleichzeitig eine gute Übung für spätere Phasen der Karriere, in denen Dankbarkeit den eigenen Eltern gegenüber zunehmend wichtiger wird.

Wenn die Resignation, die Verzweiflung darüber, nicht weiterzukommen, keinen Job zu finden, nicht einmal einen Praktikumsplatz, kein Geld zu haben, keinen Platz und kein Klavier zum Üben zu finden oder wenn der Ärger über engstirnige Personalanwerber, auf Stellen streichende Manager, auf Mittel kürzende Universitäten überhandzunehmen drohen, hilft Dankbarkeit.

## DIE INTENSITÄT DER INVESTITION IN DIE KARRIERE

Üben, sich vervollkommnen, sich ausprobieren, Fehler machen, weiter üben, Feedback bekommen, sich selbst beobachten, üben, das innere Anliegen erspüren, positive Resonanz erzeugen, weiter üben, Dankbarkeit zeigen – das alles sind die wichtigen Investitionen in die eigene Karriere.

Die größten Investitionen in ihren beruflichen Erfolg nehmen Menschen selbst vor, nicht ihre Arbeitgeber oder Auftraggeber. Unternehmen verfolgen ganz andere Interessen: Sie müssen dafür sorgen, dass Aufgaben von geeigneten Mitarbeitern erledigt werden, und setzen dafür zahlreiche Qualifizierungs- und Motivationsinstrumente für eine Vielzahl unterschiedlich begabter Nachwuchskräfte ein. In Einzelfällen können diese Angebote eine große Karriere fördern, grundfalsch ist es aber zu glauben, die Investitionen vonseiten der Unternehmen allein könnten jemals ausreichen. Entscheidend für eine große Karriere ist das, was man selbst investiert.

Zu den persönlichen Beiträgen gehören nicht nur Übung, Aufmerksamkeit für die eigene Ambition und Dankbarkeit, sondern auch größere Geldsummen, die *aus der eigenen Tasche* in die eigene Persönlichkeitsentwicklung und in den Aufbau der eigenen Community investiert werden. Die Qualifizierungsanstrengungen der Unternehmen und vieler großartiger

Bildungsinstitutionen täuschen leicht darüber hinweg, dass der Einzelne selbst die Verantwortung für seine Entwicklung trägt.

Wenn der Headhunter die Vertriebsmanagerin während eines Bewerbungsinterviews für eine Regional-Head-Funktion Südamerika danach fragt, ob sie ihre Leidenschaft für Brasilien, Argentinien, Chile & Co. auch dazu gebracht hat, die Sprachen zu lernen, die Länder zu bereisen, sich dort fortzubilden, und wenn sie dann antwortet, dass es im Bildungskatalog ihres Unternehmens keine solchen Angebote gab … ja, dann ist das Gespräch bald zu Ende.

Der Gedanke, die Entwicklung der eigenen Persönlichkeit an das Unternehmen zu delegieren, ist verführerisch. Das innere Anliegen will jedoch nicht nur entdeckt und geträumt, sondern auch gepflegt werden. Dazu sind eigenes Geld, eigene Zeit und eigene Initiative nötig.

Die Intensität der Investition in die eigene Persönlichkeit entscheidet über die große Karriere. Zu Beginn der Karriere bedeutet das besonders schwere Opfer.

- Sind die für das aufwendige internationale Seminar an der Universität Harvard aufzubringenden 10 000 Euro nicht vorhanden, so muss ein Kredit aufgenommen werden.
- Wie gerne hätte ein Studienabgänger endlich genügend Geld, um sich Konsumwünsche zu erfüllen … statt in einem Seminar Umgangsformen zu lernen, die im Management erwartet werden.
- Wie gerne würde die angehende Teamleiterin mit allen Konflikten, die sie nachts wachhalten, alleine zurechtkommen, ohne die Beratung eines für teures Geld engagierten Therapeuten.
- Wie gerne würde es sich der junge Künstler ersparen, an alle seine Professoren und Mentoren, an die Veranstalter,

wichtige Zuhörer/Verlage/Museen persönlich gestaltete Weihnachts- und Dankeskarten zu schicken.

Aktivitäten und Investitionen wie diese sind überaus gut geeignet, um all diejenigen Fertigkeiten einzuüben, die im Laufe der großen Karriere immer wichtiger werden.

## DURCHBRUCH UND ERFOLGSSCHOCK

Die lang ersehnte Beförderung, das eigene Buch auf der Bestsellerliste, die Ausstellung in der Tate Modern, die Berufung an eine ausländische Universität, der erste Beratungsauftrag für einen weltweit agierenden Vorstandsvorsitzenden, das löst Erschütterung, Freude, Glücksgefühle, Angst, Zweifel aus. Alles gleichzeitig. Es ist ein Ankommen im Unbekannten. Es versetzt Menschen in einen psychischen Ausnahmezustand. Nichts ist vertraut, nichts selbstverständlich.

Der Durchbruch verändert alles. Deshalb wirken exponierte Personen und manche Topmanager nach einem großen Karriereschritt wie außer sich. Sie sind nicht mehr sie selbst, sondern wie ferngesteuert. Burkhard Müller hat einmal geschrieben: »Das Unbekannte trifft jeden in völliger Einsamkeit.«[95] Diese Beschreibung trifft es exakt. Der Schock zeigt sich als Orientierungslosigkeit. Wohin so plötzlich mit den angestauten Gefühlen des Zweifels und der Angst?

Eine große Karriere ist großartig und traumatisch zugleich. Das Neue bedeutet Bereicherung und den Verlust des Vertrauten. Wie ein lang ersehnter Umzug, wird auch ein großer Karriereschritt als Schock, manchmal als Trauma erlebt. Die emotionale Erschütterung zeigt sich auch daran, dass der Betreffende sich an Sicherheiten klammert: Nur ja alles richtig machen, Erwartungen nicht enttäuschen. Jetzt entscheidet sich, wie sich das weitere Leben entwickelt. Wird es zu einem gelingenden oder zu einem schwierigen? Die Lösung ist nicht im Gewohnten zu finden, die Sicherheit liegt nicht im »mehr desselben«.

Jeder Mensch, der einen Karrieredurchbruch erlebt, ist ein Pionier, er kann nicht auf Rezepte zurückgreifen, sich nicht auf Vorbilder stützen. Intensive Reflexion ist nötig. Wie wird der Lebensweg aussehen, je nachdem, ob jetzt die Lösung in der Abgrenzung oder in der Verbundenheit gesehen wird?

- Ob man das Gespräch sucht oder allein vor sich hin arbeitet?
- Ob man zu einer großen Feier einlädt oder auf Glückwünsche wartet?
- Ob man den normalen Alltag schätzt oder den Glamour überhöht?
- Ob man sich für Homestorys hergibt oder sich seine Privatsphäre bewahrt und diese würdigt und genießt?
- Ob man es endlich allen zeigen oder sich bedanken, alles für sich haben oder mit anderen teilen möchte?
- Was an erster Stelle steht, das Streben nach Publizität oder die innere Substanz?

Große Erfolge lösen überwältigende, erschütternde Gefühle aus. Niemand ist darauf vorbereitet. Der Zeitpunkt ist immer überraschend. Wenn der heiß ersehnte Durchbruch endlich da ist, nach vielen Anläufen, Misserfolgen und Rückschlägen, trifft er Menschen völlig unerwartet. Menschen können sich nicht auf spätere Gefühle vorbereiten. Die Psyche ist von der Aufmerksamkeit und der Anerkennung überwältigt und sucht Orientierung.

»**Erfolg hat etwas** zutiefst Verunsicherndes«[96], – das war das Empfinden Daniel Kehlmanns, nachdem sein Buch *Die Vermessung der Welt* märchenhafte 1,4 Millionen Mal verkauft worden war. Und »ein Moment sich erfüllender Sehnsucht«, als sein Verleger ihn anrief, dass die Auflage von einer Million überschritten war.

Manche Beschreibungen der Gefühle beim Durchbruch zur großen Karriere klingen wie Berichte von Traumata, und die nachfolgenden Ereignisse erinnern an posttraumatische Störungen.

»Es gibt Tage, an denen ich mich fühle, als würde ich aus einem Koma erwachen und erfahren, sechs Jahre seien vergangen, ohne dass ich etwas mitbekommen hätte. Ich kapiere überhaupt nichts.« So beschreibt Hugh Laurie, der als berühmtester TV-Star der Welt gilt, seinen Erfolgsschock.[97]

Der Erfolgsschock ist immer wieder neu beobachtet worden und taucht in jeder Disziplin auf. Der Evolutionsbiologe Axel Meyer spricht von der »Nobelpreisträgerkrankheit«, bei der Personen, die den Preis jung bekommen haben, manchmal in der »Karriere danach« Probleme haben, insbesondere wenn sie das Gebiet wechseln wollten. Die amerikanische Basketballtrainerlegende John Wooden kennt die »Erfolgskrankheit«, Pat Riley, früherer Trainer der Los Angeles Lakers, nennt es die »Ich-Krankheit« – die Vorstellung, das Ich *sei* der Erfolg, und die vergessen lässt, wie viel Disziplin und Arbeit der Weg dorthin gekostet hat.[98] Die Basketballtrainerin Pat Summitt erklärt: »Erfolg lullt ein. Er macht selbst die erfolgreichsten Menschen selbstgefällig und schlampig.«[99]

In der Medizin wird die »Erfolgskrankheit« auch als Begriff für das Burn-out-Syndrom benutzt.

Whitney Houston spricht über die Zeit ihrer größten Triumphe wie über eine überstandene Krankheit: »Es war zu viel, die Medien, der Rummel, ich konnte das nicht durchhalten.« Die Entfremdung, die in dieser Beschreibung zum Ausdruck kommt, ist eine traumatische Erfahrung. »Ich wollte irgendwann wieder ich sein«, das war Houstons sehnlichster Wunsch.

Der Erfolg wird nicht genossen, sondern als Aufforderung zu strengster Disziplin und Perfektion gesehen, die sich nicht einlösen lässt und stattdessen zu emotionalen Ausbrüchen und anderen Desastern führt. Bei Menschen, die ihren Erfolg als Schock, als Trauma erleben, gibt es die Reaktionsmuster der Übererregung mit den dafür typischen Symptomen wie Schlafstörungen, Angstattacken, Nervosität, Wutanfälle, Überdrehtheit. Andere verfallen in eine Erstarrung und können nicht angemessen reagieren. Sie fühlen sich hilflos, überfordert. Manchmal sind sie wie gefangen in einem Dankbarkeitsschock: übergroße Anpassung – ausgerechnet dann, wenn Anpassung nicht mehr angemessen ist und zu Irritationen führt. Dass gerade sie erwählt sind, übersteigt alles, was sie sich jemals vorstellen konnten.

Traumata betreffen das Nervensystem, das Gehirn oder auch den Körper. In der Medizin zählt nicht nur der Burn-out zu den »Erfolgskrankheiten«, sondern auch Krankheiten wie Herzinfarkt, Schlafstörungen, Tinnitus, Angstfantasien, Depression und Diabetes. Was Freude macht und verheißungsvoll klingt, kann als Extrembelastung erlebt werden, mit all den damit verbundenen psychosomatischen Störungen. Es sind die Gefühle des« »Überwältigtseins«, des »Ausgeliefertseins« an Umstände und Ereignisse. Alle Menschen mit großen Karrieren müssen sich diesen Bewährungsproben stellen.

Wenn berufliche Erfolge nur als Aufforderung zu weiteren Anstrengungen erlebt werden, kann sich kein Erfolgsgefühl entwickeln. Stattdessen werden umgehend neue Ziele gesetzt oder eingefordert. Es gibt keine Zäsur, kein Nachdenken, keine Reflexion, kein Aufatmen, kein Feiern, stattdessen noch mehr Arbeit, größere Anstrengungen, mehr Termine. Es gibt viele Muster zur Verhinderung von Erfolgsgefühlen. Betrachten wir einige Beispiele:

- Man baut sich eine Villa und geht zur Finanzierung eines höheren Lebensstandards Schulden ein, weil man sich nur so dem neuen Status gewachsen fühlt.
- Jeder Erfolg löst neuen Druck aus – neue Ziele –, und man arbeitet bis zum Umfallen.
- Wahrer Erfolg wird ganz woanders vermutet – damit man sich nicht mit dem Gefühl der Exponiertheit konfrontieren muss und weiterleben kann wie bisher.
- Man spielt seine Erfolge herunter oder rechnet sie dem Zufall und dem Glück zu – man fühlt sich wie ein Hochstapler und fürchtet Enttarnung.
- Man sagt sich von alten Freunden los, vor deren Bewunderung man sich schämt, deren vermeintlichem Neid man entkommen will.
- Man bittet Abhängige (beispielsweise Mitarbeiter) um »ehrliche Kritik« und spricht immer öfter von »Demut« – anstatt sich einem Therapeuten oder Coach zu stellen und im Alltag Gutes zu tun.

## DAS BRINGT SIE JETZT WEITER:

### INVESTIEREN SIE IN IHRE PERSÖNLICHKEIT

In der Aufbauphase ihrer Karriere scheuen viele Menschen die Ausgaben für persönliche Fortbildung. Dabei ist es gerade in dieser Phase wichtig, erfahrene Dritte um Rat zu bitten und die eigene Haltung zu reflektieren. Die Verführung ist groß, zu arbeiten, viel zu leisten, sich den Erwartungen anderer anzupassen.

Jetzt sind diese Fragen für Sie wichtig:

- Was macht mich glücklich?
- Was ist für mich der Sinn des Lebens?
- Was ist mein inneres Anliegen?
- Will ich lernen und wachsen?
- Was habe ich der Welt zu geben?

Orientieren Sie sich an diesen wesentlichen Fragen und vergessen Sie die Regeln für den schnellen Erfolg und den glatten Aufstieg.

Kultivieren Sie eine Lebenseinstellung, die ambitioniert ist, großzügig, fehlertolerant, dankbar, wertschätzend, zugewandt, souverän. Tun Sie all das, was Ihre Selbstreflexion, Ihre Rollenflexibiliät und Ihre Selbstgewissheit fördert. Sagen Sie sich nie: »Ich will so bleiben, wie ich bin« oder »Das kenne ich schon«. Arbeiten Sie an sich und machen Sie das Beste aus Ihren Talenten und Anlagen. Gehen Sie in eine Selbsterfahrungsgruppe. Neue Forschungen zeigen, dass diese Methode sehr glückverheißend ist. Suchen Sie sich Gesprächspartnerinnen und Gesprächspartner, die Sie nicht nur fördern, sondern denen auch an Ihrem beruflichen Erfolg liegt. Suchen Sie Augenhöhe.

Pflegen Sie Ihre Freundschaften, lernen Sie immer wieder Neues, etwa eine weitere Fremdsprache, ein Musikinstrument. Freunden Sie sich mit Themen an, die sich Ihnen nicht von selbst erschließen: vielleicht moderne Kunst, Meditation, Opernmusik, Kochen. Beziehen Sie andere Menschen mit ein. Sie werden Resonanz erhalten, und das fühlt sich großartig an.

# 9. DIE KARRIERE STABILISIEREN

Eine Karriere erfolgreich zu starten und sie dann für viele Jahre kontinuierlich zu erhalten und auszubauen erfordert psychische Stärke. Denn die Psyche ist auf große Karrieren nicht vorbereitet und entwickelt massive Widerstände, Abwehr und Blockaden dagegen. Davon war weiter oben schon die Rede.

Doch steht diese Aussage nicht im Widerspruch zu dem Wunsch nach mehr Gestaltungsfreiheit, mehr Anerkennung, mehr Erfüllung, mehr Einfluss? Das Unterfangen, eine große Gabe in die Welt zu bringen, ist mit vielfachen kognitiven Dissonanzen verbunden. Es ist für das menschliche Gehirn kaum zu fassen, für die Psyche verwirrend und überfordernd.

## AUFBAU UND STABILISIERUNG: ZWEI GRUNDVERSCHIEDENE PROZESSE

Die Bedeutung psychischer Prozesse für die Entwicklung großer Karrieren ist fundamental. Zunächst gilt es, die enormen Widerstände gegen die Herausforderungen einer großen Karriere zu überwinden. Talentierte Menschen müssen zur eigenen Selbstgewissheit, zum eigenen Erfolgsgefühl finden, das Ego entwickeln, damit sie an sich glauben und andere mitreißen und sich selbst ihren Rückenwind schaffen. Das ist der Modus des Karriereaufbaus. Die Ambitionierten müssen für viel Ermutigung, Bestätigung, Stolz und Wissen um ihre Stärken sorgen. So entsteht die große Karriere.

Wenn der Erfolg eingetreten und sichtbar ist, müssen sie einen genau gegenteiligen psychischen Modus finden, das heißt sie müssen ihr Ego unter Kontrolle bringen, um das Erreichte zu stabilisieren und weiterzuentwickeln. Jetzt muss die Reflexion in den Vordergrund treten, das Hinterfragen der eigenen Größe, die Dankbarkeit gegenüber anderen, der Stolz auf das Team und alle Mitarbeitenden, das Zuhören, das Ernstnehmen von Kritikern.

Diese Schwerpunktverlagerung wird oft versäumt, denn das Streben nach Aufmerksamkeit und Anerkennung kann zur Gewohnheit werden. In anspruchsvollen Berufen ist die Dynamik des Karriereaufbaus so rasant und alles verschlingend, dass es sehr schwer ist, das Ende dieses Prozesses rechtzeitig zu erkennen. Deshalb ist die Gefahr groß, dass die große Karriere an der eigenen Person scheitert – unabhängig von den Umständen.

Um an die Spitze zu kommen, ist ein großes Ego notwendig. Um an der Spitze zu bleiben, muss das Ego unter Kontrolle gebracht werden. Wenn dort die Konzentration auf das Ego zu stark wird, wenden sich Menschen enttäuscht ab.

Der zum Nachfolger des Unternehmers bestimmte junge Mann glänzte viele Jahre lang durch seinen Leistungswillen, seine Einsatzbereitschaft und seine guten Ergebnisse. Stets wurde er bewundert, stetig wurde seine Bühne größer. Schließlich setzte er mehr und mehr seine Person in Szene anstelle seiner Werte und seines Anliegens. Er führte sich am Ende auf wie der Herrscher der Weltmeere. Kein Zögern, kein Argument, kein Rat, keine Resonanz erreichte ihn mehr. Aus dieser einsamen Grandiosität ging es direkt in die Arbeitslosigkeit.

Das Ego unter Kontrolle zu bringen ist keine leichte Aufgabe für die Psyche, weil es bisher gestärkt wurde und weil diese Stärkung sich als erfolgreiches Muster erwiesen hat. Auf dem Höhepunkt der Karriere davon Abschied zu nehmen verlangt der Psyche alles ab. Jetzt muss das Ego reflektiert, relativiert, eingeordnet werden. Jetzt muss zugehört werden, Beratern, Freundinnen, Kunden, Geschäftspartnerinnen, Vorgesetzten, Coaches, Kritikerinnen, Mitarbeitern, Therapeutinnen, Ehemännern. Jetzt muss Resonanz gespürt und ausgelöst werden. Das tragfähige zwischenmenschliche Beziehungsgeflecht wird genau jetzt benötigt – wohl dem, der es beizeiten aufgebaut und gepflegt hat. Wenn es in diesem Moment des Triumphes nicht gelingt, das Ego unter Kontrolle zu bringen, ist die Gefahr des Scheiterns groß. Weil es dann kein anderes Repertoire mehr gibt, als das Ego weiter und weiter aufzublähen, sonnenkönighaft zu inszenieren und zu zelebrieren. So kommt es zum Sturz.

Es muss also *immer* auch die Reflexion gesucht und an den eigenen, weitgehend unbewussten Widerständen, Abwehrverhaltensmustern, Ängsten, Konditionierungen und Blockaden gearbeitet werden. Fühlt sich der Durchbruch an wie ein Sturz ins Bodenlose, Erfolg wie ein Trauma, dann sind unterschiedliche unbewusste Dynamiken zwischen Selbstzweifel und Größenwahn im Innern aktiv. Es ist eine sehr komplexe Aufgabe für die Psyche, die große Karriere kontinuierlich zuzulassen und den Erfolg zu hüten. Die Versuchung, den besser verstandenen, gewohnten Zustand der Suche nach dem Erfolg wiederherzustellen, ist groß.

Die Aufgabe ist also, Ängste und Zweifel zu überwinden und über das eigene Ego hinauszuwachsen. Das gelingt jenen Menschen leicht, die immer schon für andere eingetreten sind, deren Lebensgestaltung auf einem sicheren religiösen oder weltanschaulichen Wertefundament basiert und die deshalb ihre Taten und Erfolge als sinnhaft deuten. Das innere Anliegen ist größer als das Ego – so kann der Erfolg, statt isoliert und egobezogen, auch als Erfolg für andere gesehen werden. Das Bewusstsein der Sinnhaftigkeit des eigenen Lebens macht glücklich und löst bei anderen Vertrauen, Orientierung, Begeisterung und Gefolgschaft aus. Nur den eigenen Interessen zu dienen führt ins Nichts. Echte Erfolgspersönlichkeiten besitzen eine Mission, die über sie selbst hinausweist, andere mit einbezieht, mitnimmt und ansteckend ist. Daraus entsteht eine gute Reputation, und diese ist entscheidend: die Aufmerksamkeit vieler Menschen, die lange anhält. Die Psyche muss dazu fähig und dafür bereit sein.

Die Psyche kann Karrieren begrenzen, aufhalten, fördern, strahlen lassen oder vernichten. Entscheidend ist, inwiefern sie ein inneres Erfolgsgefühl kultivieren kann, das bei anderen Menschen auf Widerhall stößt. Letzteres gelingt, wenn nicht nur Arbeitsdisziplin geübt wird, sondern auch psychische Disziplin. Psychische Disziplin wiederum bedeutet mehr als Nachdenken und Analysieren, Planen und Abwägen. Die Schocks, Traumata, Ängste, Widerstände und Verwirrungen, die mit dem Durchbruch einhergehen, sind zum großen Teil unbewusst gesteuert und damit der Ratio nicht zugänglich. Das heißt das Unbewusste kann Gedanken suggerieren wie »alles in Ordnung« oder »alles furchtbar«, oder »der ist schuld« oder »ich schaffe das nicht« oder »morgen mache ich das besser«, obwohl jeweils gerade das Gegenteil zutreffen mag. Besonders Menschen, die sich für vernunftgesteuert halten, die also die Existenz ihrer unbewussten Gefühle leugnen, müssen dann feststellen: Es funktioniert nicht. Sie brauchen neben der Vernunft die psychische Disziplin – die Disziplin, im Gespräch, in der Therapie oder im Coaching Gefühle zu erkunden, zu verstehen, anzuerkennen, durchzusprechen, auch wenn es einmal unangenehm wird, und sich mit ihnen zu befreunden.

Ein Finanzspezialist brach im Schock seines Karrieredurchbruchs plötzlich den Kontakt zu seinen Eltern ab. Die Gründe für diesen Schritt waren ihm selbst nicht klar. Die Beziehung zu seinen Eltern war ihm praktisch über Nacht äußerst unangenehm geworden. Er wusste nicht, was dahintersteckte, aber sein Gefühl der Ablehnung überwältigte ihn. Er suchte krampfhaft nach »ordentlichen« Gründen für seinen Wunsch nach Distanz und fand die eine oder andere Kleinigkeit. Seine Vernunft sagte ihm: Das wird irgendwann schon wieder. Hingegen war zu erwarten, dass er im psychotherapeutischen Dialog oder in Coachinggesprächen etwas Irrationales an sich selbst entdecken würde, zum Beispiel dass er sich schämte und schuldig fühlte, mit seinem Karrieresprung seine Herkunftsfamilie verlassen und verraten zu haben, als ob er seine Eltern ins Unrecht gesetzt hätte.

Ein Karrieresprung kann Scham und Schuldgefühle auslösen. Weil diese Empfindungen unangenehm sind, neigen Menschen dazu, sie zu unterdrücken und nach Ausreden zu suchen. In solchen Situationen führt nur psychische Disziplin zur Selbsterkenntnis. Nur sie kann die Ursache der Verwirrung beseitigen und die Fortsetzung der Karriere ermöglichen, ohne dass Menschen sich in schädliche Vorstellungen verstricken oder andere verletzen.

Das oben geschilderte Beispiel ist keine Ausnahme, sondern zeigt die Dynamik: Auf den Erfolgsschock folgt psychische Verwirrung, innere Orientierung muss neu gesucht und gefunden werden.

## INNERE ORIENTIERUNG FINDEN

Erfolg ist kein Ziel an sich, bietet für sich allein keine Orientierung. Menschen mit großen Karrieren werden nicht angetrieben von der Suche nach Erfolg, sondern sie wollen Großes in die Welt bringen. Ihr Antrieb ist nicht, sich selbst zu inszenieren, sondern etwas zu zeigen, das größer ist als sie selbst. Deshalb treffen sie ihre Ängste auch so unvorbereitet, wenn der erste Ruhm sich einstellt. Die Psyche sagt: Her damit. Denn sie befindet sich ständig auf der Suche nach Nahrung für das Ego. Aber gilt der Erfolg dem eigenen Ego? Selbstzweifel melden sich zu Wort. Viele fühlen sich wie Hochstapler, immer in der Gefahr zu versagen. Und es gibt auch den Wunsch, nicht aus der sozialen Gemeinschaft hinaus- und in einsame Grandiosität hineinkatapultiert zu werden. Größenwahn, Selbstzweifel, Zugehörigkeitsbedürfnis und Ängste werden gleichzeitig angefeuert. Deshalb muss die Persönlichkeit äußerst stabil und fähig sein, mit Spannungen umzugehen. Sie braucht Orientierung.

**Große Entertainer** wie Elvis Presley, Michael Jackson, Robbie Williams konnten und können Stadien füllen, Menschen faszinieren und zu Tränen rühren. Aber ihre überwältigenden Erfolge machten sie nicht glücklich, sondern süchtig. Es fehlte die Orientierung. Es gelang ihnen nicht, ihren Erfolg psychisch einzuordnen.

Woher kommt die Orientierung? Aus dem eigenen inneren Anliegen und dem Gefühl für den eigenen Einfluss. Das eigene innere Anliegen weist die Richtung. Die innere Orientierung wird stärker, wenn die eigenen Werte, der eigene Stil von anderen bestätigt werden, wenn andere sich anschließen. Zu spüren, Menschen hören zu, richten sich aus an der eigenen Überzeugung, Menschen empfinden einen als Vorbild und

Autorität, das ist Erfolgsgewissheit. Das eigene Anliegen und den eigenen Einfluss ernst zu nehmen und zu nutzen gibt Orientierung, und nicht die Bewunderung, die von Agenten, Mitarbeitern, der Entourage, den Freundinnen und Verwandten zum Ausdruck gebracht wird. Sie gehen lediglich mit dem Ego in Resonanz und nicht mit den Werten, die jemand in die Welt bringt. Werte in die Welt bringen – dieser Prozess ist es, der der eigenen Regie und Verantwortung unterliegt. Diese Erkenntnis gibt Sicherheit und Orientierung.

Das mit anderen geteilte Erfolgsgefühl, die gespürte und gespiegelte Macht, Großes in die Welt zu bringen und Gefolgschaft zu gewinnen, ist für eine beständige Karriere unersetzlich. Wenn der Erfolg nicht mit anderen, ebenso erfolgreichen Menschen geteilt werden kann, dann wird die Karriere zur Belastung.

- Die Topmanagerin, die plötzlich für das Schicksal von Zehntausenden Mitarbeiterinnen und Mitarbeitern verantwortlich ist, fühlt sich nicht erfolgreich, sondern abhängig.
- Der Vorstand, der an die Spitze eines Konzerns aufrückt, empfindet keine Machtfülle, kein Erfolgsgefühl, sondern nur ein »Getriebensein«. Erfolg bedeutet für ihn wachsenden Druck. Er sieht nicht seine Verantwortung und sein Anliegen, sondern sucht die Schuld für Probleme bei anderen. Die Außenwelt ist verantwortlich dafür, dass er ein so schweres Leben hat – die Wirtschaftskrise, der Aufsichtsrat, die Produktentwickler. Er selbst würde ja anders entscheiden, wenn er nur könnte.

Im eigenen Innern Erfolgsgefühl und Orientierung zu finden und diese zu teilen und weiterzugeben, das sind entscheidende Aufgaben, um eine große Karriere zu festigen. Sie gelingt den Menschen, die in einem Reflexionsprozess mit anderen stehen.

## EIGENWILLE STATT ANPASSUNG

Der mentale Wechsel von der angepassten, strebsamen Person, die anstrengende, arbeitsintensive Aufbaujahre bewältigt hat, hin zu der selbstgewissen, selbstbestimmten Erfolgspersönlichkeit ist eine Herausforderung. Das ganze Leben kann jetzt selbstverantwortlich gestaltet werden.

Für manche Menschen ist es schwer, das vertraute Erfolgsmuster der Abhängigkeit (»Tue dies, und du wirst belohnt«) aufzugeben. Deshalb kommt es zu bösen Überraschungen.

- Ein Topmanager wird in den Vorstand berufen, kann die neue Position aber schließlich doch nicht antreten, weil er vor lauter Arbeit keine Zeit gefunden hat, mit dem Aufsichtsratsvorsitzenden zu sprechen.
- Alle erwarten, dass der Kronprinz das Zepter übernimmt. Der aber arbeitet hart im Restrukturierungsprojekt und hat für nichts anderes Zeit. Mittlerweile hat der Senior beim Segeln einen sehr charmanten jungen Mann kennen gelernt, der zwar vom Geschäft keine Ahnung hat, aber dafür ein einstelliges Golf-Handicap, und diesem traut er die Führung doch eher zu.
- Die gefeierte Museumsdirektorin geht weinend in ihren Schwangerschaftsurlaub, weil sie Angst hat, in der Zwischenzeit ersetzt zu werden – was auch passiert, weil alle in Zweifel geraten und sich fragen, was wohl mit ihr nicht stimmen mag. Die Saat des Zweifels säen die Ängstlichen gerne selbst.

Menschen mit großen Karrieren arbeiten alle bis an ihre Leistungsgrenze und manchmal darüber hinaus.

Oliver Kahn, die Torwartlegende, ist ein kluger, nachdenklicher Mann, der selbst erfahren hat, was daran nicht stimmt: »Ich glaube, dafür ist das Leben uns nicht gegeben worden.«

Menschen ist ihr Leben nicht dafür gegeben, sich auszubeuten und auszubrennen. Es gilt, in einem gelingenden Leben das eigene Talent zur Geltung zu bringen, das Gleichgewicht zu finden zwischen Anstrengung und Erholung, zwischen Ambition und Privatleben. Das erfordert mentale Stärke und die Bereitschaft, nicht alles allein schaffen zu wollen.

Kahns Erfolgsmotto in seiner Zeit als Fußballer war: »Ich war eben jemand, der sich immer schnell Hilfe geholt hat. Ich habe Lösungen gefunden, mit Vertrauten immer offen gesprochen. Wenn man sich isoliert, wird's gefährlich. Das habe ich nie gemacht.«[100]

Was für Oliver Kahn selbstverständlich war, mag für andere eine unüberwindliche Hürde sein. Sie erkennen nicht, dass sie Hilfe brauchen. Sie meinen, Dauerstress und Extrembelastungen seien eine selbstverständliche und unabdingbare Begleiterscheinung großer Karrieren. Doch ein derartiger Glaube hat noch niemandem auf Dauer Erfolg und Glück beschert. Stattdessen leistet er lebensfeindlichen Verhaltensweisen wie Exzentrik, Drogen- und Alkoholmissbrauch oder Ausbeutung und Missbrauch anderer Menschen Vorschub. Oliver Kahn hat die Erfahrung gemacht, dass es nicht erfolgversprechend ist, mehr und schneller und intensiver zu trainieren. So wissen auch viele Topmanager: Mehr und schneller zu arbeiten bringt keinen weiteren Erfolg mit sich, im Gegenteil. Es braucht einen Wandel der »Denkweise« (Kahn), des »Mindsets« (Dweck): »Wenn du immer alles gleich machst, kommst du irgendwann nicht mehr voran.«[101] Das gilt für jede Profession.

Die Psyche braucht Umkehr, braucht eine neue Ausrichtung. Sie muss neu starten, um nicht das frühere Erfolgsmodell der Aufbaujahre unbewusst und unbeirrt weiter in die Zukunft zu tragen. Reorientierung ist gefordert, Rückbesinnung auf das, was zählt und Bestand hat. Es gilt, sich zu sammeln, sich neu auf den eigentlichen Sinn, auf das Talent, das eigene Anliegen zu konzentrieren.

## NORMALITÄT UND PRIVATLEBEN SCHÄTZEN

In der Phase der Stabilisierung besteht die Aufgabe der Psyche darin, den Menschen vor der Gefahr zu schützen, sich im Erfolg zu verlieren. Sehr viele erfolgreiche Menschen unterliegen der Versuchung, Nächte hindurch zu arbeiten, das Privatleben zu vernachlässigen, sich allen Anfragen wie willenlos unterzuordnen, sich in Äußerlichkeiten zu verlieren, Alkohol, Schlaftabletten, Kokain zu konsumieren.

Wenn Menschen mit Burn-out-Syndrom, der klassischen »Erfolgskrankheit«, über sich sprechen, dann zeigt sich der Verlust jeglicher Privatheit. Sie haben sich dem Druck aus Gedanken an künftige Aufgaben völlig unterworfen, wie abgeschnitten von der Welt des normalen, selbstverständlichen, vertrauten Alltags. Dieses Verhalten nennt Robert Vallerand »obsessive Leidenschaft« – im Gegensatz zur »harmonischen Leidenschaft«, die *nicht* dazu führt, dass der Mensch all das vernachlässigt, was nicht zentral ist für sein Streben. »Besessenheit wird allem Anschein nach dadurch gebahnt, dass wir uns in äußere Faktoren verlieben, etwa die Bonuszahlungen am Ende des Jahres, den Beifall des Publikums, den lobenden Blick der Eltern oder das soziale Prestige, das eine Aktivität verspricht.«[102]

»Tagsüber erledige ich meine Arbeit, abends treffe ich drei-, viermal die Woche irgendjemanden oder gehe ins Kino oder Konzert und lege mich dann schlafen. Ruhm spielt in meinem Alltag also gar keine Rolle.«[103]

Der Amerikaner Philip Roth, von dem diese Worte stammen, gilt als einer der wichtigsten Schriftsteller weltweit, und wie alle nachhaltig erfolgreichen Menschen mit großen Karrieren arbeitet er an seinen Werken und verliert sich nicht in seinem Ruhm. Was so selbstverständlich klingt, ist tatsächlich eine der entscheidenden Strategien für nachhaltigen Erfolg. Wo sollten die treibenden Kräfte auch angelegt sein, wenn nicht in der eigenen Schaffenskraft? Deshalb beschwören erfolgreiche Menschen geradezu die Bedeutung eines normalen Alltags, der die Dimensionen wieder zurechtrückt und eine distanzierte, reflektierte Haltung ermöglicht. So bewahren sie sich Freiheit und Autonomie und können ihre Ambitionen im Rahmen einer »harmonischen Leidenschaft« ausleben.

Beatrice Schlag hat dieses Thema in einem Interview mit dem englischen Schauspieler Hugh Grant angesprochen:[104]

> »Irgendwo war zu lesen, er halte das Berühmtsein deswegen für so gefährlich, weil es das eigene Selbstwertgefühl durch Bewunderung ersetze. Hugh Grant setzt sich auf, wird überraschend ernsthaft: ›Als ich mit *Four Weddings and a Funeral* berühmt wurde, war ich glücklicherweise bereits 34. Da hat man schon ziemlich festgefahrene Gewohnheiten. Ich lebte einfach weiter wie bisher. Ich wohne in einem Haus in London, hab kein Personal, keinen Fahrer, dieselben Freunde, dieselben Lieblingslokale.‹«

Hugh Grants Beschreibung bedarf vielleicht hier oder da der Ergänzung, aber sie zeigt die Haltung, die eigene Selbstgewissheit nicht durch Berühmtsein ersetzen zu wollen. Auch Nelly Furtado, eine der erfolgreichsten Popsängerinnen der Gegenwart, hebt die Bedeutung des Alltags hervor:

> »Offen gestanden, versuche ich möglichst wenig Zeit in der Öffentlichkeit zu verbringen. Jedes Mal, wenn ich aus

> dem Theater herauskomme, das die Musikbranche nun einmal ist, kehre ich gleich zurück nach Hause in den Alltag. Ruhm gibt einem das Gefühl, andauernd sein eigenes Zentrum zu verlieren, also versuche ich, es durch Normalität wiederzufinden. Ohne das wäre ich wohl total verloren.«[105]

Diese Verlorenheit kennen andere sehr genau. Sie trifft Chefärzte ebenso wie Topmanagerinnen, die ihr Privatleben nicht befriedigend gestalten und Glücksmomente nur im Beruf kennen. Berufliche Tätigkeit, gleich ob künstlerische, wissenschaftliche, politische oder Managementtätigkeit, ist nur eine Facette der Persönlichkeit. Auch andere Rollen wollen gelebt sein: die des Vaters, der Freundin oder der Mutter, des Hobbyornithologen, der Opernenthusiastin, der Tochter, des Freundes, der Nachbarin, des Gemeindemitglieds, des Bruders oder der Schwester.

In Beschreibungen von Menschen, die nachhaltig erfolgreich sind, wird immer wieder die Bedeutung von Bodenständigkeit betont. »Die Bodenhaftung verlieren« – dieser Begriff drückt präzise aus, was passiert, wenn alles dem Erfolg gewidmet wird. Menschen verlieren sich darin und können in anderen Rollen keine Befriedigung und kein Glück mehr erfahren. Die Balance zwischen verschiedenen Rollen gelingt nur dann, wenn auch der Alltag mit Freude verbunden ist. Wenn alles Interessante nur im Beruf passiert, dann entwickelt sich eine fatale Abhängigkeit von beruflicher Aufmerksamkeit und Anerkennung. Jede berufliche Erschütterung und Krise wird dann als desaströs erlebt, weil andere Lebensbereiche keine Gegengewichte bieten.

Wenn die Hybris regiert, nur der Glamour gesucht wird, dann wird der Alltag öde und leer, und jedes Gespräch über alltägliche Dinge wird uninteressant und nur noch als Zeitvergeudung erlebt. Der Alltag wird als Anstrengung empfunden, während das wahre Leben anderswo stattfindet. Berufliche Ziele und Erfolge haben dann zu viel Bedeutung im Leben und können nicht mehr aus einer hinreichenden Distanz wahrgenommen und analysiert werden. So entsteht der Tunnelblick desjenigen, der sich den Imperativen des »Immer mehr« und »Immer schneller« unterworfen hat. Derart abgeschnitten von der Normalität, berauben sich Menschen der Chance auf spannende Begegnungen und interessante Gespräche und liefern sich einer emotionalen Ödnis aus.

Leidenschaft entsteht nicht auf Knopfdruck, wenn die »richtigen« Menschen da sind, sondern aus einer Haltung des Interesses heraus, der Neugierde, der ständigen Bereitschaft zu lernen und Neues zu erfahren – und zwar von wem auch immer. Vielleicht deshalb haben Dichter wie Fontane oder Brecht gerade über den Alltag wunderschöne Gedichte geschrieben. Ein gelingendes Leben besteht darin, das Beste aus den eigenen Talenten zu machen und das Sein in seiner ganzen Fülle zu genießen. Ohne erfülltes privates Leben verarmen Menschen innerlich. Plötzlich ist ihr Leben voller Optionen und ungezählter Möglichkeiten zum Genießen, ohne dass sie auch nur eine davon ergreifen könnten.

Lebenskunst drückt sich darin aus, dass der Mensch sich auf die realen und einfachen Dinge des Lebens konzentriert, diese genießt und sich nicht vom Glanz der Äußerlichkeiten abhängig macht. Sie ist die Fähigkeit, Ordnung in die Psyche zu bringen, dafür zu sorgen, dass neben der Ambition und dem Streben nach Erfolg auch alle anderen Facetten der Persönlichkeit Raum bekommen.

Menschen brauchen Distanz zum eigenen Erfolg, sonst setzt sich das unreflektierte Ego durch, und sie betrachten alles nur noch unter dem Aspekt der Aufmerksamkeit, die sie sich erhoffen. Rollendistanz ist nötig als Korrektiv. Jede einzelne Rolle im Leben gilt es bewusst auszufüllen, nicht nur die Berufsrolle. So kann sich Distanz zur öffentlichen Erfolgsrolle entwickeln, Distanz zur Berühmtheit, zum eigenen Erfolg.

Das Selbstbild wechselt mit dem Kontext, der Verlierer im Tennismatch, die ehrenamtliche Gemeindehelferin, der fürsorgliche Vater, der Hightech-Käufer ohne Fachwissen, der plaudernde Partygast, die ängstliche Patientin, der strahlende Liebhaber, die berühmte Moderatorin.

Rollendistanz und bewusste Rollenflexibilität machen innerlich unabhängig und frei – und schaffen so auch die Möglichkeiten für weitere Erfolge. Erfolgreiche Menschen brauchen eine große Rollenflexibilität. Dann können sie sich bedeutend in der Welt fühlen – aber nicht als Zentrum des Universums. Die Stanford-Wissenschaftlerin Carol Dweck spricht von »Vorstandskrankheit«[106], wenn sie das Streben von Vorständen beschreibt, immer und überall perfekt zu erscheinen und auf einem Podest zu stehen. Wenn sie es einfach über alles lieben, egal ob beim Zahnarzt, beim Elternabend, beim Mitarbeitergespräch oder – wo es angemessen ist – auf der Bühne. Wenn sie überhaupt nicht mehr für Rollenflexibiliät zu haben sind.[107]

Um eine große Karriere aufrechtzuerhalten müssen erfolgreiche Menschen sowohl die Fähigkeit kultivieren, ihre Begabung in die Welt zu bringen, als auch die Fähigkeit, hinter ihr verschwinden zu können. Der Umgang mit dieser kognitiven Dissonanz entscheidet darüber, ob Karieren nachhaltig Bestand haben. Eine große Gabe ist immer größer als die Person, die sie in die Welt bringt. Diese Erkenntnis kann auf bescheidenere Gemüter beruhigend wirken (»Gott sei Dank, die Bewunderung gilt meinem Werk, nicht mir, ich bin doch nur ein normaler Mensch«), weniger Bescheidene hingegen verärgern (»Schließlich habe ich das ganz allein erschaffen«). Beides stimmt nicht ganz. Die erschaffende Person ist nötig, ist tatsächlich bedeutend, aber sie ist nicht der alles entscheidende Faktor. Die Gabe weist über die Person hinaus, wie der göttliche Funke. Das spüren Menschen.

- Beim Anblick eines van Gogh denken Menschen nicht etwa: »Dieses Bild hat van Gogh wirklich gut gemalt.«
- Wenn Menschen über ein Konzert sprechen, heben sie nicht hervor, dass Daniel Barenboim den Taktstock immer zum richtigen Zeitpunkt gehoben hat.

Was Menschen sehen, was sie berührt, ist das fertige Werk, nicht die Person, die es hervorgebracht hat. Das gilt auch für Topmanager. Die Psyche ist mitunter überwältigt und überfordert von der Anerkennung und der Aufmerksamkeit, die dem Ego zuteil wird, und sucht verzweifelt nach Auswegen. Wenn jetzt die Abgrenzung und nicht die Verbundenheit gewählt wird, werden sie exzentrisch und hochmütig oder unangemessen bescheiden. Deshalb haben Topmanager ein so negatives Bild von anderen Topmanagern, positive Beispiele haben nicht dieselbe Wucht. Dagmar Decksteins Buch *Klasse! Die wundersame Welt der Manager*[108] handelt genau davon. Es ist ein lehrreiches Buch, weil es zeigt, was geschieht, wenn sehr privilegierte Menschen sich hemmungslos ihrem Ego hingeben: Sie werden bitter, rechthaberisch und isolieren sich. Sie haben die besten Voraussetzungen, glücklich zu sein, sie sind klug, sie sind erfolgreich, aber so bleiben sie ohne jede Reputation.

Eine Wirtschaftsjournalistin, die zu den erfolgreichsten ihres Fachs gehört, stellt enttäuscht fest: »Ich habe noch nie einen Vorstand getroffen, der mich überzeugt hat.« Sie erlebt die Topmanager in der Ausnahmesituation der öffentlichen Selbstinszenierung, einer Situation, in der die meisten verführt sind, nur das Ego aus sich sprechen zu lassen. In Arbeitssituationen sind sie geist- und kenntnisreich, können sich zurückhalten, zuhören, aber in der Öffentlichkeit, im Gespräch mit Journalisten möchten sie sich nur von ihrer glänzenden Seite zeigen, unangreifbar, perfekt. So wirken sie wenig überzeugend. Stattdessen erscheinen sie blässlich und arrogant.

## INTERNATIONALE CODES GROSSER KARRIEREN VERSTEHEN

Die Arbeit an der eigenen Psyche, der Drang nach Vervollkommnung, das Vermögen, positive Resonanz bei anderen Erfolgreichen auszulösen – all das eint die Persönlichkeiten, die sich in den internationalen Topmanagement-Communitys bewegen. Es haben sich Codes herausgebildet.

Jitendra Singh, weltweit renommierter Indien-Experte, Professor an der Wharton School in Philadelphia und einer der Autoren der Buches *The India Way*[109], sprach bei einer unserer Veranstaltungen über sein leidenschaftliches persönliches Anliegen, weltweiter Botschafter zu sein für die einzigartige, erfolg- und wirkungsreiche indische Geschäftskultur. Er war außerordentlich heiter und freundlich und hieß jede Frage des Auditoriums willkommen. In seinem Vortrag bezog er sich spontan und dankbar auf Gespräche, die er zuvor bei einem Willkommenskaffee geführt hatte. Menschen, die er gerade kennen gelernt hatte, erwähnte er in seinem Vortrag namentlich. Der Raum war erfüllt von Kongenialität, freundschaftlich, zugewandt.

Ein Verhalten wie das von Jitendra Singh ist Ausdruck einer Persönlichkeit, die sich in der Welt zu Hause fühlt. Es ist ihm so selbstverständlich, dass er es, darauf angesprochen, noch nicht einmal benennen konnte. Denn ob er mit dem indischen

Premierminister, vor einer Topmanagementgruppe in München-Neuhausen oder beim World Economic Forum in Davos spricht: Singhs Haltung ist ungekünstelt wohlwollend, selbstgewiss, in jeder Situation in jedem Kulturkreis gewinnend.

Erfolgreiche internationale Topmanagerinnen und Topmanager identifizieren andere einflussreiche Persönlichkeiten sofort mit feinsten Antennen, und zwar genau aufgrund der Codes, die Jitendra Singh gezeigt hat:

- verlangsamte Kommunikation mit höchster Aufmerksamkeit für Signale der anderen;
- sich selbst zurücknehmen und in symmetrische Resonanz gehen, das heißt mitschwingen mit anderen;
- zuhören und Fragen stellen;
- »Fehler« und Störungen (wie dumme Fragen, unkorrekte Umgangsformen) unkommentiert lassen und großzügig übersehen;
- sehr häufige Komplimente, bewundernde Kommentare, Wertschätzungs- und Dankbarkeitsbezeugungen;
- das eigene Anliegen ebenso eindringlich und redundant wie freundlich ansprechen.

Nachhaltig erfolgreiche Menschen machen keine Unterschiede. Sie überlegen nicht, ob es sich für sie auszahlt, freundlich zu sein. Sie sind keine schwierigen Persönlichkeiten, die Taxifahrer zusammenbrüllen oder in Restaurants ihre Weltläufigkeit dadurch beweisen wollen, dass sie den Oberkellner lautstark kritisieren. Stattdessen betrachten sie die Welt voller Neugierde, immer daran interessiert dazuzulernen.

Unabhängig von ihren Eigenheiten strahlen nachhaltig erfolgreiche Menschen sehr mächtige Erfolgsindikatoren aus, soziale Hinweise, die der MIT-Forscher Alex Pentland als ehrliche Signale bezeichnet und deren Wirkung er messen kann: »Je erfolgreicher Menschen sind, desto energiegeladener sind sie. Sie sprechen mehr, sie hören aber auch mehr zu.

Sie wenden mehr Zeit für Zwiegespräche auf als andere. Sie nehmen Hinweise von anderen auf, heben einzelne Personen aus der Masse heraus und bringen sie dazu, mehr aus sich herauszugehen. Was sie so charismatisch macht, ist nicht nur, was sie ausstrahlen, sondern was sie in anderen auslösen.«

Das Konzept der ehrlichen Signale stammt aus der Biologie. »Dort gibt es nonverbale Hinweise, die soziale Wesen nutzen, um sich selbst zu organisieren. Dazu gehören Gesten, der eigene Ausdruck und der Tonfall. Menschen verwenden viele Signalarten, aber ehrliche Signale unterscheiden sich insofern, als dass sie im Empfänger eine Veränderung auslösen ... Es gibt biologische Abläufe, die meine Signale an Sie weiterleiten. Wenn ich fröhlich bin, färbt das im wahrsten Sinne des Wortes auf Sie ab.«[110] Die letztgenannte Aussage gibt ein Beispiel für das Resonanzphänomen.

Weniger erfolgreiche Menschen spüren diese Signale zwar, aber unterschätzen sie in ihrer Bedeutung, weil sie die großen Gesten, laute Stimmen und selbstbezogene Distanz erwarten. Enttäuscht sind auch Journalisten, wenn sie – endlich – der renommierten Persönlichkeit begegnen und nicht glauben können, dass diese ungekünstelte, unprätentiöse, unaufgeregte, unkomplizierte, lässige, liebenswürdige, allürenfreie Gesprächspartnerin tatsächlich Vorstandsvorsitzende eines globalen Unternehmens ist. Manchmal schließen sie aus einer derartigen Beobachtung, dass der Job so schwer nicht sein könne, da die fragliche Person ihn scheinbar mit leichter Hand, geradezu unbekümmert, bewältigt. Allerdings verbirgt sich hinter Eigenschaften wie »unkompliziert« im Kontext großer Karrieren eine Fülle sozialer Kompetenzen, die in jahrelanger Arbeit an sich selbst und mit viel Selbstdisziplin eingeübt wurden, um das eigene Ego unter Kontrolle zu bringen und um positive Resonanz auslösen. Dazu gehört, sich nicht von negativen Annahmen über andere Menschen beeinflussen zu lassen. Selbstgewissheit bedeutet, sich der eigenen Talente und Wirkungen sicher sein zu können. Daraus entstehen positive Annahmen über andere, die Vorbedingung für Wohlwollen. Einfluss und Reputation zeigen sich nicht in großen Gesten, sondern in der Fähigkeit, Resonanz auszulösen. Unkompliziertheit ist in ganz besonderem Maße Bedingung und Code für Erfolg im *internationalen* Kontext.

## BESTÄNDIG NACH DEM SINN SUCHEN

Menschen mit nachhaltig erfolgreichen Karrieren haben alle an ihrer Psyche gefeilt. Sie machen Therapien, Coachings, meditieren, studieren gemeinsam philosophische Texte, sprechen mit anderen erfolgreichen Menschen über den Sinn des Lebens, suchen die Stille in langen Wanderungen, beten, reflektieren, stellen sich ihren Ängsten. Sie suchen nach Sinn. Wie sie das tun, hat Rebekka Reinhard in ihrem Buch *Die Sinn-Diät*[111] präzise beschrieben.

- Wenn ein Wissenschaftler mit einem Abt philosophische Gespräche führt, dann wird hier die eigene Sinnfrage verhandelt.
- Wenn ein gefeierter Opernstar in der Mitte seines Lebens und Schaffens zusammenbricht, dann geht es auch ihm um die Sinnfrage.
- Wenn eine erfolgreiche Unternehmerin spürt, dass sie ihre Ideen verschleudert, dann drängt sich ihr die Sinnfrage auf.
- Wenn eine Chefredakteurin, die zu den großen Blattmacherinnen gehört, nicht mehr den Kommentar zur dreimillionsten Lippenstiftfarbe bringen will, dann ist dies ihre Sinnkrise. Sie spürt ihre Ambition nicht mehr und konzentriert sich auf die banalen Alltäglichkeiten, die zu jeder Aufgabe gehören.

Der Sinn des Lebens liegt nicht in der Zukunft, sondern darin, was in der Vergangenheit gelebt wurde und im Augenblick gelebt wird. Das Leben will jetzt gelebt sein. Die Sinnfrage zu stellen heißt, sich zu fragen: »Wer bin ich?«, »Wofür lebe ich?«, »Was habe ich der Welt zu geben?«, »Nehme ich mein Talent ernst?«, »Werde ich meiner Begabung gerecht?« Eine Spannung entsteht dann, wenn ein Mensch weiß, dass er Großes zu geben hat, aber seine Psyche und sein Mindset noch nicht bereit dafür sind. Dann muss er die Deutungsmacht über seine Karriere erst noch übernehmen. Dann verhält er sich immer noch so, als ob jemand über ihn bestimmen könnte. Erst wenn er seine Begabung anerkennt, sein inneres Anliegen ernst nimmt, dann kehrt Ruhe in seine Psyche ein.

Journalistinnen, Schriftsteller, Topmanager, Künstlerinnen, sie alle spüren eine Verantwortung für ihre Begabungen: Sie sollen nicht vergeudet werden. Es bereitet sogar anderen Menschen Unbehagen, wenn sie erleben, wie jemand das eigene Talent verschwendet und dabei auf der Stelle tritt. Sie empfinden es als Anmaßung, ja als Betrug. Denn eine große Begabung wird von anderen größer als die Person wahrgenommen, mitunter entpersonalisiert – so als habe die Welt einen Anspruch darauf, dass der Begabte sein Talent entwickelt und zeigt.

Unter den eigenen Möglichkeiten zu bleiben ist eine ständige Gefahr, die Menschen mit großen Talenten fürchten. Zu Recht, denn die Psyche strebt nach Vollendung. Menschen möchten erfüllt, beseelt von ihrer Aufgabe sein. Der autonome Wille versucht unablässig sich durchzusetzen, das heißt er muss in der unterfordernden Situation mit aller Kraft gebremst werden. Das tut nicht gut.

## DAS BRINGT SIE JETZT WEITER:

## SCHENKEN SIE IHREN ELTERN EINE GRÖSSERE GELDSUMME

In jedem unserer Vorträge über große Karrieren geht ein deutlicher Ruck durch das Publikum, zuweilen fast ein Proteststurm, wenn wir davon sprechen, wie entscheidend Großzügigkeit und Dankbarkeit sind. Viele unserer Zuhörerinnen und Zuhörer kennen Menschen, die sich mit Ellenbogenmentalität rücksichtslos den Weg nach oben erkämpft haben. Dann möchten die meisten lautstark protestieren. Ihnen fallen so viele Situationen ein, in denen sie selbst Großartiges geleistet haben, ohne dafür Dank zu ernten. Manchmal wurde das herausragende Ergebnis nicht einmal als etwas Besonderes wahrgenommen, sondern schlicht übersehen.

Darum geht es, das muss die Psyche leisten: Sie beginnen selbst damit, dankbar und großzügig zu sein! Sie führen Regie. Egal, ob andere das schon immer anders gemacht haben. Großzügigkeit und Dankbarkeit sind Wundermittel zum Ausbau und Erhalt einer großen Karriere. Sie entstehen aus dem Erfolgsgefühl. Und wenn Sie Großzügigkeit und Dankbarkeit erfahren wollen, dann bringen Sie diese Stimmung in Ihr Umfeld. Großzügigkeit ist eine Haltung, die besagt: Ich agiere aus der Fülle. Ich bin einflussreich.

Lassen Sie Großzügigkeit und Dankbarkeit zur Gewohnheit werden. Denken allein reicht jedoch nicht. Großzügigkeit und Dankbarkeit müssen gespürt, sichtbar gezeigt und von anderen Menschen erlebt werden. Dann können andere in positive Resonanz zu Ihnen gehen.

Großzügigkeit und Dankbarkeit sind internationale Erfolgscodes, auch wenn Sie vielleicht selbst eher die negativen Signale anderer wahrnehmen. Achtung: Negative Verhaltensweisen anderer besonders aufmerksam zu registrieren kann zur Gewohnheit werden. Suchen Sie bei anderen positive Zeichen, und Sie werden Sie finden. Nachhaltiger Erfolg geht mit Großzügigkeit und Dankbarkeit einher, auch wenn sich dies auf den ersten Blick nicht bestätigen mag. Schauen Sie genau hin, tun Sie es auch sich selbst zuliebe. Menschen nehmen Großzügigkeit als eine so positive Geste wahr, dass sie alles andere überstrahlt: ob Menschen jemanden mögen oder für unsympathisch halten – egal. Wenn sie echter Großzügigkeit begegnen, schmelzen alle dahin.

Wenden Sie sich den Menschen zu, denen Sie Ihren Erfolg am stärksten zu verdanken haben: Ihren Eltern. Alle Menschen haben ihren Eltern ihren Erfolg zu verdanken, selbst dann, wenn die Eltern in der Erziehung nicht immer die richtigen Entscheidungen getroffen haben. Den Anteil der Eltern an der eigenen Entwicklung zu schätzen, sich dafür zu bedanken, stärkt das Erfolgsgefühl, auch dann, wenn Sie nicht so gefördert wurden, wie es nötig oder wünschenswert gewesen wäre. Suchen Sie das Positive. Wenn Sie jetzt denken: »Mir ist Geld nicht so wichtig. Deshalb mache ich keine Geldgeschenke« oder »Meine Eltern haben auch ohne mein Zutun genügend Geld«, dann bauen Sie einen inneren Widerstand auf, der einen geizigen Impuls beschönigen soll.

Warten Sie nicht auf den richtigen Anlass, sondern seien Sie jetzt großzügig. Ein Geldgeschenk ist eine wichtige Übung, sich der eigenen Privilegien bewusst zu werden und zu erleben, wie es ist, andere daran teilhaben zu lassen. So kultivieren Sie Ihr Erfolgsgefühl. Sie konzentrieren sich auf das, was Sie haben, und nicht auf das, was Ihnen fehlt. Mit Sicherheit ist es angenehmer, großzügig zu sein, als kleinlich zu reagieren, als gierig und nachtragend zu sein. Machen Sie sich Großzügigkeit und Dankbarkeit zur Gewohnheit.

# 10. KRISEN, SCHEITERN, NEUBEGINN

Wie stabil muss die Psyche sein, wie groß die Begabung, um eine Situation durchzustehen, in der Triumph und Tragödie zusammenfallen, Triumph und Kränkung?

## KRISEN DURCHSTEHEN, TROTZ SPANNUNGEN DRANBLEIBEN

- Die Sopranistin und Mezzosopranistin Grace Bumbry hatte 1961 ihren Durchbruch bei den Bayreuther Festspielen in der Rolle der Venus in Richard Wagners *Tannhäuser*. Aufgrund ihrer Hautfarbe wurde sie als Schwarze Venus tituliert. Die Resonanz war überwältigend, 30-minütige stehende Ovationen, gleichzeitig wütende, kränkende Proteste wegen ihrer schwarzen Hautfarbe.
- Für die junge Schauspielerin Sibel Kekilli ist ihr größter Triumph untrennbar verbunden mit großem persönlichem Schmerz. Als der Film *Gegen die Wand* im Jahr 2004 den Goldenen Bären bekam, wurde sie als Hauptdarstellerin in

Deutschland zur bekanntesten im Land lebenden Türkin. Zwei Tage später machte eine Schlagzeile der *Bild* Kekilli zur Gejagten. Die Berichte über ihre Vergangenheit als Pornodarstellerin schockierten ihre Familie und brachten sie in Gefahr, kurzzeitig bekam sie Polizeischutz. Als *Gegen die Wand* 2004 auch mit dem Deutschen Filmpreis ausgezeichnet wurde, stand sie auf der Bühne und rief ihren nicht anwesenden Eltern, mit denen es bis dahin keine Versöhnung gab, weinend zu: »Mama, Papa, ihr könnt stolz auf mich sein.«[112]

Schmerzen, Traumata, Süchte, Misserfolge, Durststrecken, tiefste Verletzungen – die Psyche von Menschen mit großen Karrieren ist fähig, alles durchzustehen.

- Als der 1920 geborene Gottfried Böhm als einziger Deutscher überhaupt im Jahr 1986 den Pritzker-Preis erhielt, den weltweit renommiertesten Preis im Bereich der Architektur, war dies noch nicht der Auftakt zu großen Aufträgen. Heute, im Jahr 2011, ist er hoch geehrt und äußerst erfolgreich als Architekt tätig.
- Der Durchhaltewille ist stärker als Auftragsflauten, vor denen auch gutes Renommee nicht schützt. So wie bei Wolf D. Prix, der 1968 in Wien das Architekturbüro Coop Himmelb(l)au gründete und trotz größter Anerkennung 30 Jahre lang so gut wie nichts baute.
- Auch Zaha Hadid, eine der größten Visionärinnen der Architektur, gewann regelmäßig Ausschreibungen – nur bauen durfte sie nicht. 13 Jahre lang musste sie auf ihren Durchbruch warten, obwohl sie bereits lange vorher eine weltberühmte Architektur-Ikone war.

Karrieren verlaufen keineswegs in allen Bereichen synchron. Öffentliche Anerkennung, Wertschätzung in der fachlichen Community, Erschaffen eines sensationellen Oeuvres, finanzieller Erfolg, Kontinuität, private Bewunderung, Anschlussaufträge und Karriereangebote – das alles sind voneinander unabhängige Dimensionen, die dramatisch auseinanderdriften können. Das muss die Psyche aushalten. Sie ist nicht darauf vorbereitet, sie kennt und erstrebt Konsistenz, nicht Ambivalenz. Die Psyche sucht bewährte Auswege, keine neuen Lösungen.

Es gibt Zeiten, in denen talentierte Menschen sich persönlich weiterentwickelt, ihr Können optimiert haben. Sie fühlen sich verbunden, aber der sehnlichst erwartete Erfolg bleibt aus, die Resonanz ist deutlich geringer als gedacht. Sie spüren ihre Ambition, aber sie finden keine Ausdrucksmöglichkeit für ihr Können. Oder der finanzielle Erfolg ist eingetreten, aber von dem Zeitpunkt an ist das Können nicht mehr gefragt. Durch die Gleichzeitigkeit von Ereignissen, die nicht konsistent im »Erfolgssystem« sind, entstehen massive psychische Spannungen, etwa wenn sehr erfolgreiche Menschen auf der Höhe ihres Ruhms in große finanzielle Schwierigkeiten geraten.

- Die Anerkennung ist da – aber die Aufträge blieben aus.
- Oder sie hatten eine Schreibblockade, oder die Hand des Pianisten war plötzlich gelähmt, oder das Verletzungspech des Fußballers will kein Ende nehmen.
- Oder sie haben endlich die große Ausstellung in der renommierten Galerie, aber kein Bild verkauft.
- Oder sie sind erfolgreich als Seriendarsteller, finanziell sicher, aber erleben dies als »Abstieg zum Ruhm«.[113]
- Oder sie haben endlich ihren Traumjob im Vorstand eines Unternehmens und werden von der Presse als »Notlösung«, als »Fehlbesetzung«, als »Kündigungskandidat« tituliert.
- Oder sie haben viel Geld verdient, aber die öffentliche Aufmerksamkeit blieb ihnen versagt.

Der Erfolg ist da, jedoch mit ihm die Befürchtung, den Kern der eigenen Identität der Prominenz als Serienfigur zu opfern. Der Regisseur und mehrmalige Grimme-Preisträger Dominik Graf beschreibt diese Angst so: »Ruhm bezahlt man unter Umständen mit Verlust an Substanz, sowohl an Substanz der Figuren wie auch an Substanz bei der Arbeit.«[114]

Zeiten kognitiver Dissonanz wie diese sind für manche Menschen so schwer durchzustehen, dass sie aufgeben und sich bescheiden – oder zumindest mit einer solchen Lösung liebäugeln. Dranbleiben erfordert einen erheblichen psychischen Kraftaufwand, wenn der Erfolg nah und gleichzeitig in weiter Ferne zu liegen scheint, wenn die Signale darauf hindeuteten, auf dem richtigen Weg zu sein, und sich plötzlich als Fata Morgana erweisen.

Wenn der finanzielle Durchbruch auf sich warten lässt, müssen ambitionierte Menschen lernen, negative Gedanken an Geld durch positive zu ersetzen. Sie müssen lernen, sich ernsthaft auch um geringere Einnahmen zu bemühen und auch kleine Beträge zu schätzen. Sich unbeirrt von der Ambition führen zu lassen heißt auch, Dramatisierungen der eigenen Situation widerstehen zu können. Spannungen, unangenehme und schwierige Situationen sowie Zurückweisungen sind Begleiterscheinungen großer Karrieren.

- »Man kann sein Schicksal herausfordern, aber man kann es nicht bestimmen.«[115] Das sagt Maximilian Hornung, Solocellist im Symphonieorchester des Bayerischen Rundfunks.
- Auch die weltweit erfolgreiche französische Schauspielerin Julie Delpy kennt die harten Zeiten der Gleichzeitigkeit erfolgreichen Schaffens und fehlender Resonanz: »Ich hatte wirklich elende Zeiten in meinem Leben. Es läuft dann eben doch auf Nietzsche raus: Was dich nicht umbringt, macht dich nur härter. Ein Beispiel: Während ich das Dreh-

buch zu *Before Sunset* schrieb, hat mich mein Agent gefeuert. Er fand, ich verschwende meine Zeit. Also saß ich da in Hollywood, ich hatte seit Ewigkeiten keinen erfolgreichen Film gemacht, kein Mensch wollte mit mir arbeiten, ich hatte keine Kontakte. Sagen wir so: Die Straße, die ich gehe, ist manchmal ziemlich windig. Aber sie bietet die schönere Aussicht. Schön gesagt. Aber wie ging es dann weiter? Ich habe eisern an dem Drehbuch gearbeitet und es anschließend den Studios angeboten. Und dann wurde es verfilmt. Und als Frau muss man sich in diesem Männerbusiness ziemlich durchbeißen, um wahrgenommen zu werden.«[116]

Welche Spannung auch auftritt, sie löst tiefe Selbstzweifel und Mutlosigkeit aus. Davon ist niemand frei. Menschen brauchen ein großes Repertoire an Verhaltensweisen, um mit Spannungen und Niederlagen umzugehen, Fehler einzugestehen und sich nicht mit Misserfolgen aufzuhalten. Manchen begabten Menschen fehlt ein solches Repertoire. Sie standen immer auf der Sonnenseite des Lebens, kennen womöglich nicht einmal Liebeskummer. Sie haben ein großes Repertoire für gute Zeiten. Das war lange ihr Erfolgsticket und hat sie weit gebracht. Misserfolge treffen sie besonders heftig, weil sie keine Ressourcen besitzen, um damit umzugehen.

Widerstandsfähigkeit oder Resilienz ist nicht angeboren, sondern wird durch die Bewältigung schwieriger Situationen erworben. In *Wikipedia* wird sie als »... die Toleranz eines Systems gegenüber Störungen« beschrieben.[117] Wenn ihnen unerwartet gekündigt wird, greifen Menschen oft auf ihr Repertoire für gute Zeiten zurück. Das geht schief.

- Sie machen weiterhin ironische Bemerkungen, während sie ernsthaft sein müssten.
- Sie klopfen lustige Sprüche, die andere diskreditieren, während sie uneingeschränkt Fehler einräumen müssten.

- Sie vertrauen auf ihre Entourage, die sich schon anderen zuwendet.
- Sie wissen nicht weiter.

Menschen mit einer großen Ambition und leidenschaftlich engagierte Menschen, die ihrer Zeit weit voraus sind, brauchen die Fähigkeit, wieder und wieder neu zu starten.

Die amerikanische Anwältin Brooksley Born warnte schon 1998 vor der Gefahr einer Finanzkrise – vergeblich. Sie war als Chefin der vom US-amerikanischen Präsidenten Bill Clinton eingesetzten Commodity Futures Trading Commission die Einzige, die den Kongress vorausschauend informierte. Aber sie wurde von Notenbank und Finanzministerium gestoppt. Sechs Monate danach verließ sie die Behörde und kehrte in ihren Beruf als Anwältin zurück.

Der Zeit voraus zu sein wird dann zu einem Problem, wenn Menschen bitter werden und es zu ihrer Hauptaufgabe wird, Recht zu bekommen. Brooksley Born wurde schließlich gefeiert und ihre Kompetenz gerühmt. Als sie merkte, dass es keine Möglichkeit gab, sich durchzusetzen, wandte sie sich anderen Aufgaben zu. Auch das gehört zu den Eigenschaften nachhaltig erfolgreicher Menschen: Sie führen keine aussichtslosen »Ich habe Recht«-Kämpfe, sondern wissen, wann sie aufgeben müssen. Ein solches Handeln verlangt eine große Stärke.

Spannungszustände wie die, in denen sich Brooksley Born befand, sind für Außenstehende kaum nachzuvollziehen.

- Sie sehen den gescheiterten Topmanager mit der Millionenabfindung, der für immer finanziell ausgesorgt hat, und können sich nicht vorstellen, wie groß die Leere in seinem Leben ist.
- Sie sehen eine berühmte Schauspielerin, mondän, anerkannt, preisgekrönt, auf jedem roten Teppich sicher voran-

schreitend, und können sich nicht vorstellen, wie groß die finanziellen Probleme sind und damit auch die psychische Belastung, wenn die Engagements ausbleiben.

Öffentliche Aufmerksamkeit ist keine Garantie für Aufträge, Engagements und finanzielle Sicherheit. Umgekehrt erreichen manche Schauspieler nie große öffentliche Präsenz, treten aber kontinuierlich auf, erzielen ein stabiles Einkommen und verzehren sich nach der großen Bühne.

Die Fähigkeit, widersprüchliche Anforderungen und Mehrdeutigkeiten auszuhalten (Ambiguitätstoleranz) und dabei die eigene Handlungsfähigkeit aufrechtzuerhalten, ist eine weitere entscheidende Eigenschaft, die Menschen mit großen Karrieren brauchen.

Diese Fähigkeit besitzt beispielsweise Uma Thurman, die zu den weiblichen Schauspiel-Superstars gehört: »Während man einerseits einstecken können muss, muss man andererseits sensibel genug bleiben, um gute Arbeit leisten zu können. Und wenn man gute Arbeit macht, dann bewahrt das einen nicht vor harten Urteilen, im Gegenteil. Vor allem die erfolgreichen Schauspielerinnen müssen sich immer wieder anhören: ›Deren Karriere ist vorbei‹ oder ›Die bringt's nicht mehr‹. Manchmal tut das sehr weh, und ich wünsche das keinem.«[118]

Mit Ambiguitätstoleranz können uneindeutige und ungeordnete Kontexte als besondere Herausforderung für die eigene Problemlösungskompetenz erlebt werden, als Anreiz, sich über die Unsicherheiten zu erheben oder eine ganz eigene Identität zu entwickeln.

Das gilt auch für Menschen, die »heimliche« Bestseller schreiben, deren Bücher sich hunderttausendfach verkaufen, die aber von der Literaturkritik nicht beachtet werden, wenig öffentliche Aufmerksamkeit genießen und im Literaturbetrieb keine große Rolle spielen.

Kerstin Gier, Michael Peinkofer und Markus Heitz sind dafür Beispiele. Sie schreiben Liebesromane und Fantasyromane für renommierte Verlage, sind Spitzenverdiener. Die öffentliche Wahrnehmung fehlt, aber sie sind versöhnt mit ihrem Dasein. Wie Kerstin Gier orientieren sie sich an ihrer riesigen Fangemeinde: »Meine Bücher sollen vor allem gute Laune verbreiten und Mut machen, und wenn man den zahlreichen Leserzuschriften glauben kann, die mich täglich erreichen, dann tun sie das auch.«[119]

Ambiguitätstoleranz ist nötig, wenn die folgenden Dimensionen großer Karrieren auseinanderdriften:

- öffentliche Aufmerksamkeit und Anerkennung;
- hohe, sichere Einkünfte;
- viele Aufträge, Einsätze, Engagements, Stellenangebote.

In einer solchen Situation ist die persönliche Community gefragt. Sie hilft, Verluste einzuordnen, zu verarbeiten und das Erfolgsgefühl trotz der Dissonanzen zu stabilisieren.

Den geliebten Beruf nicht mehr ausüben zu dürfen gräbt sich so tief in die Seele ein, dass dieser Schmerz auch die Nachkommen beeinflusst. Der weltweit erfolgreiche Autor Daniel Kehlmann beklagte in einer Festrede bei den Salzburger Festspielen das Schicksal seines Vaters, des Regisseurs Michael Kehlmann. An dem Ort, an dem sein Vater nicht mehr wirken durfte, provozierte der Sohn einen Skandal:

»Lange Zeit«, so Daniel Kehlmann, »war er einer der erfolgreichsten Regisseure des deutschsprachigen Fernsehens und Theaters gewesen – übrigens arbeitete er auch bei den Salzburger Festspielen –, nun aber, mit verblüffender Geschwindigkeit, geriet er aus der Mode und in Vergessenheit. In einem Bereich, wo es keinen schlimmeren Vorwurf gibt als das Wort altmodisch, galt er plötzlich als eben dieses, und wohl auch deswegen war ich zunehmend entschlossen, mich vom Theater fernzuhalten und lieber Bücher zu schreiben. Was immer einem Romancier zustößt, so dachte ich und denke es immer noch, es kann ihn doch keiner daran hindern, seine Arbeit zu tun. Schlimmstenfalls bleiben seine Werke ungedruckt, aber schreiben darf er sie doch, und niemand hält ihn davon ab, auf eine gewogenere Zukunft zu hoffen.«[120]

Manche Berufung macht es den Menschen richtig schwer: wenn sie ihr Talent nur mit einer anderen Person zusammen ausüben können, diese aber nicht finden.

Er war jung, begabt, motiviert, gesund, er war ein Könner, aber er musste von allen seinen Träumen Abschied nehmen. Dieses Schicksal traf den Paareiskunstläufer Robin Szolkowy in voller Härte. Seine jahrelange Suche nach einer passenden Partnerin war erfolglos geblieben. Tagsüber stand Szolkowy an einem Schweißroboter und fertigte Autoteile, abends drehte er noch ein paar Runden auf dem Eis, zum Abtrainieren. Schließlich machte ihn der Chemnitzer Trainer Ingo Steuer mit Aljona Sawtschenko bekannt. »Wir sind nur ein paar Meter zusammen gelaufen, da habe ich schon gespürt: Das klappt, die lässt sich von mir leiten. Ab diesem Moment war für mich klar, dass ich es noch einmal versuchen muss.«[121] Eine Erfolgsgeschichte nahm ihren Anfang, die zu großartigen internationalen Siegen im Paareiskunstlauf führte.

## DAS GROSSE KARRIERE-VERNICHTEN-DESASTER

Am Anfang stehen die Leidenschaft für eine Sache, die Ambition, das eigene Können zu vervollkommnen, und der Wille, es in die Welt zu bringen. Die große Karriere ist der Ausdruck des eigenen Lebensthemas. Wenn das eigene leidenschaftliche innere Anliegen nicht erkannt, nicht ernst genommen und verfolgt wird, sondern banalisiert, verleugnet, auf später verschoben, dann verlagert sich das Streben nach außen. Geld, Ruhm, Status, Anerkennung und Macht werden zu den Objekten der Begierde, die Ersatzbefriedigung schaffen sollen.

Das Wesen von Ersatzbefriedigungen ist, dass sie Ersatz sind und nicht wirklich zufrieden machen. Wenn das innere Anliegen aus dem Blick gerät, werden auch 20 Millionen Dollar nicht als angemessene Abfindung erlebt. Die Gier gewinnt die Oberhand. Wenn Topmanager, hochgefeierte Stars, Klinikleiter, Politikerinnen und Wissenschaftler ihre ursprüngliche Orientierung verlassen, dann ist ihnen jedes Mittel recht, um als Ersatz persönliche Aufmerksamkeit zu bekommen. Kein Wunder, dass sie niemand mehr versteht, wenn das Denken vom Fühlen und Handeln abgekoppelt ist. Gefühlt wird unbewusst der (drohende) Verlust der eigenen Mitte und der eigenen Werte, es entsteht eine Leere, die durch Ersatzbefriedigungen gefüllt werden soll. Zuweilen führt dies dazu, dass Menschen unredlich handeln und beispielsweise Forschungsergebnisse fälschen, ihre Mandanten betrügen, Wahlversprechen nicht einlösen, sich in Allüren verlieren, exzentrisch werden oder sich mit Personen umgeben, die sie ausbeuten können, von denen sie blind bewundert werden. Ihr Handeln verliert jeden Sinn. Die Presse ist voll von Berichten darüber, wie erfolgreiche Menschen Mitarbeiter erniedrigen, vorführen, engstirnig Informationen limitieren, immer nur Recht haben wollen oder sogar zuschlagen.

Erfolgreiche Menschen sind ständig von Stimmen der Verführung umgeben – viele andere wollen an dem Erfolg teilhaben. Die Verlagerung von innen nach außen zeigt sich auch im Scheitern. Das Scheitern großer Ambitionen und Karrieren ist immer öffentlich. Wie groß die Öffentlichkeit ist, das wird von der Größe der Karriere bestimmt. Aber auch vor den eigenen Nachbarn und Kindern zu scheitern ist nicht einfach. »Gekonnt« zu scheitern bedeutet immer noch zu scheitern. Auch Misserfolge müssen emotional, mental und faktisch überwunden werden.

Das Desaster, das sich der Öffentlichkeit darstellt, wenn eine große Karriere abbricht, ist spektakulär und wird oft über Wochen und Monate, wenn nicht über Jahre in der Presse minutiös kommentiert. Andere große Karrieren, die unbemerkt von der großen Öffentlichkeit verlaufen, werden oft erst durch ihr spektakuläres Scheitern bekannt.

Erfolgreiche Menschen sind in ihrem Privatleben und Arbeitsalltag fortwährend mit Widersprüchen und Dilemmata konfrontiert. Deshalb ist eine robuste Psyche entscheidend, die nicht suggeriert, dass immer und überall Niederlagen drohen. Wenn die Psyche nicht ausbalanciert ist, dann besteht die Gefahr, dass Menschen das eigene Lebenswerk ohne äußeren Grund und Anlass demontieren. Die Journalistin Evelyn Roll umschreibt dieses Phänomen sehr treffend: »... das eigene System schließlich zum Zerbröseln bringen durch Realitätsverlust.«[122] Gescheiterte Karrieren zeigen eindrücklich die narzisstische Selbstgefälligkeit, ein aufgeblähtes Ego, das nicht unter Kontrolle gebracht werden konnte. Sichtbar wurde dies bei Vorständen und Politikerinnen und Politikern.

Manchmal geraten erfolgreiche Menschen in desaströse Situationen, wenn sie sich jenseits ihrer Bühne bewegen und deshalb womöglich fremd fühlen. Solche Desaster kündigen sich nicht selten an.

Die Bischöfin Margot Käßmann war mit 51 Jahren gerade drei Monate in ihrem neuen Amt als Ratsvorsitzende der Evangelischen Kirche, ihr bekanntestes Buch stand ganz oben auf den Bestsellerlisten, und sie träumte davon, sich irgendwann ins Private zurückzuziehen: »Beruflich habe ich alles erreicht, was eine Theologin in diesem Land erreichen kann. Auch wenn die Arbeit als Ratsvorsitzende nicht unbedingt ein Traumjob ist. Er bringt ein heftiges Maß an Öffentlichkeit und Verantwortung mit sich, mein privates Leben wird dadurch sehr eingeschränkt. Ich träume davon, mich irgendwann wieder mehr ins Private zurückziehen zu können. Aber das wird wohl noch zehn Jahre dauern. So sehr ich meinen Beruf liebe – ich muss nicht unbedingt bis 68 arbeiten. Der Vorruhestand ist für mich eine reizvolle Vorstellung.«[123] Nur einige Woche später tritt sie nach einer Autofahrt in alkoholisiertem Zustand von allen Ämtern zurück. Im Nachhinein klingen ihre Worte prophetisch.

Käßmann gehört zu den großen, charismatischen Persönlichkeiten und setzt sich nicht dem Verdacht aus, einseitig die eigenen Interessen zu verfolgen. Womöglich aber hat sie sie im Gegenteil vernachlässigt. Zum Zeitpunkt ihrer oben zitierten Äußerungen gegenüber dem *Zeit*-Redakteur hatte sie schwere Schicksalsschläge hinter sich und zehn Jahre permanenter Anstrengung vor sich. In einer solchen Situation die richtige Entscheidung für sich selbst zu treffen bedeutet eine große Herausforderung, eine schier unüberwindliche Hürde für große Karrieren.

Wenn Menschen alles zufliegt, wenn ihr Weg sie steil nach oben führt, dann ist die Gefahr groß, dass sie sich überfordern, ohne es rechtzeitig zu spüren. Woher sollte eine solche Erkenntnis rühren? Dazu bedarf es der Reflexion der eigenen Situation im Gespräch mit anderen, entsprechend geschulten

Menschen. Das eigene Innere droht zu versagen, wenn es zu viel zu bewältigen hat. Immer wieder führen Prominente Interviews, die Therapiesitzungen ähneln, weil sie tatsächlich Beratung, Therapie, Unterstützung benötigen, ohne dies zu erkennen.

Wer an der Spitze einer Organisation steht und es zulässt, dass die Verbindung zur eigenen Community und den Partnern im Unternehmen schwächer und schwächer wird und schließlich verschwindet, wer sich zu 100 Prozent auf »die Sache« konzentriert, alles allein entscheiden und überwachen will, nur von ergebenen persönlichen Sekretärinnen und Assistenten umgeben,

- der züchtet in sich die Überzeugung, alles (besser) zu wissen, klüger, erfahrener, schneller zu sein als andere;
- der vergrößert die Distanz und gibt dem Wunsch nach, nur noch Jasager um sich zu haben, Bedenken vom Tisch zu wischen;
- der ist nur noch für Menschen offen, die ihm zustimmen (was ihn aber im Extremfall nicht daran hindert, seine Berater für inkompetent zu halten);
- der hört nicht mehr zu, weil er nicht mehr erwartet, Neues zu erfahren;
- der verliert den Respekt für andere, konzentriert sich ausschließlich auf die eigenen Gedanken.

Menschen, die sich so verhalten, werden hinter ihrem Rücken mit Bezeichnungen bedacht wie »Pol Pot«, *ogre* (Ungeheuer) oder »die linke und die rechte Hand des Teufels«. Sie halten sich selbst für überlegen, für bedeutend. Sie kennen nur noch die einseitige Kommunikation und entwickeln die sprichwörtliche Beratungsresistenz. Wenn kein Dialog, keine Reflexion mehr möglich ist, dann gibt es keine Basis mehr für Weiterentwicklung. Sie glauben, alle wollten nur etwas von ihnen. Nicht nur, dass sie keine Kritik mehr wahrnehmen – so überhaupt Kritik geäußert wird –, sondern sie nehmen auch keine Glückwunsche mehr wahr, kein freundschaftliches Angebot, keine Einladung, kein Kompliment. Das alles, auch ihre Privilegien, halten sie für selbstverständlich. Es macht für sie einen Unterschied, ob jemand mit dem eigenen Auto zur Firma fährt, mit dem Firmenwagen, von einem Fahrer abgeholt wird oder für eine Distanz von 20 Kilometern gleich den Hubschrauber kommen lässt (und der Fahrer den Firmenwagen nachbringt). Ihr Gefühl sagt ihnen, dass sie herausragend sind, dass sie die einzig Wissenden sind und so hart arbeiten, dass sie einen Anspruch auf noch so extravagante Privilegien haben.

Das Desaster beginnt mit Orientierungslosigkeit – weil sie sich von ihrem inneren Anliegen entfernt haben, weil keine Reflexion, kein Dialog, keine Community-Nähe mehr möglich sind – und führt zum Sturz – nicht immer sofort, aber Tyrannen gehen in den seltensten Fällen gefeiert in den Ruhestand. Sie erwerben keine Reputation, sondern ernten Angst, Illoyalität und Wut. Dann können sie am Ende eines einsamen, aufopferungs- und arbeitsreichen Lebens für das Unternehmen über sich in allen Zeitungen lesen, wie autoritär, selbstbezogen und grausam sie waren. Manchmal kommt es noch nach Jahren zu spektakulären Aufrechnungen, Prozessen und Anfeindungen. Menschen vergessen Ungerechtigkeiten nie.

Wie kann es dazu kommen, dass gefeierte Ausnahmebegabungen, die nachweislich Großartiges vollbringen können und die früher interessierte Gesprächspartner waren, sich derart verändern? Es ist ein schleichender Prozess, verursacht durch ein Übermaß an Arbeit und fehlende Reflexion. Dieser Prozess hat zwei fatale Folgen: Isolation von der Community und Kategorisierung aller anderen Menschen nach ihrer Wichtigkeit. Die Betroffenen erleben das Abgetrenntsein von anderen, und das erleichtert es ihnen, andere für ihre Interessen zu benutzen. So isolieren sie sich weiter und setzen eine Negativspirale in Gang, der schließlich auch die eigene Selbstachtung zum Opfer fällt. Menschen besitzen Spiegelneuronen, die ihnen die Gefühlswelt anderer signalisieren. Der Medizinprofessor Joachim Bauer zeigt in seinem Bestseller *Warum ich fühle, was du fühlst*[124], dass in einer Interaktion beide Partner sehr genau fühlen, was sie im andern auslösen. So breiten sich im Innern des Tyrannen und im Innern der anderen gleichzeitig Empfindungen von Distanz, Verachtung, Berechnung, Manipulation, Abwertung und Neid aus.

Die fatale Folge der Abwertung anderer ist der Verlust der Selbstachtung. Ohne Stolz und Selbstachtung werden aber äußere Formen des Erfolgs zentral für das Lebensgefühl. Da die Betroffenen andere Menschen als neidisch und berechnend wahrnehmen und selbst neidisch sind auf Menschen mit größeren Erfolgen und Einkommen, beginnen sie, Personen zu meiden, die sie als ihnen überlegen wahrnehmen. Im Extremfall meiden sie sogar die eigenen Mitarbeiter, wann immer möglich.

Brigitte Bardot, die schönste Frau ihrer Zeit und in Frankreich als »Nationalheiligtum« gefeiert, beschreibt sehr klarsichtig, was passiert, »wenn man Schönheit und Ju gend zu sehr verinnerlicht, ins eigene Bewusstsein sickern lässt, sich ihr sogar verpflichtet fühlt: Man entscheidet nicht mehr. Man wird verlassen. Man entscheidet nicht mehr.«[125]

»Man entscheidet nicht mehr«. Das gilt für Menschen, die sich in ihren Erfolg verliebt haben, sich diesem verpflichtet fühlen und sich ihm völlig unterwerfen. Wer die eigene Leidenschaft am Tun nicht mehr spürt, der beginnt, sich mit anderen zu vergleichen. Immer gibt es jemanden, der reicher, schöner, berühmter, einflussreicher, jünger und prominenter ist. Gefühle wie Stolz, Freude am Lernen, Erfolgsgewissheit, Verbundenheit, Lust, das eigene innere Anliegen und die eigenen Werten in die Welt zu bringen, gehen verloren. Wegen ihrer Fokussierung auf mehr Erfolg und Geld, auf höheren Status und Beliebtheitswerte können Menschen in einer solchen Situation auch keine Empathie mehr für andere aufbringen. Sie spüren nicht, wie sich Gefolgschaft in Illoyalität verwandelt. Die äußeren Gesten sind gleich, aber die Gefühle der Mitmenschen haben sich geändert. Das Ego und die Gier nach Bestätigung können sich ungebremst ausleben.

Wie bei Richard Fuld, dem US-amerikanischen Bankmanager, der die Investmentbank Lehman Brothers als ihr Vorsitzender erst zu grandiosen Erfolgen und dann in die Pleite führte. »Richard Fuld führte Lehman Brothers, als befinde er sich im Krieg.«[126] Am Beispiel Fulds ist zu erkennen, was passiert, wenn ein Topmanager sein Ego nicht unter Kontrolle bekommt mit der Folge, dass es die uneingeschränkte Regie über sein Handeln übernimmt. Er wird noch nachträglich von seinen eigenen Leuten, wie Andrew Gowers, öffentlich bloßgestellt und diskreditiert. Gowers leitete von Juni 2006 bis September 2008 die Unternehmenskommunikation von Lehman Brothers und beschreibt in einem ausführlichen Text den Absturz Richard Fulds.[127] Dieser Artikel ist ein verheerender Ausdruck der Illoyalität dem früheren Vorgesetzten gegenüber. Gowers, der so stolz darauf war, als Chefredakteur der *Financial Times* zu Lehmann Brothers gerufen zu werden, schreibt über seinen früheren Vorgesetzten von »Bösartigkeit«, von »Persönlichkeitskult«, von »Selbstzufriedenheit«. »Ein Boss, den niemand in Frage stellen konnte: der Anfang vom Ende bei Lehman Brothers.«

Dass Gowers diesen Artikel überhaupt geschrieben und veröffentlich hat, deutet darauf hin, dass er jeglichen Respekt vor dem tyrannischen Chef verloren hat, und es zeigt, dass mit dem Respekt auch die Loyalität und die Verantwortung gegenüber dem Unternehmen verloren gehen. Der Artikel hätte niemals geschrieben werden dürfen. Aber wenn sich Mitarbeiter lange Zeit zu Zuschauern degradiert fühlen, warten sie schließlich einfach ab, teilnahmslos, fassungslos, tatenlos, sprachlos, was »da oben« passiert. Später drücken sie ihr Entsetzen aus, ohne Rücksicht.

Die Empörung hinter sich zu lassen und wieder Eigenverantwortung zu übernehmen ist schwer. Das zeigt sich an den Reaktionen der Managerinnen und Manager der gescheiterten Bank ein Jahr nach dem Desaster.

Sie beschreiben in Büchern die strukturellen Probleme, die zum Scheitern führten, und in Interviews, dass sie ihren ehemaligen Kollegen – sie nennen sich Brüder und Schwestern – näher stehen als je zuvor. So wie früher die Zukunft idealisiert wurde, wird jetzt die Vergangenheit idealisiert.

Hinter einer solchen Einstellung steckt keine Reflexion, keine Einsicht, sondern Selbstmitleid. Die Betreffenden haben die Vergangenheit nicht bewältigt – und auch Richard Fuld nicht, der zurückgezogen mit seiner Frau lebt und mit den unfassbaren Worten zitiert wird: »Wissen Sie, die Leute reden jede Menge Unfug. Es ist eine Schande, dass sie die Wahrheit nicht wissen, aber von mir werden sie sie nicht erfahren.«[128] Immerhin entschloss Fuld sich dann doch, die Arbeit des Insolvenzverwalters unentgeltlich zu unterstützen.

## DIE VORBOTEN GEFÄHRLICHER DISSONANZEN

Auf der Hitliste bitterer Erkenntnisse im Leben eines Menschen nimmt die folgende einen der vordersten Plätze ein: »Ich habe den Erfolg zu lange für selbstverständlich gehalten.« Doch wenn es um den Erfolg geht, ist nichts selbstverständlich. Erfolg ist kein Selbstläufer.

Wenn ein Ministerpräsident mit diesen Worten sein Wahldebakel eingesteht: »Wir haben zu lange an den Wahlsieg einfach geglaubt und ihn für selbstverständlich gehalten. Das gilt auch für mich persönlich«, dann wird umgehend deutlich, was gefehlt hat: die Begeisterung, die Leidenschaft, die Ambition, das Bemühen um die Wählergunst. Niemand möchte für »Stimmvieh« gehalten werden, das zur Wahlurne trottet und fremdgesteuert, ohne eigenen Willen, »selbstverständlich« die Wiederwahl garantiert.

Topmanager, die in erfolgreichen Tagen heiter-gelassen die Meinung vertreten, dass niemand unersetzlich sei – und sich dabei durchaus selbst mit einbeziehen –, sind in der Regel nicht vorbereitet, wenn es sie einmal tatsächlich trifft. Die Erfahrung und die Gefühle, die eine Kündigung auslösen, können nicht antizipiert werden. Die Erkenntnis, nicht unersetzlich zu sein, ist für manche Menschen eine der bittersten. »Das kann doch nicht alles gewesen sein«, so sagen sie sich dann. Dabei waren sie so sicher, dass sie wegen ihrer guten Ergebnisse oder früheren Erfolge ihre Position und ihren Status zweifellos würden behaupten können.

Menschen in der ersten Liga, die alle Erfolgsdimensionen mehrfach bekräftigt, an sich selbst gearbeitet und eine hochkarätige Community aufgebaut haben, die sie pflegen, werden in der ersten Liga bleiben. Die Community ist die Heimat erfolgreicher Menschen und bleibt es, auch in Phasen des Scheiterns, der Arbeitslosigkeit oder des finanziellen Absturzes. Das gilt für die Menschen, die nicht stets alles ihrer Arbeit untergeordnet haben.

Wer es hingegen versäumt, an seinen Talenten, seiner Persönlichkeit, seiner Community und seiner Bühne zu arbeiten, dem droht das berufliche Scheitern. Dies gilt umso mehr, je stärker die Gewissheit um den eigenen Erfolg schon gewachsen ist. Wenn Menschen alles erreicht haben, was sie sich ersehnt haben, werden sie satt, empfinden Erfolge als naturgegeben. Sie erstarren innerlich, arbeiten nicht mehr an ihrem Können, spüren ihre Ambition nicht mehr und verlieren auch das Interesse an ihrem Talent. »Das süße Gift des Erfolgs« kann vorsichtig machen, müde, uninspiriert, tatenlos, es kann den Drang nach neuen Erkenntnissen und Erfahrungen lähmen. Es leistet einer Haltung des puren Verwaltens Vorschub – des Verwaltens der Fähigkeiten, der bisherigen Erfolge und des einmal aufgebauten Vermögens.

Das alleinige Vertrauen auf frühere Erfolge reicht nicht aus, um einer großen Karriere Bestand zu verleihen. Auch das eigene Talent kann nicht als selbstverständlich angesehen werden. Es will immer wieder neu gespürt, gepflegt, geschätzt, weiterentwickelt werden.

Menschen, die unversehens ihren Weg aus den Augen verloren haben, sind oft noch jung. Sie haben noch viele Schaffensjahre vor sich, die sich mit den Restbeständen früherer Erfolge nicht ausfüllen lassen. Sie brauchen neue Ziele, die aus ihren bisherigen Leistungen erwachsen. Wenn das Interesse am eigenen Können, am Lernen, an anderen Menschen und Erkenntnissen nicht nachlässt, dann finden sie auf die Erfolgsspur zurück.

Wenn große Karrieren zerbröseln, dann ist dem in der Regel ein langer, schleichender Prozess vorausgegangen. Manche sehen die Kündigung schon kommen und sehen ihr passiv und wie hypnotisiert zu, so als sei sie unvermeidlich geworden. Doch herausgehobene Persönlichkeiten werden nie aus dem Nichts heraus degradiert, entlassen, gar diffamiert – auch wenn es so wirken und sich für die Betroffenen so anfühlen mag. Große Karrieren, die mit einem Desaster enden, werden nie mit einem Schlag in Trümmer gelegt. Wenn die Exzentrik das eigene Werk und das Können überstrahlt, dann steht ein Persönlichkeitsaspekt im Vordergrund, der lediglich Aufmerksamkeit erzeugt, der jedoch keinerlei Anziehungskraft besitzt, keine Gefolgschaft und kein Vertrauen schaffen kann.

Die Dynamik der Karrierezerstörung lässt sich exemplarisch folgendermaßen beschreiben:

- Ein junger, ehrgeiziger, höchst engagierter Topmanager wird für Restrukturierungsprozesse eingestellt. Er erhält die klare Maßgabe, in bedeutendem Umfang Stellen zu streichen und dadurch Kosten einzusparen.
- Eine Topmanagerin wird von der Konzernzentrale in ein weit entferntes Land mit exzellenten Wachstumschancen versetzt, die sie nutzen soll. Wann immer sie die Zentrale besucht, legt sie ihre guten Zahlen vor.
- Ein höchst erfolgreicher Vorstandsvorsitzender mit einem bereits sehr beeindruckenden Lebenswerk möchte dieses jetzt mit einer fulminanten Aktion krönen. Er will sein Unternehmen zum Mehrheitsaktionär eines größeren Unternehmens machen.

Alle drei erbringen exzellente Resultate, reiben sich für die Firma auf, und alle drei scheitern spektakulär:

- Der junge Topmanager hat konsequent und hart gespart, alle Vorgaben erfüllt und alle gegen sich aufgebracht, selbst den Vorstand, der ihn eingestellt hatte. Denn je unbeliebter er wurde, umso arroganter wurde er. Er war so sicher, alles richtig zu machen. Jedes, auch das hilfreichste Argument, das nicht zu seiner Linie passte, interpretierte er als Ausbremsversuch der konservativen »Bedenkenträger«. Während er also schaltete und waltete und sich zunehmend erfolgreicher fühlte – denn die Zahlen sprachen ja für ihn –, wussten alle anderen schon, dass er gefeuert werden würde, und zwar genau dann, wenn der Großteil der unliebsamen Aufgaben erledigt sein würde. Und genau das passierte.

- Die Topmanagerin hat im Ausland glänzende Erfolge erzielt und sie dem Vorstand pflichtbewusst vorgetragen. Sie hat es jedoch versäumt, Verbundenheit herzustellen: kein freundlicher Gruß aus der Ferne, keine persönliche Mail oder Karte, keine Einladungen an den attraktiven Standort und in ihr schönes Heim vor Ort, an dem sie ihre Chefs mit anderen interessanten Persönlichkeiten anderer Firmen hätte zusammenbringen können. Sie genoss die Freiheit fernab der Zentrale und sich selbst in der Rolle der einsamen Heldin, brachte die Landesgesellschaft erfolgreich nach vorn und erlebte dabei ihre Vorstände nur als lästige bürokratische Kontrolleure.
- Der Vorstandsvorsitzende hat in monatelanger Tüftelei mit dem Finanzvorstand glänzende Strategien entwickelt, die die Übernahme des größeren Unternehmens als Selbstläufer darstellen, statt tragfähige Verbindungen zu einflussreichen anderen Persönlichkeiten aus Topmanagement, Kapital, Politik, Gewerkschaften herzustellen, die ihm einen Weg gezeigt hätten, sein Lebenswerk zu genießen und zu vervollkommnen. Diese Hybris führt ihn zum Sturz, denn sie basiert nur darauf, das eigene Größenselbst zu pflegen.

Das ist das erste Alarmzeichen: Anderen einflussreichen und erfolgreichen Personen wurde keine Zugehörigkeit geboten!

Warum sollten sie unter diesen Umständen den Weg mittragen und fördern? Nachhaltiger Erfolg erfordert ein Klima, in dem Unterstützung gedeiht: Respekt, Verbundenheit und Wertschätzung. Wenn sie wie »Idioten« behandelt werden, dann verhalten sich Vorstände, Verleger, Sporttrainerinnen auch idiotisch und nehmen es sich einfach heraus, exzellente Ausnahmetalente zu degradieren, ihnen zu kündigen oder ihnen das Leben schwer zu machen.

Wem es schwerfällt, andere Menschen trotz gelegentlicher Fehler beharrlich wie Freundinnen, Freunde und Verbündete zu behandeln, wem es schwerfällt, das eigene Kritik- und Empörungspotenzial unter Kontrolle zu bringen, dem mangelt es an Zuversicht. Aus diesem Mangel erwächst ein stures Beharren darauf, dass Leistung und Perfektion im Alleingang erbracht werden können und sollen, nach dem eigenen, allein selig machenden Muster.

Der zweite, schon dramatische Vorbote des Scheiterns lässt sich mit der Wendung »Jump the shark« umschreiben. So nennen Amerikaner jenen Moment, ab dem eine Karriere zu Ende geht. Till Raether hat geschrieben: »Der ›Jump the shark‹-Moment ist kein klassisches Scheitern; ihm wohnt nichts Heroisches, Erhabenes inne. Dieser Moment ist eher übertrieben, albern, unpassend, egozentrisch und selbst gemacht. Wer scheitert, hat etwas Großes versucht. Wer über den Haifisch springt, ist sich und seiner Sache für einen Augenblick zu sicher und tut plötzlich etwas, was ihn lächerlich werden lässt.«[129]

Das geflügelte Wort gibt es im Deutschen nicht, das Phänomen hingegen in Deutschland ebenso wie in den USA. Es ist nicht das Scheitern im Großen gemeint, sondern die unpassende, egozentrische, lächerliche Handlung. Sie ist verräterisch und aufschlussreich, weil sie zeigt, dass dem Handelnden das Gespür für die eigene Bedeutung fehlt.

- Wer erinnert sich nicht an die Bilder, die den damaligen Verteidigungsminister Rudolf Scharping mit seiner Freundin im Swimmingpool zeigen? Die im Sommer 2001 publizierten Fotos machten Scharpings Autorität umgehend und nachhaltig zunichte und läuteten seinen politischen Abstieg ein.
- Im Jahr 2009 kam es in Großbritannien zu einem Spesenskandal. Damals wurden kleine Summen zum öffentlichen Ärgernis, Extravaganzen wie der Bau eines Entenhauses, die zeigten, dass britische Abgeordnete einschließlich des britischen Premierministers nach dem Motto verfuhren: »Ich doch nicht. Ich muss doch wohl nicht die 36 Pfund – wie alle anderen auch – für einen gebührenpflichtigen TV-Sportkanal bezahlen.«
- Wenn jemand wie der frühere Vorstand Utz Claassen – früher für den Versorger EnBW tätig – einen Rechtsstreit über ausstehende Gehälter führt, gleichzeitig äußerst hohe Beraterhonorare kassiert und ein Buch gegen die Gier von Managern veröffentlicht, ist auch das ein »Jump the shark«-Moment.

Die Entwicklung von der Glaubwürdigkeit zur Selbstinszenierung ist ein langer Prozess, der sich urplötzlich in einer einzigen Geste oder Handlung offenbart. Ein falscher Handschuh zur falschen Zeit wie bei Gabriele Pauli, die berühmten »Peanuts« des früheren Vorstandvorsitzenden der Deutschen Bank Hilmar Kopper oder die Siegesgeste Josef Ackermanns sind deshalb für die Darsteller so verhängnisvoll, weil sie dem Publikum das Gefühl geben, endlich das wahre Gesicht zu sehen. Es fühlt sich bestätigt in seiner Skepsis und wendet sich enttäuscht ab.

Das dritte untrügliche Zeichen für das beginnende Scheitern, das Schwinden von Zuversicht, ist zugleich das vielschichtigste. Es äußert sich darin, dass die positiven Motive, Handlungen,

Talente, Unterstützungsleistungen anderer Menschen nicht mehr wahrgenommen, geschweige denn gewürdigt werden. Dies führt zu einer mentalen Isolation (»Ich muss alles allein schaffen«) und zur Rechthaberei (»Alle anderen sind Idioten«).

Der Zerfallsprozess ist jedoch nicht zwangsläufig, sondern lässt sich aufhalten und umkehren. Wer allein die Geschicke bestimmen will, dem fehlt Zuversicht. Wer auf andere vertraut, kann seine Geschicke wieder zum Guten wenden. Drei miteinander verbundene individuelle Strategien führen zum entscheidenden Mehr an Zuversicht: Respekt, Verbundenheit und Wertschätzung.

Respekt zu zeigen bedeutet in der krisenhaften Situation die Bereitschaft,

- Kritikern zuzuhören und auf Versuche zu verzichten, sich zu rechtfertigen;
- anderen zuzubilligen, dass sie mehr wissen und mehr sehen;
- sich beraten zu lassen oder ein Therapie- oder Coachinggespräch zu suchen;
- die Ursachen der Krise nicht bei anderen, sondern bei sich selbst suchen;
- sich zu entschuldigen, wenn deutlich wird, dass man einen anderen gekränkt hat, auch wenn es schwerfällt und die Verführung groß ist, sich zu rechtfertigen;
- die guten Manieren einzuhalten, auch wenn sich andere schlecht benommen haben;
- Respekt zu zeigen auch vor dem eigenen Talent, vor den eigenen Leistungen, durch Ernsthaftigkeit statt Selbstironie.

Verbundenheit zu zeigen bedeutet,

- den Kontakt zu Menschen zu suchen, sie einzuladen, sie zu fragen und hinzuhören, ihnen das zu geben, was man selbst vielleicht gerade vermisst;

- sich zu öffnen, über die eigenen Schwierigkeiten zu sprechen;
- nicht Stärke und Überlegenheit zu demonstrieren, sondern sich verletzlich zu zeigen.

Solche Verhaltensweisen schaffen Verbundenheit und Vertrauen, wie durch Forschungen immer wieder bestätigt wird.[130] Wertschätzung zu zeigen bedeutet,

- gerade in dem Moment, in dem alle Warnlichter blinken und Unsicherheit über die weitere Karriere besteht, die bestehenden engen persönlichen Kontakte zu würdigen und ohne Hintergedanken, ohne Taktik, die Nähe zu den Vertrauten zu suchen;
- Rückbesinnung und eine veränderte Sicht auf alle Menschen in der eigenen Umgebung, ob Freund oder vermeintlicher Feind;
- den berechnenden Tunnelblick (»Wer nützt und wer schadet mir«) aufzugeben, damit das Vertrauen wieder wachsen kann (»Mein persönliches Anliegen ist es wert, sich dem Menschen anzuschließen, ich kann Menschen für mein Anliegen begeistern«).

So wächst Zuversicht. Sie ist ein großes Gefühl, sie kommt nicht von außen, sondern wird in der eigenen Psyche durch die Vorstellung aktiviert, dass andere Menschen helfen (»Andere wollen mich unterstützen, ich kann ihnen vertrauen, auch wenn es nicht immer danach aussieht«). Das kollektive Bedürfnis nach Verbundenheit mit anderen, die ein starkes inneres Anliegen haben, die Bereitschaft, sie zu unterstützen, zeigt sich überall.

- Sportstars haben erlebt, wie sie durch den Enthusiasmus des Publikums zum Sieg getragen wurden oder wie sie ein aussichtsloses Spiel noch drehen konnten.
- Fußballspieler berichten über die starken Gefühle, die die weltweit beliebte Fußballhymne »You'll Never Walk Alone«

in ihnen auslöst. Sie sind ergriffen, berührt und fühlen sich verbunden und gestärkt.

## DEN ABSTURZ VERHINDERN

So wie das Scheitern von langer Hand »vorbereitet« wird, so sind auch Strategien, um den Absturz zu verhindern, langfristig angelegt. Erfolgreiche Menschen denken nicht darüber nach, wie sie ihren Absturz verhindern könnten, sondern blicken zuversichtlich in die Zukunft. Sie wissen, was sie tun müssen, um Problemen vorzubeugen. Ihr Repertoire der Prävention umfasst die folgenden Elemente:

- zum eigenen inneren Anliegen stehen;
- die Ambition pflegen;
- das Können vervollkommnen;
- Zuversicht herstellen durch Verbundenheit, Respekt und Wertschätzung;
- Freundschaften pflegen;
- Dankbarkeit zeigen;
- im Privatleben Erfüllung finden;
- Reflexion und Arbeit an der eigenen Psyche.

Das Risiko des Absturzes ist immer im eigenen Denken und Verhalten begründet. Das eigene Denken und Verhalten programmieren das Scheitern, nicht die Aktionen und Reaktionen anderer.

Wenn ein Vorstandsmitglied während der Weihnachtsfeier als Einziger allein herumsteht und schwer Gesprächspartner findet, wenn niemand auf ihn zugeht und das Gespräch endet, sobald er dazustößt – dann ist das ein Signal der Isolation, nicht die Ursache.

Am aktuellen Soziogramm – der bildlichen Analyse der sozialen Interaktionen und Beziehungen – lässt sich der Status des Scheiterns erkennen, die Ursachen dafür müssen jedoch anderswo gesucht werden. Selbstverständlich *können* andere interessenbedingt feindselig sein, oder es *kann* geschehen, dass Entscheidungen und Situationen den eigenen Weg erschweren, dass Werte auseinanderdriften oder dass das eigene Können in einem bestimmten Kontext überflüssig wird. Dennoch gilt: Wer deshalb gemieden oder ausgeschlossen wird, hat irgendwann in der Vergangenheit Warnzeichen übersehen, Situationen falsch gedeutet, hat sich getäuscht – über die eigene Größe, die Größe der anderen oder die Faktoren, die ihm bisher die Gefolgschaft gesichert haben. Er hat vielleicht nicht genügend Verbundenheit hergestellt, hat sein inneres Anliegen verleugnet, nicht schnell genug reagiert oder versäumt, die Szene rechtzeitig zu verlassen.

Schuldzuweisungen an andere sind ein untrügliches Zeichen für einen drohenden Absturz und beschleunigen das Scheitern rasant. Zudem verhindern sie die Selbsterkenntnis. Ohne Selbsterkenntnis kann ein drohender Absturz nicht vermieden werden.

Um die Signale des eigenen Scheiterns erkennen zu können, haben wir eine Reihe von Erfolgsprinzipien entwickelt, die in der folgenden Übersicht zusammengestellt sind. Sie zeigen, wie Menschen aus der inneren Fülle agieren und nicht aus dem Mangel. Auf der rechten Seite der Übersicht sind die typischen Indizien für ein Denken aufgeführt, das den Absturzvirus in sich trägt, auf der linken die Denk- und Verhaltensgewohnheiten, die zurück auf die Spur von Zuversicht und Vertrauen in die eigene erfolgreiche Karriere führen.

| **Die Karriere ist auf einem guten Weg: Weiter so** | **Scheitern droht: Jetzt müssen persönliche Veränderung und Entwicklung einsetzen** |
| --- | --- |
| Das eigene innere Anliegen als Kompass | Die eigenen egoistischen Interessen als Kompass |
| Die eigene Begabung immer besser erkennen | Sich auf das Glück verlassen |
| Den autonomen Willen entwickeln | Hindernisse und Risiken in den Vordergrund stellen |
| 10 000 Übungsstunden in zehn Jahren | Sich auf das eigene Talent verlassen |
| Chancen aufspüren, erkennen und nutzen | Chancen einfordern, auf Chancen warten |
| Einsatz für sich und andere zeigen | Darauf warten, entdeckt zu werden |
| Meisterschaft entwickeln | Am richtigen Ort zur richtigen Zeit sein wollen |
| Die Psyche kultivieren und stabilisieren | Ellenbogenmentalität akzeptieren |
| Nach Vollkommenheit streben | Zufrieden mit dem eigenen Talent sein |
| Zugehörigkeit empfinden und zulassen | Beziehungen, Kontakte haben und ausnutzen |
| Verbundenheit empfinden und zulassen | Ehrgeiziger Einzelkämpfer sein |
| Großzügigkeit und Dankbarkeit zeigen | Auf gerechter Behandlung bestehen |
| Weiterentwicklung, Wachstum, Dazulernen | Den Erfolg für selbstverständlich halten |

| Die Karriere ist auf einem guten Weg: Weiter so | Scheitern droht: Jetzt müssen persönliche Veränderung und Entwicklung einsetzen |
|---|---|
| Freundschaften entwickeln und pflegen | Die Entourage mit Freundschaften verwechseln und sich an ihr orientieren |
| Einfluss ausüben | Auf Macht und Status bestehen |
| Erfolgsgefühl spüren und zeigen | Ruhm und Ehre anstreben und zeigen |
| Selbstachtung spüren und erhalten | Selbstentfremdung zulassen |
| Leidenschaft zulassen und erhalten | Zufriedenheit, Sicherheit dominieren lassen |
| Unterstützendes Umfeld pflegen und ausbauen | Sich als einsames Genie inszenieren |
| Dem eigenen Werk Sprache verleihen | Auf die Beschreibung anderer warten |
| Die eigene Bühne gestalten und ausbauen | Karriereplanung betreiben |
| Innere Erfolgsgewissheit pflegen und »stille Größe« sein | Starallüren entwickeln |
| Sinnstiftend für andere sein | Sich als einsamer Macher gefallen |
| Am eigenen Lebenswerk orientieren | Glamour suchen |
| Weisheit | Bitterkeit |

## NACH EINEM DESASTER DEN GUTEN NAMEN WIEDERHERSTELLEN

Es gibt sichere Wege aus dem Desaster. Wenn Menschen zu ihrem ursprünglichen inneren Anliegen zurückkehren, Verantwortung übernehmen, nicht dem Drang nachgeben, andere zu beschuldigen oder zu beschädigen, Lernerfolge zeigen, kann der gute Name wiederhergestellt werden. Gefragt sind innere Einsicht und Erkenntnisgewinne, keine vordergründigen Inszenierungen in der Öffentlichkeit. Glaubwürdigkeit ist ein kostbares und rares Gut. Wer sie einmal aufs Spiel gesetzt hat, der muss glaubhaft machen, dass dies kein Ausdruck eines Charakterfehlers ist, sondern eine einmalige Schwäche, die ihn reut. Der Fehler muss lupenrein beschrieben werden, ohne Beschönigung, ohne Zurückhalten von Informationen. Es gilt, deutlich und mit klaren Worten zu dem Fehler zu stehen.

- »Ich war jung, ich brauchte das Geld!« Das ist eine Formel, die von Einsicht zeugt: kein Beschönigen, keine langen Erklärungen, keine Verharmlosungen, sondern die klare Formulierung der Lernerfahrung. In diesem Fall ist die Lernerfahrung impliziert, weil die erwachsene Person diesen Fehler nicht wieder machen wird.
- »Gott liebt jedes Kind.« So die Fußballerlegende Franz Beckenbauer nach ihrem Ehebruch. Diese Erklärung ist perfekt, lässt sich aber nur schwerlich kopieren. Sie ist deshalb gut, weil Beckenbauer sich in einen religiösen Kontext stellt, den ihm seine Kritiker gerade absprechen wollten, und sie können gegen diese Behauptung auch nichts sagen, weil sie universell ist.

Was könnten andere sagen?

- Ich habe unmoralisch gehandelt, weil mein Leben immer mehr an Spannung verlor und ich immer mehr getrieben war. Das mache ich jetzt anders …

- Ich wollte mein Unternehmen um jeden Preis erfolgreich machen, deshalb war ich kein guter Vorgesetzter. Das mache ich jetzt anders ...
- Ich hatte mein persönliches Augenmaß verloren und wollte deshalb auch durch Schmiergelder den Verhandlungserfolg erzielen. Das mache ich jetzt anders, weil ich zu meinen ursprünglichen Wertvorstellungen wieder zurückgefunden habe.
- Ich war persönlich in einer großen Krise, deshalb habe ich falsche Entscheidungen getroffen. Heute ...
- Ich habe Steuern hinterzogen, weil mich das viele Geld geblendet hat. Das war eine schlechte Erfahrung, aus der ich gelernt habe.

Ein einziger Punkt ist absolut unumgänglich und nicht ersetzbar – durch die professionellste Kommunikation, die besten Argumente und die besten Vorsätze nicht. Denn nur so kann es nach einem Reputationsabsturz wieder aufwärts gehen. Gemeint ist die systematische und aufrichtige Erforschung des eigenen Anteils an der fehlerhaften Entwicklung, geleitet von dem Willen zu erkennen, auf welche Weise man selbst Teil der Konstellation war, die zu dem Desaster geführt hat. Der eigene Anteil muss kognitiv und emotional erkannt und benannt werden.

Oft fehlt die Bereitschaft, den eigenen Anteil überhaupt in Betracht zu ziehen. Als Beraterinnen erleben wir viele Topmanager, die bei ansonsten klarem Verstand genau diesen Punkt systematisch ausblenden, das heißt die gar nicht auf den Gedanken kommen, sich mit dem eigenen Anteil am Versagen zu befassen, da sie sich umzingelt sehen von diversen anderen Schuldigen und ungünstigen Konstellationen (die es natürlich auch gibt). Während sie im Fall anderer, denen Missgeschicke und Katastrophen passieren, klar einordnen können, was die Person im Zentrum hätte tun oder lassen können, um die negative Entwicklung zu beeinflussen, sind sie ihrer eigenen Rolle im persönlichen Drama gegenüber blind.

Florian Gerster hatte seit 2002 die Bundesagentur für Arbeit geleitet, als er im Januar 2004 vom damaligen Verwaltungsrat abberufen wurde. In einer Talkshow einige Tage danach fragte man ihn, warum er glaube, aus dem Amt genommen worden zu sein. Man habe ihm keinen Grund genannt, antwortete er, es gebe auch keinen Grund, er habe die Agentur sehr erfolgreich geführt, das habe man ihm sogar in den letzten Jahren mehrmals bestätigt. Einer der Verwaltungsräte berichtete in der gleichen Sendung, dass man Gerster mehrmals den Grund genannt habe: atmosphärische Störungen.

Dieses Beispiel ist typisch für die hartnäckige Verleugnung des eigenen Anteils am Scheitern, die wir oft erleben. Gerster konnte tatsächlich den Grund nicht erkennen, weil »atmosphärische Störungen« auf seiner Landkarte als Grund für eine Abberufung nicht eingezeichnet waren. Er wurde in der Öffentlichkeit für fragliche Auftragsvergaben kritisiert, von den Vorwürfen aber rechtlich entlastet. Er hatte anerkanntermaßen für die Agentur Gutes geleistet und empfand nicht zuletzt deshalb seine Behandlung als ungerecht.

Das Beispiel Gersters ist auch deshalb so lehrreich, weil es deutlich macht, dass eine ganz bestimmte Haltung nötig ist, um ein Karrieredesaster nach einem Fehler abzuwenden: der unbedingte Wille zu lernen. Zum Lernen gehört das genaue Wahrnehmen, das Zuhören, das Reflektieren, die Selbstkritik. Diese Offenheit kann nicht nach Bedarf zu jedem beliebigen Zeitpunkt aktiviert werden, sondern muss jahrelang trainiert werden. Ein wirkungsvolles Statement in der Öffentlichkeit beginnt immer damit, den eigenen Anteil zu benennen und zu erklären, ohne Rechtfertigung, Selbstgerechtigkeit und Anklagen.

Zur Wiederherstellung der guten Reputation gehört die Entschuldigung. Eine glaubwürdige Entschuldigung zum Ausdruck zu bringen ist nicht leicht. Wird eine Entschuldigung in der Öffentlichkeit zurückgewiesen, so kann das Desaster sogar noch geschürt werden. Jeder kennt Entschuldigungsformeln, die keine Entschuldigungen sind, denn sie sagen:

- Eigentlich bin ich gar nicht schuld.
- Keiner hat gemerkt, wie schlimm es tatsächlich war.
- Okay, ich bring's hier einfach hinter mich.
- Meine Gründe rechtfertigen mein Verhalten.
- Sorry, sorry! So furchtbar ist es ja nun auch nicht.
- Woher sollte ich denn wissen, dass das verboten war.
- Ich bin eigentlich nicht schuld. Die Medien jagen den Falschen.
- Okay, ich habe einen kleinen Fehler gemacht, aber das kann doch jedem passieren.

Floskeln wie diese verschlimmern einen Fehler. Stattdessen gefordert sind Einsicht, ehrliche Entschuldigung, die Bitte um Verzeihung, die Bereitschaft, sich zu ändern, und auch die klare Bestimmung der Änderungen, die angestrebt werden. Lange Erklärungen führen dazu, die Entschuldigung zu verwässern, und können sogar den Eindruck vermitteln, eine Entschuldigung verweigern zu wollen. Beides ist kränkend. Eine öffentliche Demütigung muss auch öffentlich aus der Welt geschafft werden, nichts kann die persönliche Entschuldigung ersetzen.

Da führt ein Minister seinen Pressesprecher vor laufender Kamera vor, demütigt ihn und entschuldigt sich nicht, sondern gibt Interviews dazu, wie überarbeitet er sei und wie es deshalb zu diesem Eklat gekommen sei.

Respekt sieht anders aus. Es ist Hochmut, der verhindert, dass sich Menschen entschuldigen – sie stellen die eigene Bedeutung über den Wert anderer Menschen.

**Ein entlassener Topmanager,** der unzählige »Ich nehme jeden Job«-Bewerbungen und hasserfüllte Briefe an frühere Vorgesetzte, Politiker und Arbeitsagenturen schreibt, ist direkt auf dem Weg in die Sozialhilfe. Dieses Beispiel ist nicht aus der Luft gegriffen.

Niemand will mit Gefühlen wie den im obigen Beispiel anklingenden in Resonanz gehen. Niemand kann mehr die ursprünglichen Stärken und die Mission des Topmanagers wahrnehmen, spürbar sind nur noch Verbitterung und Selbstgerechtigkeit. Menschen, die so handeln, schaden sich selbst am meisten.

Auch Entschuldigungen wie die folgenden greifen nicht:

- Ich habe die Intrige von XY zu spät erkannt.
- Die Presse hat mich missverstanden.
- Ich habe meinem Compliance-Manager immer vertraut.
- Ich hätte auf die Anwürfe des Aufsichtsrats besonnener reagieren müssen.
- Es ist nicht Aufgabe eines Vorstandsmitglieds, die Geldflüsse im Einzelnen zu kontrollieren.
- In den Monaten, als die Qualitätsmängel an der Elektronik zum ersten Mal gehäuft auftraten, mussten wir gerade so viele bürokratische Berichte für die Banken und Investoren anfertigen, dass wir zu spät reagiert haben.

In all diesen Floskeln kommen versteckte Vorwürfe zum Vorschein. Was fehlt, sind Eingeständnisse der eigenen Verantwortung.

Das sind überzeugende Entschuldigungen:

- Ich hätte erkennen müssen und erkennen können, dass schon lange kein gegenseitiges Vertrauen mehr bestand. Das habe

ich unterschätzt. So sind die Interessen auseinandergedriftet, und wir bewegten uns auf unterschiedlichen Landkarten. In Zukunft werde ich besser zuhören und mehr Fragen stellen.
- Ich war im letzten Jahr viel im Ausland und habe leider mit der Presse nicht offen und sorgfältig genug kommuniziert, so konnte es leider Missverständnisse geben. Die habe ich zu verantworten. Ich bitte dafür um Nachsicht und werde das ab heute ändern.
- Als Vorstand bin ich verantwortlich für Compliance. Ich habe leider meinen Compliance-Manager nicht so geführt, wie es richtig gewesen wäre, und habe so den besagten Betrugsfällen Vorschub geleistet. Das tut mir sehr leid, und ich werde die Konsequenzen jetzt ziehen.
- Von einer Geschäftsführerin darf man erwarten, dass sie sachlich und besonnen kommuniziert. Das habe ich in dieser Situation nicht getan, was mir heute sehr leidtut. Ich werde das aber lernen.
- Ich habe es leider versäumt, unsere Prozesse rechtzeitig so transparent und nachvollziehbar wie nötig zu gestalten. Das wäre meine Aufgabe gewesen, und ich bedauere, dass ich das nicht gesehen habe. Eine Korrektur habe ich eingeleitet.
- Die Qualität unserer Produkte ist unsere erste Priorität. Es ist absolut unverzeihlich, dass wir hier nicht sofort reagiert haben. Ich habe mich gefragt, wie das passieren konnte, und ich laste es mir selbst an. Daraus habe ich sehr viel gelernt.

Oft berufen sich Topmanager auf die rechtliche Situation, nach der eine Entschuldigung ein Schuldeingeständnis sei, und ziehen daraus den Schluss, dass sie Entschuldigungen meiden sollten, um Schaden von sich selbst und dem Unternehmen abzuwenden. Im Sinne der Integrität der Persönlichkeit kann dieses Risiko jedoch kein Grund für eine fehlende Einsicht und Entschuldigung sein. Es mag ein Interessenkonflikt gegeben sein, als Coaches wissen wir jedoch, dass dieser häufig zu leichtfertig als Ausrede benutzt wird. Die langfristigen negativen Folgen für die Personen, die sich nicht entschuldigen, sind gravierend, zumal die einfache Flucht aus der konfliktbeladenen Situation das persönliche Lernen erschwert.

Erst dann, wenn ein Lernprozess vollzogen wurde, kann der gute Name wiederhergestellt werden. Stattdessen geben manche Topmanager Interviews oder schreiben Bücher, in denen sie ihre früheren Vorgesetzen und andere vermeintlich Schuldige beschimpfen. Sie sind voller Vorwürfe und Selbstgerechtigkeit. Sie fühlen sich gemobbt, ausgegrenzt, sind enttäuscht, wütend, rachsüchtig. Diese Gefühle sind alle verständlich, vielleicht auch sinnvoll und notwendig, nur in der Öffentlichkeit nicht. Sie ersetzen keinesfalls die Einsicht in die eigene Rolle in dem Desaster. Ebenso wie die Entschuldigung ist auch die Einsicht unverzichtbar.

**Der einstmalige US-Präsident** Bill Clinton musste erkennen, wie verantwortungslos er in einigen Lebensbereichen gehandelt hatte. Ein Jahr lang machten er und seine Frau Hillary eine Paartherapie. So wurde Bill Clinton schmerzlich bewusst, dass er als Sohn alkoholsüchtiger Eltern und eines gewalttätigen Vaters von Kindheit an sowohl gelernt hatte, Verantwortung zu übernehmen, als auch ein Doppelleben zu führen. Beides waren seine natürlichen, gelernten Verhaltensmuster. Nur deshalb hatte er vor sich, seiner Frau und der Öffentlichkeit verleugnen können, dass er in seinen Rollen als liebevoller Ehemann und Vater sowie als Präsident der USA ein Doppelleben geführt hatte.

Lernprozesse wie derjenige Bill Clintons sind langwierig und kraftraubend, aber sie führen dazu, dass andere Menschen bereit sind zu verzeihen und einen Neubeginn zuzulassen.

Manche Menschen führen jahrelange Prozesse, die ihnen endgültig Recht geben und ihren guten Ruf wiederherstellen sollen. Das ist ein Irrweg. Er wäre nicht einmal dann gangbar, wenn tatsächlich keinerlei persönliches Fehlverhalten vorläge. Die öffentliche Aufmerksamkeit bliebe für immer auf »den Vorfall« fixiert. »Freisprüche« gewinnen niemals eine Medienresonanz, die sich mit derjenigen messen könnte, die eine Anklage mit sich bringt. Wenn Prozesse geführt werden müssen, dann verharrt die öffentliche Aufmerksamkeit auf der Frage der Verantwortung für das Desaster, anstatt sich der Gestaltung eines Neubeginns zuzuwenden. In solchen Fällen ist es wichtig, sich vor der Gefahr von Verstrickungen zu schützen. Manche Menschen grübeln tage- oder nächtelang über der Frage, wie sie ihre Unschuld beweisen können, warum andere Unrecht haben oder wie sich andere schuldig gemacht haben. Sie führen ständig den Prozess in ihrem Kopf. Auch das führt zu nichts. Im Gegenteil, es erschwert die Suche nach einer Lösung, einem Neubeginn, einem Stimmungsumschwung, der das Erfolgsgefühl zurückbringt.

## DAS BRINGT SIE JETZT WEITER: PFLEGEN SIE IHRE ERFOLGSGEWISSHEIT

Stellen Sie sich vor, dass in Ihrem Leben alles bestens läuft. Sie bauen auf Ihren Erfahrungen auf, werden geschätzt, Menschen folgen Ihnen. Sie gewinnen Ihre Kraft, Ihre Motivation und Ihren Platz in der Welt aus Ihrem Erfolg. Die Zukunft liegt verheißungsvoll vor Ihnen. Plötzlich kommt etwas dazwischen, Sie scheitern, machen Fehler, haben Pech, Ihnen wird übel mitgespielt oder alles zusammen ...

Genau in diesen Momenten ist Ihre Erfolgserwartung gefragt, Ihre Erfolgsgewissheit, die Sie über Krisen hinwegträgt und Ihnen sagt:

- Wunderbar, jetzt kann ich viel über mich lernen und werde dadurch noch erfolgreicher.
- Viele Menschen unterstützen mich, denen ich zu Dank verpflichtet bin und verbunden bleibe.

Ihre Erfolgsgewissheit trägt Sie über Krisen hinweg und unterstützt Sie in guten und in schweren Zeiten.

Erfolgsgewisse Menschen halten sich mit ihren Misserfolgen nicht lange auf und unterhalten andere nicht damit. Sie lassen sich nicht von Mutlosigkeit, Selbstanklagen und Selbstkritik überwältigen und suchen stattdessen unverzagt nach Lösungen. Sie fragen um Rat, bitten um Unterstützung und sind dankbar für Hilfestellungen. Sie erzählen von ihrem Glücklichsein, ihrer Erfüllung in der Aufgabe, von ganz neuen Erfahrungen, Lernchancen und Wachstumsimpulsen. All das gibt es auch im Scheitern, im persönlichen Desaster. All das ist höchst spannend für andere. Andere Menschen können hier andocken und noch mehr Ideen und Unterstützung entwickeln. So entsteht das Phänomen des Menschen, der Glück im Unglück hat. Sie tragen das Erfolgsversprechen in sich.

# 11. DIE KARRIERE VOLLENDEN

»Es ist des Lernens kein Ende.« Diese Worte des deutschen Komponisten Robert Schumann (1810–1856) drücken das unablässige Streben nachhaltig erfolgreicher Menschen aus, das Beste aus sich herauszuholen. Je erfolgreicher Menschen sind, umso mehr lernen sie dazu.

## DAS STREBEN NACH VOLLKOMMENHEIT HÖRT NIE AUF

Ich habe zwar die ständige Verzweiflung über mein Unvermögen, die Unmöglichkeit, etwas vollbringen zu können, ein gültiges, richtiges Bild zu malen, vor allem zu wissen, wie so ein Bild auszusehen hätte; aber ich habe gleichzeitig immer die Hoffnung, dass genau das gelingen könnte, dass sich das aus diesem Weitermachen einmal ergibt, und diese Hoffnung wird ja auch oft genährt, indem stellenweise, ansatzweise, tatsächlich etwas entsteht, was an das Ersehnte erinnert oder es ahnen lässt, wenngleich ich ja oft genug nur genarrt wurde, also dass das, was ich momenthaft dann sah, verschwand und nichts übrigblieb als das Übliche. Das Machen von Bildern besteht aus einer Vielzahl von Ja- und Nein-Entscheidungen und einer Ja-Entscheidung am Ende.

Diese Zeilen von Gerhard Richter, der zu den weltweit größten Künstlern der Gegenwart zählt, hat der Maler Martin Assig in seinem Bild *Gipfel vierzehn 2010* verwendet. Das bearbeitete Zitat, so Assig, beschreibe in einer wunderbaren Art und Weise den immerwährenden Konflikt einer jeden künstlerischen Arbeit. Auch nach jahrzehntelanger künstlerischer Praxis sei jede neue Schöpfung eine vollkommene Herausforderung, die immer ihr Scheitern in sich berge. Diese Worte eines der bedeutendsten Künstler der Gegenwart zu lesen sei Ansporn und Trost zugleich. Das Kaskadenhafte seines Satzbaus versinnbildliche Richters Arbeitsweise. »Indem ich seine Worte in der Gestalt eines Votivbildes erscheinen lasse, gebe ich dem Gedanken Ausdruck, dass das erstrebte Vollkommene womöglich außerhalb des Selbst liegt.«

»Das erstrebte Vollkommene«, daraus entspringt die immerwährende Schaffenskraft. Das gilt auch für große Karrieren jenseits der nationalen oder Weltöffentlichkeit.

Der Mediziner Heinz Keppel praktizierte mit über 90 Jahren noch als Allgemeinarzt in einer kleinen Stadt. Seine Leidenschaft war es immer, eine schnelle, exakte Diagnose zu stellen und vor allem sehr seltene Krankheitsbilder zu identifizieren. Er erstaunte noch im hohen Alter die modernen Labors und Klinikärzte mit seiner intuitiven Treffsicherheit und wurde oft von ihnen um sein Urteil gebeten. Auch noch im hohen Alter verbrachte er viele Abende, Nächte, Feiertage in seinem Studierzimmer und las moderne medizinische Literatur, oft ein und dasselbe Buch mehrmals: »Ich muss das tun, um mir alles merken zu können«, so seine Begründung.

Alle herausragenden Persönlichkeiten ringen um ihr Werk. Sie üben und lernen ständig dazu. Sie wissen, dass ihre Leistungen andernfalls nicht von Bestand sein werden. Künstlerinnen und Künstler überhöhen ihre alltäglichen Arbeiten, das macht sie zufrieden und sie erleben intensive Flow-Momente. Der profane Alltag ist einem höheren Ziel gewidmet: der Kunst. Fast gleichlautend beschreiben sie ihre harte Arbeit auf der Suche nach Vollkommenheit.

- »Ich habe als eine Art Wunderkind angefangen und konnte damals mit allen spielen, die etwas zu sagen hatten. Seitdem versuche ich, besser zu werden, habe mein Ziel noch nicht erreicht.« Das sagt die 1930 geborene Jazzlegende Sonny Rollins.[131]
- Deshalb übte Pablo Casals im hohen Alter von über 90 Jahren noch immer sechs Stunden am Tag Cello: »Ach, wissen Sie, ich habe den Eindruck, ich mache Fortschritte!«
- Anne-Sophie Mutter hat für ihre Suche nach Vollkommenheit die folgenden Worte gewählt: »Oh, ich habe künstlerisch nie voll erreicht, wovon ich träume. Vielleicht liegt es daran, dass ich ein so begabter, leidenschaftlicher Träumer bin, dass ich gern eine Interpretation weiter vertiefe, dass ich ein neugierig Suchender bin. Insofern sehe ich das Nichterreichen eines Idealzustandes nicht unbedingt als Scheitern an. Und jede Niederlage ist ein weiterer Schritt hin zu etwas Interessantem.«[132]

»Ein weiterer Weg hin zu etwas Interessantem.« Diese Worte gelten für alle nachhaltig erfolgreichen Menschen. Je erfolgreicher sie sind, umso aktiver ihr Lernmodus. Selbstzufriedenheit, Genügsamkeit, das Gefühl, schon angekommen zu sein, sich auf »Lorbeeren ausruhen« zu wollen, überlegen zu sein, nicht mehr lernen zu wollen, sich nicht mehr infrage stellen zu wollen, Recht haben zu wollen, nicht mehr an sich arbeiten zu wollen – all diese Haltungen sind ambitionierten Menschen fremd. Ihre ständige Erfolgsmelodie lautet: »Ich bin nie zufrieden. Ich glaube immer, ich hätte noch alles vor mir und könnte es noch besser machen.«[133] So spricht der über 70 Jahre alte Modedesigner Karl Lagerfeld.

Das ist das Grundgefühl aller herausragenden Menschen: »Ich könnte es noch besser machen.« Vollkommenheit, Vollendung erfahren und schaffen zu können, das wollen alle ambitionierten Menschen. Sie geben alles, bewegen sich manchmal am Rande der Besessenheit. In jeder Profession feilen sie beständig an ihrem Können und an der Entwicklung ihres Talents. Sie wollen keinen Stillstand, sondern Entwicklung. Auf Schwierigkeiten antworten sie mit Lernen, nicht mit Rückzug. Sie begreifen alles als Lernchance.

Das gilt für Weltklassedirigenten wie Kent Nagano, für Edita Gruberova, die *Primadonna assoluta* des Belcanto, für Wissenschaftlerinnen wie die Nanoelektronik-Professorin Jana Zaumseil: »Ich gebe mir Mühe und Mühe und Mühe und immer noch Mühe.«[134]

Durch Haltungen wie diese sichern Menschen die Nachhaltigkeit ihres Erfolgs.

Das ewige Streben nach Vollkommenheit zeichnet Menschen mit großen Karrieren aus, aber auch Menschen, denen Karriere nichts bedeutet, deren Streben die absolute Hingabe an den Moment ist. Über viele Jahrhunderte hinweg haben Zen-Meister und -Meisterinnen die Tradition des Strebens nach Vollendung, nach Erfüllung an ihre Schülerinnen und Schüler weitergegeben. Jede religiöse Tradition hat genau definierte Rituale und Übungsformen, die dieser Suche dienen. Dazu gehören auch die Meditation und die Kontemplation, die keinen anderen Sinn haben als den, Vollkommenheit zu erreichen.

Jede einzelne Zen-Meditation ist eine Einübung in das, was wir heute aktives, fehlerorientiertes Lernen nennen. In der Zen-Meditation geht es darum, sich auf den Atem zu konzentrieren, auf ein *Koan* (Zen-Rätsel) oder auf die Stille. Was einfach klingt, ist ein sehr anspruchsvoller Konzentrationsprozess. Menschen sind es gewohnt, die Gedanken schweifen und sich von ihnen leiten zu lassen. Im Zen geht es darum, sich nicht von den eigenen Gedanken bestimmen zu lassen. Deshalb besteht das anfängliche Ziel der Zen-Meditation und anderer Meditationstechniken darin wahrzunehmen, wie dominierend Gedanken sind. Sie überschwemmen den Geist mit Nichtigkeiten.

Der chinesische Lyriker Han Dong drückt dies in seinem Gedicht *Ohne Titel* folgendermaßen aus: »In einem geistlosen Stein galoppieren die Gedanken.«[135] Das Gehirn liegt ständig in Lauerstellung. Womit kann es sich beschäftigen? Was ist reizvoll genug, um seine vollständige Aufmerksamkeit zu gewinnen? Es arbeitet wenig zielgerichtet, und deshalb braucht es Orientierung. Es ist zu jeder Zerstreuung bereit, aber es kann auch für die Suche nach Vollkommenheit eingesetzt werden. Das Gehirn braucht Herausforderungen.

Das haben Menschen auf der Suche nach Vollkommenheit unabhängig von ihrer Profession gemeinsam: Sie lernen aus eigenem Antrieb, üben, halten inne, setzen sich mit dem Prozess auseinander, machen Fehler und lernen aus ihnen. Diese Methode ist so wirkungsvoll, dass die Kapazität des Gehirns von Menschen, die regelmäßig Zen üben, auch im Alter nicht nachlässt. Was Zen-Übende in den letzten Jahrhunderten gemacht haben, das tun alle, die auf der Suche nach Höherem sind. Sie richten den Geist auf ein Ziel aus, das ihn beruhigt. Sie bauen Schicht um Schicht Myelin auf, hartnäckig, unermüdlich.

Auch die perfekte Nudelsuppe ist durch konsequente und kontinuierliche Entwicklungsarbeit entstanden. Der meisterhafte japanische Film *Tampopo* handelt davon, wie die Hauptdarstellerin für die perfekte Nudelsuppe alles gibt – so wie alle Menschen, die nach Vollkommenheit streben.

Je größer das Können, umso deutlicher wird den nach Vollkommenheit Strebenden, was fehlt. Im Zen wird dieses Gefühl Anfängergeist genannt. Dieser Geist drängt danach, immer wieder neu anzusetzen. Im Streben nach Vollkommenheit gibt es keinen Wettbewerb, keinen Vergleich mit anderen Menschen. Es gibt nur den eigenen Maßstab.

In einem Gespräch mit der Kunstexpertin Eva Karcher antwortete der amerikanische Bildhauer, Maler und Objektkünstler Frank Stella auf ihre Frage, ob es auch ihm darum ginge zu gewinnen: »Ich wünschte, ich könnte es bestätigen. In der Kunst bedeutet es wenig zu sehen, was deine Kollegen machen. Da stehe ich im Clinch mit dem Besten, zu dem ich imstande bin. Ich muss mich ausschließlich vor mir selbst bewähren.«[136]

Streben auch erfolgreiche Topmanagerinnen und Topmanager unaufhörlich weiter nach der Vervollkommnung ihres Könnens? Es gibt hier zwei Besonderheiten: Erstens ist im Management immer Können gefragt, nicht Besserwerden. Für Letzteres fehlt vermeintlich die Zeit. Es gibt also wenig Ermutigung zum Lernen und stattdessen viel Lob für das Können. Jemand wird befördert und vollzieht einen Gehaltssprung, weil er oder sie die in der neuen Position geforderten Fähigkeiten schon beherrscht, und nun gilt es für ihn, sein Können zu zeigen und nicht seine Lernbereitschaft. Lernen wird gleichgesetzt mit Nichtkönnen.

Die zweite Besonderheit im Topmanagement ist, dass die Zeitanteile für das offizielle »Üben und Lernen« auf der einen und das »Performen« auf der anderen Seite genau umgekehrt verteilt sind wie etwa bei Sportlern oder Musikern. Manager arbeiten beispielsweise einmal im Monat mit ihrem Coach, besuchen einmal im Jahr ein Lernseminar – ansonsten müssen sie 60 bis 70 Stunden pro Woche zeigen, was zu leisten sie imstande sind.

Der äußere Schein trügt jedoch, denn tatsächlich sind im Management Üben und Performen nur nicht so stark voneinander getrennt wie in anderen Bereichen. Sie liegen eng beieinander – ein spezielles System des Learning-by-Doing. Wie wird aber gelernt? Wie wird Vollkommenheit angestrebt? Das geschieht dauernd.

Wie die Anleger in der Investorenkonferenz kognitive und emotionale Sicherheit über den Erfolg des Unternehmens erhalten, wird akribisch geplant und vorbereitet. Jedes Argument wird wochenlang diskutiert, gecheckt, eingeübt, jede präsentierte Information durchläuft viele Prüfungsschleifen, so lange, bis alle ein gutes Gefühl haben und sich sicher sind. Nach der Konferenz beschäftigen sich Arbeitsgruppen mit dem Abgleich von Vorstellung und Ergebnis. Sie suchen nach jedem nur möglichen Feedback, jede Andeutung ist wichtig, jede Reaktion, ob positiv oder negativ, wird unter die Lupe genommen und im Detail ausgewertet. Sie erforschen jede erdenkliche Quelle von Erfolg und Misserfolg, bei den Ausgangsdaten, in der Argumentation, der Rhetorik, bei der Zeitplanung, beim Stehempfang, bei der Teilnehmerliste, der Sitzordnung, beim Tafelwasser, im Fahrdienst, beim Drehbuch für die Veranstaltung, bei der Wahl des Veranstaltungsortes, bei der Strahlkraft und emotionalen Wirkung der Präsentationen. All dies dient dem Ziel, besser zu werden. So lernt der Topmanager, wie er sein Team noch besser anleitet, seine Interaktion mit den Investoren optimiert, an seiner begeisternden Wirkung feilt, seine Bilanzkenntnisse erweitert, sein Verhandlungsgeschick trainiert.

Eine Managementaufgabe ist Lernen pur. Nötig ist hier nicht stundenlanges Training bestimmter Abläufe, sondern geschult werden

- die Aufmerksamkeit und Wachheit, der unbefangene Blick auf die Realität;
- das Bewusstsein für die eigenen Stärken und Schwächen sowie für die eigene Wirkung auf andere;
- die ständige Erweiterung der eigenen Denk- und Verhaltensgewohnheiten und des eigenen Repertoires zur Einflussnahme;
- die Sensibilität für (unausgesprochenes) Feedback;
- das Fragenstellen und Zuhören;
- die Resilienz eigenen und fremden Fehlern gegenüber;
- die Arbeit an der eigenen psychischen Stabilität.

Wenn Topmanager zum Schluss doch scheitern, dann ist ihr Lernen aller Wahrscheinlichkeit nach durch innere Widerstände unterbrochen worden. Auch hierarchische Rituale behindern Erkenntnisgewinne, denn die Anerkennung und das Lob, die den Personen an der Spitze für ihr Können zuteil werden, sind mit einer Zwangsläufigkeit behaftet, die das Ego täuscht.

Die wahren Meisterinnen und Meister der Selbstvervollkommnung in der Wirtschaft, ob Unternehmenssenioren, Aufsichtsräte, Topmanagerinnen, Vorstände, Verlegerinnen, Chefredakteure oder Unternehmensberater, sind leicht zu identifizieren:

- Obwohl sie über sehr viel Erfahrung verfügen und vieles besser wissen, reden sie wenig, stellen viele Fragen und hören gern zu.

- Ihre Fragen sind tiefgründig.
- Sie haben eine große Community (statt Anhängerschaft) und Freunde, die ihnen Feedback geben.
- Sie kritisieren nicht, sondern äußern Wünsche.
- Sie heißen Fehler willkommen.
- Sie probieren andere als die gewohnten Vorgehensweisen auch ganz persönlich aus – zum Beispiel räumen sie jemandem einen Termin ein, mit dem sie »normalerweise« niemals sprechen würden.
- Sie zeigen sich unvollkommen und bitten um Hilfe.
- Sie beschäftigen sich gerne mit Dingen, die ihnen selbst nicht gut gelungen sind, und lernen gern.

## WENN ALLES WUNDERBAR RICHTIG IST

»Wenn alles wunderbar ›richtig‹ ist. Maurizio Pollini auf dem Gipfel.« So brachte der große Musikkritiker Joachim Kaiser seine Begeisterung über einen »denkwürdigen Klavierabend« mit dem italienischen Pianisten zum Ausdruck. »Er ordnet seine unvergleichliche Virtuosität völlig musikalischer Vergegenwärtigung unter ... Und am Ende immerhin die große G-Moll-Ballade, wobei ihm, fast möchte man sagen, glücklicherweise, winzige Undeutlichkeiten passierten.«[137]

Wenn aus Können Selbstausdruck wird, dann ist es Vollendung. Sie schafft Momente tiefster Konzentration, Transzendenz, Präsenz. »Als ob ein Engel durch den Raum geht.« Dann ist nichts mehr gegenwärtig außer dieser Musik, diesem Vortrag, dieser Verhandlung, dieser Erkenntnis in dem Seminar. Es ist ein magisches Geschehen, das Menschen über sich selbst erhebt. Dieses Geschehen schafft Ausnahmezustände,

- wenn ein Bild von Frida Kahlo zu Tränen rührt,
- wenn eine perfekte Entscheidung im Vorstandsteam getroffen wird,
- wenn die Zeilen eines Gedichts von Rose Ausländer ins Herz treffen,
- wenn die Gäste eines Festes vor Glück dahinschmelzen,
- wenn die Operninszenierung *Un ballo in maschera* von Elisabeth Stöppler noch nach Wochen vor dem inneren Auge aufscheint und Freude auslöst,
- wenn die Laudatio uneingeschränkte Bewunderung ausdrückt.

Sir Simon Rattle, der Dirigent der Berliner Philharmoniker, erklärt diese besonderen Momente so: »Wenn eine Vorstellung wirklich gut ist, dann gibt es keine Distanz zwischen dem Dirigenten, den Musikern und der Musik, nicht einmal zum Publikum. Dann schwimmen alle in demselben Ozean. Dann ist dieses Konzert das Wichtigste, was in diesem Moment auf diesem Planeten passiert.«[138]

In allen Disziplinen gibt es diese magischen Momente: legendäre Rennen, Verzückung, fulminante Präsentationen, »einen Lauf haben«, wenn alles gelingt, vom Torwart jeder Ball gehalten wird, überwältigende Reden, wegweisende Seminare, Forschungsdurchbrüche, plötzliche Erkenntnisse, Gemälde, die in ehrfürchtiges Staunen versetzen. Wenn alles stimmt, dann »schwimmen alle in demselben Ozean« des Glücks, des Gefühls, der Erleuchtung, in dem Wissen, dass es etwas Größeres gibt als man selbst, einen höheren Sinn. Darauf ist alles Streben gerichtet: die Grenzüberschreitung erleben zu dürfen.

Die Beraterin Bernhild Schrand beschreibt die Fähigkeit, sich über das Können zu erheben, mit den Worten: »Ich bin meine Methode.« Das ist es. Das Streben nach Vollkommenheit, das alle große Künstlerinnen und Künstler, Meisterinnen und Meister ihres Fachs vereint, erlaubt es ihnen schließlich, sich über die Technik zu erheben. Dann zeigt sich die Vollkommenheit des Könnens nicht mehr in Techniken und Methoden, sondern durch die Persönlichkeit. Methode und Person werden zur Einheit.

- Wenn ein Vorstand bei einer Rede vor dem Aufsichtsrat nicht nur Informationen und Konzepten, sondern seiner Persönlichkeit Ausdruck verleiht, dann springt ein Funke über.
- Wenn die Topmanagerin um die richtige Strategie ringt und alle anderen im Meeting still und konzentriert sich innerlich beteiligen, dann entstehen perfekte Momente auf dem Weg zu Vollkommenheit.

Alle großen Persönlichkeiten müssen lernen, ihr Anliegen immer besser und wirksamer zu vertreten. Alle streben nach der Weiterentwicklung ihres Könnens, und sie beschreiben ihren Schaffensprozess gerne, weil auch er ihnen ein Anliegen ist.

- Harald zur Hausen, der 2008 mit dem Nobelpreis für Medizin ausgezeichnet wurde, trug über vier Jahrzehnte lang wieder und wieder seine Vision eines Impfstoffes gegen Gebärmutterhalskrebs in die Welt.
- Der Startenor Rolando Villazón sagt: »Wenn es sehr gut werden soll, ist es sehr, sehr viel Arbeit. Ich weiß, dass es immer besser sein kann, eine Geste kann deutlicher sein, eine bestimmte Bewegung mit dem Arm ist vielleicht zu viel. Deshalb arbeite ich am liebsten mit einem Bühneregisseur, der mir ständig sagt, wie ich es besser machen kann.«[139]

## DAS BESTE KOMMT ZUM SCHLUSS

Es klingt wie eine Fügung des Schicksals: Der Gitarrist Ry Cooder reiste 1996 nach Kuba, um dort mit afrikanischen Musikern zu arbeiten. Das Projekt kam aber nicht zur Durchführung. Was stattdessen geschah, bildete den Anfangspunkt einer weltweiten Erfolgsgeschichte für viele Menschen. Cooder nahm mit den Afro-Cuban All Stars die CD *Buena Vista Social Club* auf. Sie war sehr erfolgreich, aber richtig los ging es 1999 mit Wim Wenders' gleichnamigem Dokumentarfilm. Die Musiker waren bei Erscheinen des Films nicht mehr die Jüngsten. Ibrahim Ferrer zählte 77 Lenze, Compay Segundo 92, Omara Portuondo 69, Rubén González 80, und der Youngster unter ihnen, Eliades Ochoa, war 53 Jahre alt.

Wenders' Film mit den außergewöhnlichen Künstlerinnen und Künstlern hat Menschen jeden Alters auf der ganzen Welt bewegt. Warum?

Eine große Karriere kann in anderen Menschen starke positive Gefühle hervorrufen, Bewunderung und Stolz, Dankbarkeit, sie kann unendliche Verheißung und Glücksversprechen sein, Freude schenken, Mut machen, zum Träumen anregen. Eine große Karriere kann sinnstiftend für andere sein, Orientierung geben, ein Vorbild bieten. Sie zeigt Perspektiven auf, sie zeigt, wie die Welt sein und wo der Weg hinführen kann. In einer großen Karriere wird sichtbar, wofür jemand steht. Große Karrieren sind einflussreich und prägend, sie schreiben Geschichte. Ohne große Karrieren, die neue Werte benennen, vertreten und gestalten, gibt es keinen Fortschritt.

Als die Politikwissenschaftlerin Elinor Ostrom im Jahr 2009 im Alter von 76 Jahren als erste Frau den Wirtschaftsnobelpreis verliehen bekam, löste sie exemplarisch die Verheißung aller großen Karrieren ein: Sie bewirken Großes, wirken als Vorbild und verändern die Welt zum Guten.

Das macht große Karrieren so begehrenswert. Deshalb träumen viele Menschen davon. Wenn sie nicht selbst Karriere machen, dann bewundern sie ihre Heldinnen und Helden, Stars, Sportler, die »Guten« in Politik und Wirtschaft. Wie der Evolutionsbiologe Josef Reichholf eindrucksvoll belegt, sind sowohl das Streben nach Siegen selbst als auch das Streben danach, Sieger teilnahmsvoll zu beobachten, bei ihren Auftritten mitzuzittern, sie zu bewundern und ihnen zuzujubeln, bei uns Menschen evolutionsbedingt im Gehirn verankert. Häufiges Siegen vergrößert das Gehirn.[140] Dafür ist weder das Erleben oder die Fähigkeit des Kampfes noch die Leistung oder das nützliche Ergebnis ausschlaggebend, sondern allein der sportliche Sieg, der erste Platz. Es funktioniert im Ernst wie im Spiel, auf der Bühne und davor. Spiegelneuronen haben die Fähigkeit, beim Zuschauen, Miterleben und Jubeln die gleichen positiven Wirkungen auszulösen, die entstehen, wenn wir höchstpersönlich auf dem Siegertreppchen stehen und die Arme hochreißen.

Es ist ein natürliches Bedürfnis, andere beim Siegen zu beobachten und zu bewundern. Sport und Kunst, Wirtschaft und Politik, Unternehmen und Interessengemeinschaften, alle haben ihre Stars, ihre Wettkampfrituale und ihre großen Karrieren. Wettbewerbe, Preisverleihungen, Auszeichnungen sind allgegenwärtig. Großartige Lebenswerke stoßen in jedem beruflichen Bereich auf Resonanz und Bewunderung.

- Der Lyriker Michael Basse hat dem Lebenswerk-Gefühl Worte gegeben: »Da ist etwas wie Frühling in unseren Blicken, etwas wie Übermut, uns graut nicht mehr vor Gipfeln, die wir früher verschmähten.«[141]

- »Ich habe jetzt ein Leben jenseits des Tennis, und das genieße ich sehr. Ich habe Zeit für meine Familie, meine Freunde, ich setze mich für Homosexuelle ein, sammle Geld, bin Sprecherin einer Organisation für Menschen über 50. Und manchmal spiele ich noch einen Schaukampf, und dann sehe ich rechtzeitig zu, dass ich in Form komme.«[142] Das ist das Lebenswerk der Tennislegende Martina Navratilova.

So sieht ein gelungenes Leben nach der großen Karriere aus.

Der frühere amerikanische Vorstandsvorsitzende Jack Welch schreibt heute in der *Wirtschaftswoche* eine sehr nachgefragte Kolumne. Damit bietet er ein seltenes Beispiel dafür, wie ein Topmanager sein Lebenswerk bewahrt.

Wie ist Jack Welch zu einer Managerlegende geworden, und wie hat er seine Reputation aufrechterhalten? Das erfordert eine Aktivität jenseits des Alltagsgeschäfts, die über den Tag hinaus wirken kann. Gerade für Topmanagerinnen und Topmanager, deren Alltag für sie selbst so inspirierend und ausgefüllt ist, ist es undenkbar, die Arbeit als etwas anderes zu sehen denn als ihr Lebenswerk. Sie erhalten viel Aufmerksamkeit und Anerkennung dafür, und dennoch hat die reine Tätigkeit eine sehr begrenzte Wirkung. Da hilft auch das Schreiben der Autobiografie nicht. Ein Lebenswerk ist sinnstiftend für andere und verknüpft mit der Persönlichkeit. Diese muss einen hohen Wirkungsgrad erzielen, sei es durch ein Buch, eine Stiftung, ein Ehrenamt, ein besonderes Engagement, die Begründung einer Forschungsrichtung.

Ein Lebenswerk wird nicht von anderen entdeckt. Es wird von der eigenen Person definiert und gestaltet. Das gelingt den Menschen, die ihren eigenen Erfolg sinnstiftend für andere übersetzen und einsetzen können. Sie haben ihre Lebensleistung in eine neue Aufgabe überführt, die auf ihrer Reputation, auf ihrem Können aufbaut und so zum Gesamtkunstwerk wird. Daran scheitern viele, sie warten auf Würdigungen, ihnen gelingt diese Übersetzungsleistung nicht. Die Krönung der Karriere, die Würdigung der Lebensleistung, ist die Königsdisziplin. Das Lebenswerk offenbart sich erst nach dem offiziellen Schlusspunkt der Karriere und ist das Gesamtwerk aus Können und Persönlichkeit. Es ist ist das Erfülltsein und das großzügige Teilen von Erfahrungen, Reflexion, Begegnungen, Erkenntnissen und Weisheit.

Wenn sich das Leben vollendet, bleibt so viel: Bücher, Bilder, Konzerte, Gedichte, Ideen, Forschungsdurchbrüche, medizinische Erkenntnisse, Stiftungen, Managementtheorien, Vorbilder wie Simone de Beauvoir, Dag Hammarskjöld, Mahatma Gandhi, Hildegard von Bingen. Weisheiten, Weltwissen, Erinnerungen. Wir leben im Geist von Menschen mit großen Karrieren. Wir bewahren ihr Vermächnis. Sie beeinflussen unser Denken und Handeln. Wir hören ihre Musik, wir bestaunen ihre Meisterwerke, wir gehen durch Städte, die von großen Geistern erdacht wurden. Unser kollektives Gedächnis bewahrt die Erinnerung an Menschen mit großen Karrieren, die sinnstiftend gewirkt haben. Wir selbst wirken auf unsere Nachkommen. Jeder Mensch mit einer großen Karriere kann dazu beitragen, diese Welt zu einer besseren zu machen. Auch Sie.

Die große Mezzosopranistin und Intendantin Brigitte Fassbaender lässt uns an den letzen Worten ihres Vaters, des Baritons Willi Domgraf-Fassbaender, teilhaben: »›Hörst du, wie schön das ist?‹ sagte mein Vater zu mir, bevor er – wohl erfüllt von Klang – diese Erde verließ.«[143]

*Wir werden immer jünger*
*von jahr zu jahr schwinden die falten*
*der kummer drückt nicht mehr so ins gesicht*
*da ist was wie frühling in unsren blicken*
*etwas wie übermut*
*uns graut nicht mehr vor gipfeln*
*die wir früher verschmähten*
*in hundert jahren werden wir schweben*
*schwereloser sternenstaub*
*tanzende eiskristalle*
*keiner ist vor uns sicher*

Michael Basse[144]

## DAS BRINGT SIE JETZT WEITER:

## DAS GUTE ENTDECKEN UND HERAUSSTELLEN

Sie wissen jetzt, wie große Karrieren, erfolgreiche Positionierungen, erfüllende Lebenswege sich entfalten. Und wir haben mit jedem Wort die Essenz unserer Erkenntnisse ausgedrückt: Es ist der liebevolle, bewundernde, anerkennende, idealisierende, wohlgesinnte Blick auf ambitionierte und erfolgreiche Menschen. Dieser Blick ist nötig auf sich selbst – damit die eigene Größe gesehen, gewürdigt, entwickelt werden kann – und auf andere. Die ausdrückliche Würdigung der Leistung anderer ist immer ein Zaubermittel für die Entwicklung großer Karrieren – in beide Richtungen. Sie nährt das eigene Erfolgsgefühl, und sie schafft Vertrauen. Sie zeigt die eigene Selbstgewissheit und kreiert Verbundenheit. Sie hilft beim Aufbau des eigenen und des Egos des anderen. Sie ist Stimmungsmanagement pur. Die kleinen Gesten und Rituale verbinden, beflügeln, orientieren, motivieren. Wer die Kunst des

Lobens für sich entdeckt, macht Komplimente, schreibt Glückwunschbriefe, hält eine Laudatio, eine Ehrenrede, für Mutter und Vater, für einen Kollegen, eine scheidende Betriebsratsvorsitzende, für die Chefin oder einen Mitarbeiter. Loben Sie so, dass es andere erreicht. Dazu einige Beispiele:

- »Lieber Robert, neulich musste ich an Dich denken, weil Du mein Vorbild bist beim …«
- »Gestern hatte ich ein gutes Gespräch mit der Personalberaterin, die Sie mir empfohlen hatten – ich bewundere Sie für Ihre Community und danke Ihnen, dass Sie sie für mich geöffnet haben!«
- »Lieber Herr Schmitz, herzlich willkommen in Ihrer neuen Business-Heimat München, Sie werden unseren Kreis bereichern!«
- »Liebe Frau Müller, in unserer Verhandlung mit XY habe ich Sie als sehr überzeugend und mutig erlebt. Sie wecken Vertrauen. Das bringt uns weiter.«

Üben Sie zu loben, behalten Sie keinen positiven Gedanken über einen Kollegen, eine Vorgesetzte, einen Referenten, einen Auftraggeber für sich. Lob soll wirken, und dazu müssen Sie es äußern, dann entfaltet es seine große Ausstrahlung.

Ganz besonders wirksam und wohltuend sind anerkennende Worte von Menschen, die selbst sehr viel erreicht haben. Solche Persönlichkeiten können mit ihrem Lob aus der Fülle schöpfen, sie wissen tatsächlich zu würdigen, wie viel Anstrengung, Talent und Disziplin hinter einer herausragenden Leistung stecken, und sind besonders glaubwürdig.

Trainieren Sie Ihren positiven Blick auf andere Menschen. Wenn Sie sich mehr Einfluss für Ihre Anliegen und Werte wünschen, loben Sie kleine Fortschritte, anstatt das zu betonen, was noch nicht erreicht wurde. Reden Sie über das, was Sie bewegt, was Sie Gutes in die Welt bringen, und erkennen Sie, wie viele Menschen Sie darin beflügeln.

# DANKSAGUNG

Es war der Sommer 2008, die Kunstberaterin Eva Müller feierte ihr 15. Jubiläum, und Dorothea Assig hielt die Laudatio auf sie. Plötzlich, geradezu aus dem Nichts, war der Zusammenhang da, wie große Karrieren entstehen. Wir hatten nicht vor, ein Buch zu schreiben, aber dieses Buch wollte geschrieben sein. Alles, was wir bis dahin gesagt, formuliert, gedacht, gefühlt, beraten, vorgetragen, erkannt, gelehrt hatten, fügte sich zu einem System zusammen. In dieser Laudatio war bereits die Essenz dieses Buchs enthalten.

Doch ein Buch entsteht nicht ohne die Unterstützung und Begeisterung vieler Menschen. Die Psychologin Renate Lackner, der Wirtschaftsanwalt Dr. Albrecht Assig und der Coach für Hochbegabte Heinz-Detlef Scheer haben den ersten Entwurf unseres Buches geprüft und uns von da an unermüdlich in unserem Anliegen bestärkt. In der herausragenden Autorin Ulla Hildebrandt haben wir eine Verbündete, die uns exzellent darin berät, wie wir unsere Erkenntnisse und unser Anliegen so formulieren, dass sie auch für andere erkenntnisreich sind. Viele Journalistinnen und Journalisten fragten uns alle paar Monate, wann sie denn endlich unser Buch besprechen könnten, was uns sehr ermutigte. Unsere Klientinnen und Klienten aus dem Topmanagement und aus internationalen Institutionen schickten uns interessante Artikel und Bücher und hielten uns bei Laune. International tätige Führungspersönlichkeiten wie Jasmine Borhan überlegten mit uns gemeinsam, wie wir unsere Ambition und unser Wissen in die Welt tragen können. Die Bestsellerautorin Dr. Rebekka Reinhard machte uns mit ihrem Literaturagenten Michael Meller bekannt. Die unkomplizierte, sehr unterstützende, erfolgreiche Zusammenarbeit mit ihm hat uns stets beflügelt. Über viele, viele Monate hinweg wollte dieses Buch nur geschrieben und nicht veröffentlicht sein. Es zwang uns zu immer neuen Überarbeitungen, zu Präzision, es ließ uns nichts durchgehen, keine Ungenauigkeiten. Immer wieder stürzten wir uns aufs Neue in den Text und überarbeiteten ihn nochmal und nochmal. Manchmal erschien es uns, dass jedes beschriebene Gefühl auch von uns selbst gefühlt sein wollte. Bis Juliane Wagner kam, unsere Lektorin vom Campus Verlag. Sie war von Anfang an von dem Buch begeistert und hat es mit großem Elan, Können, Enthusiasmus und Wertschätzung aufgenommen. Immer an unserer Seite war unsere psychologische Beraterin und Mutmacherin, die Therapeutin Dr. Ursula Franke. Kein Buch wird geschrieben ohne exzellente Profis, die mit ihrer ganz speziellen Kompetenz unser Buch befördert haben, so wie Brigitte Mende, die viele Texte lektoriert und Anregungen gegeben hat, der Vertriebsmanager Clemens Echter, der auf die großartige Idee mit der grundlegenden grafischen Darstellung kam und sie für uns entwickelt hat, Andreas Karle, der Experte für internationales Marketing, dessen Expertise zur Systematik und Lesbarkeit beitrug.

Ihnen allen gilt unser Dank, von ganzem Herzen.

*Dorothea Assig* und *Dorothee Echter*

# LITERATUREMPFEHLUNGEN

Bauer, Joachim: *Warum ich fühle, was du fühlst,* München 2006.

Coyle, Daniel: *Die Talent-Lüge,* Bergisch Gladbach 2009.

Deckstein, Dagmar: *Klasse! Die wundersame Welt der Manager,* Hamburg 2009.

Dweck, Carol: *Selbstbild,* München 2009.

Echter, Dorothee: *Führung braucht Rituale,* grundlegend überarbeitete und erweiterte Ausgabe, 2. Aufl., München, 2011 (vormals: *Rituale im Management).*

Emmons, Robert: *Vom Glück, dankbar zu sein,* Frankfurt am Main 2008.

Ferrazzi, Keith/Raz, Tahl: *Geh nie alleine essen! Und andere Geheinmisse rund um Networking und Erfolg,* Kulmbach 2007.

Ibarra, Herminia: *Working Identity. Unconventional Strategies for Reinventing Your Career,* Boston 2003.

Reinhard, Rebekka: *Die Sinn-Diät. Warum wir schon alles haben, was wir brauchen,* München 2009.

Scheer, Heinz-Detlef: *Wie ich werde, was ich bin. (Selbst-)Coaching für hochbegabte Erwachsene,* Norderstedt 2010.

# ANMERKUNGEN

1 Heuser, Uwe Jean, »Mit kleinem Stups zur freien Wahl«, in *Die Zeit*, 13. August 2009.
2 Hacke, Detlef/Mascolo, Georg/Gorris, Lothar: »Ich lebe«, in: *Der Spiegel,* Ausgabe 43/2009, S. 152.
3 Carol Dweck: *Selbstbild. Wie unser Denken Erfolge oder Niederlagen bewirkt*, München 2010.
4 Gladwell, Malcom: *Überflieger. Warum manche Menschen erfolgreich sind – und andere nicht,* Frankfurt am Main 2008, S. 51.
5 Kniebe, Tobias: »Bisher ging ich einäugig durchs Leben«, in: *Süddeutsche Zeitung,* 22. Juni 2009, S.12.
6 Neubauer, Jürgen: »Spätzünder«, in: *Süddeutsche Zeitung,* 9. August 2010, S. 10.
7 Csikszentmihalyi, Mihály: *Flow im Beruf,* 2. Aufl., Stuttgart 2009, S. 38.
8 Mutter, Anne-Sophie: »Was Musik mir bedeutet«, in: *BR Klassik*, Ausgabe 1/2009, S. 22.
9 Gerrard, Nicci: *Nicci Gerrard,* www.nicci-french.de/nicci_gerrard.html (abgerufen am 19. Juli 2011).
10 Bäldle, Peter im Gespräch mit Frida Giannini: »Ich bin keine Künstlerin«, in: *Süddeutsche Zeitung,* 18. Dezember 2008, S. 9.
11 Thadden, Elisabeth von: »Was Menschen verschweigen und wovon die Literatur erzählt«, in: *Die Zeit (Literatur),* Ausgabe 49/2008, S. 25.
12 Rübesamen, Kristin im Gespräch mit Benicio del Toro über Che: »Ein Held muss Einsamkeit ertragen«, in: *Süddeutsche Zeitung,* 6. Juni 2009, S. V2/8.

13 Peitz, Dirk im Gespräch mit Eno: »Angst füttert sich selbst«, in: *Süddeutsche Zeitung*, 6. November 2010, S. V2/4.
14 Fischer, Jonathan: »Mama, Papa und der Kirchenchor«, in: *Süddeutsche Zeitung*, 6. Oktober 2009, S. 9.
15 Schäfer, Annette: »Auch ein Neuropsychologe kann sich für die Tiefe der Seele interessieren«, in: *Psychologie heute*, Ausgabe 10/2009, S. 76.
16 Stern, Jessica: »Ihr schwierigster Fall«, in: *Süddeutsche Zeitung Magazin*, Heft 11/2011, S. 59.
17 Ebenda.
18 Reese, Heinz-Dieter: »Sphärischer Klang. Die altjapanische Mundorgel Shô in der Neuen Musik«, ausgestrahlt vom BR-Klassik-Radio, *Horizonte*, am 11. Mai 2009, 22:05 Uhr bis 23:00 Uhr.
19 Lorch, Catrin: »Die Seelenkünstlerin«, in: *Süddeutsche Zeitung*, 2. Juni 2010, S. 13.
20 Agassi, Andre: *Open. Das Selbstporträt*, München 2009.
21 Lang Lang: *Musik ist meine Sprache. Die Geschichte meines Lebens*, Berlin 2010.
22 Keil, Christopher: »Andre Agassi über Väter«, in: *Süddeutsche Zeitung*, 20. Februar 2010, S. 62.
23 Scheer, Heinz-Detlef: *Wie ich werde, was ich bin. (Selbst-)Coaching für hochbegabte Erwachsene*, Norderstedt 2010.
24 Jahn, Oliver: »Biografien fürs Auge«, in: *Architectural Digest*, Ausgabe 2/2010, S. 42.
25 Ebenda, S. 41.
26 Deutsche Universität für Weiterbildung (Hg.): *Wege zum beruflichen Erfolg*, www.duw-berlin.de/de/presse/pressemitteilungen/pm/datum/2010/07/22/wege-zum-beruflichen-erfolg.html (abgerufen am 20. Juli 2011).
27 Senn, Claudia: »Bach ist für mich der Größte«, in: *Annabelle*, Ausgabe 8/2009, S. 42.
28 Herpell, Gabriela: »Rübenzar«, in: *Süddeutsche Zeitung Magazin*, Ausgabe 42/2010, S. 31.
29 Aus einer E-Mail von Ewa Kupiec an Dorothea Assig vom 21. März 2011. (Mehr zu Ewa Kupiec findet sich auf der Website der Pianistin www.ewakupiec.com.)
30 Leinemann, Jürgen: »Der Tod, mein Lebensbegleiter«, in: *Der Spiegel*, Ausgabe 36/2009, S. 35.
31 Klüger, Ruth: *Weiter leben*, Göttingen 2008, S. 127.
32 Interview von Stefan Lebert mit Sven Regener: »Das Rock-n-Roll-Virus kriegt man nicht mehr weg«, in: *Zeit Magazin*, Ausgabe 36/2009, S. 26.
33 Schell, Christa: »Geschichten aus der Murkelei. Der Schriftsteller

Hans Fallada«, ausgestrahlt vom Hessischen Rundfunk (Hörfunk-Bildungsprogramm, Serie »Wissenswert«) am 5. Februar 2006, verfügbar unter http://www.hr-online.de/servlet/de.hr.cms.servlet.File/07-006?enc=d3M9aHJteXNxbCZibG9iSWQ9MzYwMTMzNCZpZD0yOTIzOTQ3MCZmb3JjZURvd25sb2FkPTE_ (abgerufen am 20. Juli 2011).

34 Collins, Jim: *Der Weg zu den Besten. Die sieben Management-Prinzipien für dauerhaften Unternehmenserfolg,* München 2003.

35 Wikipedia: *Myelin,* http://de.wikipedia.org/wiki/Myelin (abgerufen am 21. Juli 2011).

36 Coyle, Daniel: *Die Talentlüge,* Bergisch Gladbach 2009.

37 Anke Dürr und Moritz von Uslar im Gespräch mit Anna Netrebko: »Ich möchte glücklich sein«: in: *Der Spiegel,* Ausgabe 42/2006, verfügbar unter: http://www.spiegel.de/spiegel/print/d-49214623.html (abgerufen am 21. Juli 2011).

38 Burger, Jörg: »Mein Haus in Frankreich«, in: *Zeit Magazin,* Ausgabe 25/2009, S. 25.

39 Menden, Alexander: »Der Schritt des Sämanns«, in: *Süddeutsche Zeitung,* 25. Januar 2010, S. 11.

40 Zitiert nach Gladwell, Malcom: *Überflieger. Warum manche Menschen erfolgreich sind – und andere nicht,* Frankfurt am Main 2008, S. 40.

41 Kotteder, Franz: »Sensibel und dickhäutig. Thomas Voigt hat das Wesen der Diva erforscht«, in: *Süddeutsche Zeitung,* 25. Juni 2010, S. 52.

42 O. V.: »Helden. Wie eine Rolex«, in: *Die Weltwoche,* Ausgabe 24/2009, verfügbar unter http://www.weltwoche.ch/ausgaben/2009-24/artikel-2009-24-helden-wie-eine-rolex.html (abgerufen am 21. Juli 2011).

43 Hope, Daniel: »Ein Mittel, um ewig jung zu bleiben«, in: *Crescendo,* Ausgabe 12 (2009), S. 50.

44 Steffens, Antonia: »Seitenwechsel«, in: *Vogue Deutschland,* Juli 2009, S. 158.

45 Kniebe, Tobias: »Ohne Netz«, in: *Süddeutsche Zeitung,* 24./25. März 2010, S. 17.

46 Metzger, Jochen: »Sie müssen brennen«, in: *Psychologie heute,* Ausgabe 2/2010, S. 33.

47 Csíkszentmihályi, Mihály: *Flow im Beruf,* 2. Aufl., Stuttgart 2009, S. 63 ff., und Csíkszentmihályi, Mihály: *Flow: Das Geheimnis des Glücks,* 13. Aufl., Stuttgart 2007, S. 277, Punkt 4.

48 Di Lorenzo, Giovanni: «Doch ich bin ein schwieriger Mensch«, in: *Zeit Magazin,* 22. Dezember 2009, S. 13.

49 Dweck, Carol: *Selbstbild,* München 2009.
50 Schmidt, Nicola: »Loben, aber richtig«, in: *Süddeutsche Zeitung,* 23. März 2010, S. 16.
51 Ebenda.
52 Weidt, Birgit: »Geborgenheit ist mehr als nur das Dach über dem Kopf«, in: *Psychologie heute,* Ausgabe 12/2009, S. 80.
53 Metzger, Jochen: »Sie müssen brennen«, in: *Psychologie heute,* Ausgabe 2/2010, S. 34.
54 Coyle, Daniel: *Die Talentlüge,* Bergisch Gladbach 2009, S. 122
55 Metzger, Jochen: » Aber natürlich kann Geld glücklicher machen!«, in: *Psychologie heute,* Ausgabe 5/2010, S. 32.
56 Blawat, Katrin: »Gemischte Gefühle: Stolz. Das Chef-Gefühl«, Serie »Gemischte Gefühle«, Thema »Stolz«, in: *sueddeutsche.de, Rubrik Wissen,* 13. August 2010, www.sueddeutsche.de/wissen/stolz-das-chef-gefuehl-1.987566 (abgerufen am 26. Juli 2011).
57 Brinck, Christine: »Alison Gopnik über Babys«, in: *Süddeutsche Zeitung,* 12. Juni 2010, S. V2/8.
58 Ebenda.
59 Ebenda.
60 Susan Vahabzadeh: »Leidvolles Luxusleben«, Serie »Im Kino«, Thema »Somewhere«, in: *sueddeutsche.de, Rubrik Kultur,* 10. November 2010, www.sueddeutsche.de/kultur/im-kino-somewhere-leidvolles-luxusleben-1.1021608 (abgerufen am 26. Juli 2011).
61 Dillig, Annabel: »Putzen macht zäh«, in: *Neon,* Ausgabe 10/2009, S. 66.
62 Albat, Friederike: »Große Klasse 60+«, in: *Madame,* Ausgabe 10/2010, S. 225 ff.
63 Lewitan, Louis im Gespräch mit Till Brönner: »Ich musste alles noch einmal von neuem lernen«, in: *Zeit Magazin,* Ausgabe 45/2010, S. 62.
64 Benda, Andrea: »Wie lange wartet ein Lächeln?«, in: *Brigitte,* Ausgabe 19/2009.
65 Matzig, Gerhard: »Albert Speer über Größe«, in: *Süddeutsche Zeitung,* 30. April 2010, S. 66.
66 Gilmour, David: *Unser allerbestes Jahr,* Frankfurt am Main 2010, S. 85.
67 Hofer, Julia: »Charts – Wie schafft man es?, in: *Annabelle,* Ausgabe 13/2010, S. 52.
68 Ferrazzi, Keith: *Never Eat Alone. And Other Secrets to Success, One Relationship at a Time,* New York 2005.
69 Alexander, Elizabeth: *How to Hope. A Model of the Thoughts, Feelings, and Behaviors Involved in Transcending Challenge and Uncertainty,* Saarbrücken 2008.

70 Rolff, Marten: »Wir hatten ja keine Ahnung«, in: *Süddeutsche Zeitung,* 16. September 2009, S. 13.

71 Roth, Gerhard: »Die permanente Selbsttäuschung. Über die Schwierigkeit, sich selbst zu verstehen«, in: *Psychologie heute,* Ausgabe 9/2007, S. 36 ff.

72 Franck, Georg: *Ökonomie der Aufmerksamkeit. Ein Entwurf,* München 1998, S. 748 und S. 760 ff.

73 Sendereihe *Meine Musik. Prominente Gäste und ihre Lieblings-CDs,* mit Pieter Wispelwey, BR-Klassik-Radio (Freitag 16. April 2010, 11:00 Uhr).

74 Kar, Güzin: »Meryl Streep«, in: *Weltwoche* (Rubrik »Namen«), Ausgabe 5/2009, S. 50.

75 Lutz, Juliane: »Zieh dein Ding durch«, in: *Süddeutsche Zeitung,* 1. August 2010, S. V2/11.

76 Schär, Markus: »Jürgen Dormann: Der Chefkollege«, in: *Die Weltwoche,* Ausgabe 35/2004, S. 72 ff.

77 Ferrazzi, Keith: *So finden Sie Ihr Dream-Team: Weg vom krampfhaften Networking – hin zu echten Beziehungen,* Kulmbach 2010.

78 Kast, Verena: *Was wirklich zählt, ist das gelebte Leben. Die Kraft des Lebensrückblicks,* Freiburg 2010, S. 144.

79 Emmons, Robert A.: *Vom Glück, dankbar zu sein,* Frankfurt am Main 2008, S. 127.

80 Bernard, Andreas: »Für Pekingente habe ich eineinhalb Jahre gebraucht«, in: *Süddeutsche Zeitung Magazin,* Ausgabe 48/2009, S. 14.

81 Häntzschel, Jörg: »Einer wurde gewonnen«, in: *Süddeutsche Zeitung,* 9. März 2010, S. 3.

82 Rolff, Marten: »Genies ganz privat«, in: *Süddeutsche Zeitung,* 13. Mai 2009, S. 10.

83 Garner, Wolfgang: »Er gehört sich selbst«, in: *Süddeutsche Zeitung,* 23. Februar 2010, S. 30.

84 Hofmann, René: »Als würde er tanzen«, in: *Süddeutsche Zeitung,* 11. Juli 2009, S. 35.

85 Amend, Christoph: »Gursky Earth«, in: *Zeit Magazin,* Ausgabe 18/2010, S. 16.

86 Dörrie, Doris: »Der Bernd«, in: *Süddeutsche Zeitung,* 17./18. April 2010.

87 Fischer, Jonathan: »Das Wunder von Moskau«, in: *Süddeutsche Zeitung,* 14. Dezember 2009, S. 12.

88 Mühlauer, Alexander: »Bekenntnisse eines Hochstaplers«, in: *Süddeutsche Zeitung,* 12. Oktober 2009, S. 24.

89 Aust, Christian: »George Clooney ist dankbar, dass das Schicksal so freundlich zu ihm war. Und engagiert sich deshalb für andere. Toll!«, in: *Elle,* Ausgabe 5/2010, S. 52.
90 Louven, Sandra: »Wo bleiben bei einem Manager eigentlich die Gefühle?«, in: *Handelsblatt,* 9. Februar 2010, S. 34.
91 Liebs, Holger: »Damien Hirst über Glauben«, in: *Süddeutsche Zeitung,* 10./11. April 2010, S. V2/8.
92 Labianca, Giuseppe: »Klatsch stärkt Unternehmen«, in: *Harvard Business Manager,* Ausgabe 1/2011, S. 20.
93 Komma-Pöllath, Thilo: »Welthits hin oder her – meine Rente ist das Oktoberfest«, in: *Süddeutsche Zeitung Magazin,* Ausgabe 39/2010, S. 36.
94 Ibarra, Herminia: *Unconventional Strategies for Reinventing Your Career,* Boston 2003, S. XI.
95 Müller, Burkhard: »Schmerz und Schweigen«, in: *Süddeutsche Zeitung,* 22. September 2009, S. 13.
96 Michael, Sven: »Doppelspiel«, in: *Vanity Fair Deutschland,* Ausgabe 9/2009, S. 88.
97 O. V., in: *Der Spiegel,* Ausgabe 9/2009, S. 161.
98 Dweck, Carol: *Selbstbild,* München 2009, S. 239.
99 Ebenda.
100 Kielbassa, Moritz: »Irgendwann war das Rad überdreht«, in: *Süddeutsche Zeitung,* 3./4./5. April 2010, S. 35.
101 Ebenda.
102 Metzger, Jochen: »Sie müssen brennen«, in: *Psychologie heute,* Ausgabe 2/2010, S. 35.
103 Reichardt, Lars: »Wenn ich schreibe, lebe ich«, in: *Süddeutsche Zeitung Magazin,* Ausgabe 5/2009, S. 10.
104 Schlag, Beatrice: »Begegnung: Hugh Grant«, in: *Annabelle*, Ausgabe 16.12.2009, S. 65.
105 Peitz, Dirk: »Nelly Furtado über Ruhm«, in: *Süddeutsche Zeitung,* 5. September 2009, S. V2/8.
106 Dweck, Carol: *Selbstbild,* München 2009, S. 29
107 Ebenda, S. 29 und 136.
108 Deckstein, Dagmar: *Klasse! Die wundersame Welt der Manager,* Hamburg 2009.
109 Singh, Jitendra/Cappelli, Peter/Singh, Harbir/Useem, Michael: *The India Way. How India's Top Business Leaders Are Revolutionizing Management,* Harvard Business Press 2010.
110 O.V.: »Wir können die Macht von Charisma messen«, in: *Harvard Business Manager,* Juni 2010, S. 18.
111 Reinhard, Rebekka: *Die Sinn-Diät,* München 2009.

112 O.V.: »Kino: ›Gegen die Wand‹ großer Gewinner beim Filmpreis«, 19. Juni 2004, online verfügbar unter http://www.faz.net/s/Rub8A25A66CA9514B9892E0074EDE4E5AFA/Doc~E4388A197FD6F4804A9906F76EDCDBD1D~ATpl~Ecommon~Scontent.html (abgerufen am 5. September 2011).

113 Thieringer, Thomas: »Die Bullin und der Theaterhasser«, in: *Süddeutsche Zeitung,* 17. März 2011, S. 63.

114 Ebenda.

115 KlassikPlus-Sendereihe *Zu Gast bei Fridemann Leipold:* »Maximilian Hornung, neuer Solo-Cellist im Symphonieorchester des Bayerischen Rundfunks«, ausgestrahlt vom BR-Klassik-Radio am 7. Juni 2009, 21:05 Uhr bis 22:00 Uhr.

116 Fellmann, Max: »Was Menschen verschweigen und wovon die Literatur erzählt«, in: *Süddeutsche Zeitung Magazin,* Ausgabe 24/2008, S. 14.

117 Wikipedia: Stichwort »Resilienz«, verfügbar unter http://de.wikipedia.org/wiki/Resilienz_%28Psychologie_und_verwandte_Disziplinen%29 (abgerufen am 6. September 2011).

118 Müller, Niklas: »Ich bin ich«, in: *Annabelle,* Ausgabe 16/2009, S. 80.

119 Ameri-Siemens, Anne: «Stille Stars«, in: *Annabelle,* Ausgabe 7/2010, S. 45.

120 O. V.: »Die Lichtprobe. Festrede von Daniel Kehlmann«, in: *Salzburger Nachrichten,* 25. Juli 2009, online verfügbar unter: http://www.salzburg.com/online/thema/thema+festspiele/Die-Lichtprobe-Festrede-von-Daniel-Kehlmann.html?article=eGMmOI8V4uum8zzmnufIg5RjRpn1l7kkAcIseM0&img=&text=&mode=& (abgerufen am 22. März 2011).

121 Aus einer E-Mail von Robin Szolkowy an Marc Lindegger und Dorothea Assig vom 17. November 2011.

122 Roll, Evelyn: »Die Grünen brauchen dringend einen neuen Joschka. Und der richtige Mann steht bereit. Gewöhnen Sie sich schon mal an seinen Namen: Tarek Al-Wazir«, in: *Süddeutsche Zeitung Magazin,* Ausgabe 24/2009, S. 25.

123 Käßmann, Margot: »Ich träume davon, mich irgendwann ins Private zurückzuziehen«, aufgezeichnet von Jörg Böckem, in: *Zeit Magazin,* 9. Januar 2010, online verfügbar unter: http://www.zeit.de/2010/02/Traum-Margot-Kaessmann (abgerufen am 6. September 2011).

124 Bauer, Joachim: *Warum ich fühle, was du fühlst,* München 2006.

125 Casati, Rebecca: »Biff! Pang! Wow!«, in: *Süddeutsche Zeitung,* 16. Oktober 2010, S. V2/4.

126 Gowers, Andrew: »Der Mann, der die Welt in die Knie zwang«, in: *Welt online,* 20. Dezember 2008, online verfügbar unter: http://www.welt.de/wirtschaft/article2910162/Der-Mann-der-die-Welt-in-die-Knie-zwang.html (abgerufen am 5. September 2011).

127 Ebenda.

128 Piper, Nikolaus: »Einst Übeltäter, jetzt Gewinner«, in: *Süddeutsche Zeitung,* 10. September 2009, S. 21.

129 Raether, Till: »Gefundenes Fressen«, in: *Süddeutsche Zeitung Magazin,* Ausgabe 19/2006, online verfügbar unter: http://sz-magazin.sueddeutsche.de/texte/anzeigen/605/ (abgerufen am 7. September 2011).

130 Brafman, Ori/Brafman, Rom: *CLICK. Der magische Moment in persönlichen Begegnungen,* Weinheim 2011.

131 Dombrowski, Ralf: »Jazz ist noch immer die Nummer eins«, in: *Süddeutsche Zeitung,* 6. Dezember 2008, S. 59.

132 Di Lorenzo, Giovanni: »Doch ich bin ein schwieriger Mensch«, in: *Zeit Magazin,* Ausgabe 52/2009, S. 13.

133 Prüfer, Tillmann: »Die sehen doch alle ganz fabelhaft aus«, in: *Zeit Magazin,* Ausgabe 46/2009, S. 56.

134 Frank, Charlotte: »Jana Zaumseil. Preisgekrönte Forscherin in kleinteiligen Welten«, in: *Süddeutsche Zeitung,* 24. Juni 2010, S. 4.

135 Han Dong: *Ohne Titel,* verfügbar unter http://www.bosch-stiftung.de/content/language1/downloads/Gedicht_Dong.pdf (abgerufen am 7. September 2011).

136 Karcher, Eva: »Frank Stella über Energie«, in: *Süddeutsche Zeitung,* 8. August 2009, S. V2/8.

137 Kaiser, Joachim: »Der Getriebene und die Marionetten«, in: *Süddeutsche Zeitung,* 30. Januar 2010, S. 13.

138 Roll, Evelyn: »Ernstes Vergnügen«, in: *Süddeutsche Zeitung,* 22. Juni 2010, S. 12.

139 Glaser, Hannah: »Der Künstler soll sich keine Grenzen setzen«, in: *Crescendo. Das Klassikmagazin,* Ausgabe Juni/Juli/August 2009, S. 18ff.

140 Reichholf, Josef H.: *Warum wir siegen wollen,* Frankfurt 2009.

141 Basse, Michael: *Skype Connected. Ein Liebesbrevier,* München 2010, S. 29.

142 von Bülow, Ulrike: »Sie knien etwas zu sehr vor Federer nieder«, in: *Süddeutsche Zeitung,* 14. September 2009, S. 29.

143 Fassbaender, Brigitte: »Was Musik mir bedeutet«, in: *BR-Klassik,* Ausgabe 3/2009, S. 22.

144 Basse, a.a.O.

# REGISTER

8 8-91